计算机地理信息制图
MapGIS

COMPUTER GEOGRAPHIC INFORMATION MAPPING IN MAPGIS

主　编　南怀方

副主编　马忠胜　祝金德

河南人民出版社

图书在版编目（ＣＩＰ）数据

计算机地理信息制图／南怀方主编. — 郑州：河
南人民出版社，2017.4
ISBN 978 - 7 - 215 - 10974 - 2

Ⅰ．①计… Ⅱ．①南… Ⅲ．①地理信息系统 – 应用软
件 Ⅳ．①P208.2

中国版本图书馆 CIP 数据核字（2017）第 082216 号

河南人民出版社出版发行

（地址：郑州市经五路 66 号　　邮政编码:450002　　电话:65788066）

新华书店经销　　河南新华印刷集团有限公司印刷

开本 710 毫米 ×1000 毫米　　1/16　　印张 26

字数 430 千字

2017 年 4 月第 1 版　　2017 年 4 月第 1 次印刷

编辑邮箱　1169129189@ qq. com

定价：78.00 元

本书编委会

主　编　南怀方

副主编　马忠胜　祝金德

编　者　（按姓氏笔画排序）

马忠胜　冯　立　师　晶　刘　超

李文香　李柯柯　张孝宗　陈　利

南怀方　祝金德　葛俊涛　谭忠兰

内 容 提 要

本书采用由概到分、由浅及深的讲解办法,首先介绍计算机地理信息制图与 MapGIS 系统基础知识,然后分步详述各应用子系统的主要功能与操作方法,最后介绍了 MapGIS 系统最新版本软件新功能。在各个子系统功能应用中,先讲解应用基本方法,再详述具体流程与操作方法,对于初学者来说更容易入门和提高,快速掌握这门专业制图软件。

本书语言精炼、内容丰富、图文并茂、专业性强,并附有大量的流程性插图,十分方便各行业工作人员阅读参考,并可作为高等院校相关专业师生的教学参考资料。

前　　言

　　计算机制图是指利用电子计算机的处理分析功能及一系列自动制图设备编绘图纸,是建立在计算机图形学、应用数学及计算机科学基础上的新兴学科。计算机制图具有绘图效率高、精度高、图面美观清晰、便于修改、便于管理等优点,正在逐步取代手工绘图,因而计算机制图是已经成为当代制图专业发展方向。

　　地理信息制图是利用地理空间数据、运用地图学方法,对区域性规划工程的要素进行分析和制图的过程,以详实反映工程要素的地理信息。它是集地理学、测绘遥感学、空间科学、地图学和管理科学为基础的边缘学科。

　　计算机地理信息制图是利用地理信息系统(GIS)技术进行机助制图的一门计算机应用科学,是在计算机软、硬件支持下,采集、存储、管理、检索、分析和描述地理空间数据,适时提供各种空间的和动态的地理信息,用于管理和决策过程的计算机辅助制图系统。它是集计算机科学、地理学、测绘遥感学、空间科学、环境科学、信息科学和管理科学等为一体的新兴边缘学科,其核心是计算机科学,基本技术是地理空间数据库、地图可视化和空间分析。

　　由中地数码集团自主研发的 MapGIS 系统是国土资源部首推的国产地理信息制图软件,其推广使用使更多用户方便地使用地理信息系统,得到地理信息制图工作者的普遍好评。MapGIS 系统是运行在工作站上的地理信息系统,也能够运行在个人计算机平台上,在地质、矿产、地理、测绘、水利、能源、环境、通讯、交通、城建、土地管理等领域的日常管理工作得到广泛应用。

　　本书从初学者角度出发,采用由概到分、由浅及深的讲解办法,首先介绍计算机地理信息制图与 MapGIS 系统基础知识,然后分步详述各应用子系统的主要功能与操作方法,最后介绍了 MapGIS 系统最新版本新功能。在各个子系统功能应用中,先讲解应用基本功能与方法,再详述具体流程方法与操作步骤,可作为初学者入门和提高的工具书。

　　本书是在总结各地勘查单位制图工作经验基础上编写而成,在系统功能介

1

绍与操作步骤中附有大量的流程性系统界面窗口插图,十分方便地理信息系统 MapGIS 制图工作人员及高等院校相关专业师生阅读参考。

本书主要由南怀方任主编,马忠胜、祝金德任副主编。具体分工如下:河南省地矿局测绘地理信息院南怀方编写第 1 章、第 13 章,并负责全书统稿,葛俊涛负责编写第 2 章,李柯柯负责编写第 3 章,马忠胜编写第 5 章、第 6 章,师晶负责编写第 8 章,谭忠兰负责编写第 9 章,李文香负责编写第 11 章;河南省地矿局第一地质勘查院张孝宗负责编写第 14 章;河南省地质环境勘查院刘超负责编写第 12 章;河南省煤炭地质勘察研究总院陈利负责编写第 4 章、第 10 章;河南省地矿局第二地质矿产调查院祝金德负责编写第 7 章、第 15 章;河南省航空物探遥感中心冯立负责编写第 16 章。

本书在编著过程中得到郑州、新乡、平顶山、许昌、三门峡等地市国土资源管理部门大力支持,同时也得到河南省国土资源厅、河南省地矿局、河南省国土资源科学研究院等单位领导、专家的技术指导,特别是河南省地矿局测绘地理信息院武安状教授级高级工程师在本书策划、编纂过程中给予精心指导与技术支持,在此深表感谢。

由于专业局限与作者水平所限,难免在书中存在有不足与不妥之处,欢迎各位专家、学者、读者给予批评指正。

编　者
2017 年 2 月

目录

第 1 章　计算机制图

科学技术的发展对图纸精度要求越来越高,同时也越来越复杂,如超大规模集成电路掩膜图、印刷电路板的布线图、航天飞机及宇宙空间飞行器复杂的曲面外壳等。传统手工制图已无法适应时代发展要求,而且现代社会竞争激烈,产品更新换代十分迅速,这就要求设计制图必须高效地完成。

随着计算机技术与应用数学的迅猛发展,计算机制图技术在各行各业中得到普及。计算机制图具有绘图效率高、精度高、图面清晰美观、便于修改、便于管理等优点,已基本取代了传统的手工制图。

1.1　基本概念

计算机制图(Computer Aided Graphics,简称 CAG)是指应用计算机数据处理功能,通过图形数据的输入输出,以实现图纸设计、编绘、显示的一门计算机应用技术,是建立在计算机图形学、应用数学及计算机科学基础上的一门新兴学科。

计算机制图又称计算机辅助绘图,可分为编辑准备阶段、数字化阶段、计算机处理阶段、图形输出阶段,计算机制图能更好地成果展示,增加视觉冲击力,更好的传达信息,增强人的理解力。

1.2　手工制图与计算机制图

1.2.1　手工制图

制图是科技工作的有机组成部分,在开展多学科、多途径的科学研究过程中,自始至终都要运用各种图件来表现研究成果。从工作过程来看,要经历基础资料的收集和整理、主要基础图件的编制和分析、各类所需图件的编制和使用几个阶段。

传统制图是利用绘图工具和仪器进行手工绘图,工艺流程和操作方法是相

1

当烦琐和复杂的,并且劳动强度大、效率低、周期长,成果精度低、修改难、质量不能保证,另外图纸不能方便保存和管理,图纸易出现线条变形、信息模糊等缺点。

1.2.2 计算机制图

计算机制图又称机助制图或数字化制图,它是以传统制图原理为基础,以计算机及其外围设备为工具,采用数据库技术和图形数据处理方法,实现图件信息的采集、存储、处理、显示和绘图的应用科学。

计算机制图是伴随着计算机及其外围设备的产生和发展而兴起的一门正在得到迅速发展的应用技术学科。它的诞生为传统制图学开创了一个崭新的图示技术领域,并有力地推动了制图学理论发展和技术进步。

计算机制图已在普通工程制图、专题地图制图、数字高程模型、地理信息系统等方面得到了广泛应用,成为现代制图学发展趋势,计算机制图体系见下图(图1-1)。

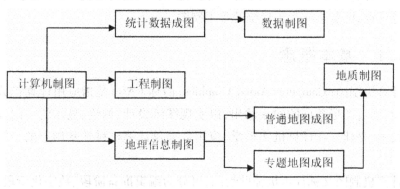

图1-1 计算机制图体系

1.2.3 计算机制图的发展

传统的制图方法已经不能适应现今社会高速发展和科学发展的需要。因此,世界上一些发达国家如加拿大、美国等国都先后从20世纪50-80年代就开始进行计算机辅助制图。发展至今,计算机制图技术已经相当成熟,并在各行各业得到了普及和发展。

1. 手工制图向 AutoCAD 过渡

20世纪90年代以前,传统手工制图过程复杂、工艺繁琐、成图周期长、劳动强度大。一幅图从编辑、出版、印刷需经十几道工序,要经历若干个成图步骤,如一幅1:20万或1:5万的图幅,从野外填图到提交成果,一般需要4-5年。

传统的手工制图方法在某种程度上已不能适应现代科学发展需要,迫切要求尽可能提高制图过程自动化。随着计算机技术软硬件技术的快速发展,专业应用信息化制图条件已趋成熟。用计算机绘制工程图件是科学技术的进步,是信息化制图建设的第一阶段,是质的飞跃,完成了从手工到计算机的转换,工作效率得到了大大提高。

然而,在这个阶段编制出来的图件不能很好地处理属性信息和图形之间的拓扑关系,图形光滑度、颜色也满足不了制图标准的需要,最致命的是后期图元信息查询和处理都遇到了很大的困难。

2. CAD 向 GIS 软件平台过渡

自 20 世纪 90 年代末开始,GIS 技术得到广泛应用,各种 GIS 软件平台也纷纷出现。GIS 技术的快速发展为地理信息制图提供了现代化的技术手段。各种 GIS 软件平台厂商在 GIS 功能方面不断创新,大多数著名的商业遥感图象处理软件都吸取了 GIS 的功能,而一些 GIS 软件如 Are/Info 也都吸取图象虚拟可视化技术。

总体来说,各种 GIS 软件平台各有千秋,互为补充,目前市面上用户广泛使用的 GIS 软件有 ArcGIS、MapInfo、MapGIS 等,遥感图象处理软件有 ENVI、ERDAS、PCI 等。另外还有专门针对矿山地质测量工作、地质勘探钻孔柱状、剖面、平面自动成图的地理信息软件系统,虽然其图形编辑和颜色管理方面不能与 MapGIS 相提并论,但是这些软件的自动成图功能却是十分完善,实现了从原始的基础数据(如钻孔数据、导线点数据等)自动生成并可动态修改的单工程图件。

3. 计算机制图的发展现状

2005 年以后计算机制图基本流程是利用计算机图数转换技术、交互式图形技术实现图件数字化,并对其进行编辑修改,然后通过高精度图形设备,直接制图或生成制版胶片,同时生成可反复使用、任意个性化的数字图件。实现图形数字化,建立图形和属性两类地理数据相结合的数据库,数据信息全部存贮于计算机中,实现对工程图件数据分层信息成片存贮,易于管理和查询,并为图形数据的分析、应用开拓了新领域。

GIS 软件平台与多媒体、Internet 等结合,可实现制图信息共享及多途径显示、输出、分析,实现动态化制图。地理信息总是处于动态变化过程中,图件地理信息内容变更时,利用 GIS 软件平台的功能可方便地将信息调用、修改、输入,大大缩短工程图件修编周期,工程图件精度高、速度快,大大提高图件的应用价值。

1.2.4 计算机制图的优越性

计算机制图是制图领域内一次重大的技术变革,与传统的手工制图相比,计算机制图具有很多优点。

1. 易于编辑和更新

传统纸质图件一旦印刷完成即固定成型,不能再变化,而数字图件是在人机交互过程中动态产生出来的,可以方便地根据用户的要求改编图件,以增加图件的适应性,便于提取、更新、处理和应用。例如,用户可以指定图件的显示范围,设定显示的比例尺,并可以选择工程图件中出现的图元要素、种类等。

2. 提高制图速度和精度

计算机制图明显提高了绘图的速度,缩短了成图周期,把制图人员从烦琐的手工制图中解放出来,大大减轻劳动强度。同时也减少了制图过程中由于制图人员的主观随意性产生的偏差,能够精确、快速地解决复杂的图元表达问题。

3. 容量大且易于存储

数字图件的容量一般只受计算机存储器的限制,因此数字图件内容可以包含比传统图件更为丰富的地理信息,并可分要素进行数码存贮。数字图件易于存贮,并且由于存贮的是数据,所以不存在传统图纸中常见的纸张变形等问题,保证了存贮的信息不变性,提高了图件的使用精度。

4. 丰富工程图件品种、品质

计算机制图丰富了工程图件品种,如坡度图、坡向图、通视图、三维立体图等。计算机制图的成果内容还可方便地进行转绘、投影转换与比例尺变换等操作。

5. 便于信息共享

数字图件具有信息复制和传播的优势,容易实现共享。数字图件能够大量无损失复制,并可以通过计算机网络进行远距离广泛传播。

1.3 计算机制图系统

计算机制图系统是一个以计算机为主的系统。一般说来,计算机制图系统包括硬件系统和软件系统两大部分,由于目前的硬件系统和操作软件系统大都能兼容市面上的制图软件系统,因此常把制图软件系统简称为计算机制图系统。

1.3.1 硬件系统

硬件系统包括计算机、必要的外围设备,如图形输入、输出设备等。

图形输入设备的用途就是将用户的图形数据、各种命令等转换成电信号输入计算机,常用的输入设备主要有键盘、目标器、扫描仪、数字化坐标仪、图形扫描仪等。而输出设备的用途则是将计算机处理好的结果转换成可见的图形,常见的输出设备一般可分为两大类,一类是起交互作用的显示设备,如显示器、投影仪等;另一类是输出永久性图形的绘图设备,如打印机、绘图仪等。计算机制图硬件系统组成见下图(图 1 – 2)。

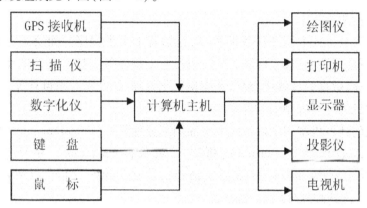

图 1 – 2 计算机制图硬件系统

1.3.2 软件系统

软件系统是指使计算机能够进行编辑、计算和实现图形输出的信息加工处理系统,包括系统软件、数据库、制图软件(或称制图语言)等。

制图软件,简言之即用来作图的软件,通常是指计算机用于绘图的一组程序。常用的制图软件由多个程序的汇集,组成功能齐全、能够绘制基本图形和各类常用图件的程序组,又称为制图软件系统,或称为制图软件包。制图软件通常用高级算法语言编写,以子程序的方式表示,每个子程序具有某种独立的制图功能。制图软件包是制图子程序的汇集,由几十个至几百个子程序组构而成,由计算机制图专业人员遵照完整性、一致性、独立性原则设计。用户根据需要,调用其中一部分子程序,就可以绘制某种图形或一幅地图。

1.制图软件程序类型

根据制图软件系统中各个软件程序基本功能,将这些软件程序组分为三类:

(1)接口程序

计算机向绘图设备输出绘图命令和数据的程序,如启动、移笔、画线、画字符、换笔、关闭等。这些程序需要根据所用绘图设备的相应命令来编写。

（2）基本功能程序

绘图软件的基本组成部分,包括绘各种独立符号(如地形符号和专题符号)、绘各种线划符号(如实线、虚线、加粗线、铁路和公路线、堤岸和沟渠线)、绘面状符号(如晕线和晕点)、绘坐标轴和统计图表、绘光滑曲线、绘投影和投影换算等。

（3）应用程序

用于完成某完整制图任务的程序,包括若干个子程序。如绘制专题符号、统计图、等值线图、三维立体图、晕线统计图、剖面图等。还有其他辅助程序,如数字化程序、数据管理程序、离散数据格网化处理、长度和面积量算等。

2.常见的计算机制图软件系统

常见的计算机制图软件系统有平面图形处理软件(Photoshop)、矢量图形绘图软件(CorelDRAW、Freehand)、建筑、工程软件(AotoCad)、机械绘图软件(CAD.3ds max、Coreldraw.AotoCad)、地理信息制图软件(GIS)、二维动画软件(Flash)、三维动画软件(3ds max)。

（1）Photoshop 软件

Photosho 软件 p 是 Adobe 公司旗下最为出名的图象处理软件之一,集图象扫描、编辑修改、图象制作、广告创意,图象输入与输出于一体的图形图象处理软件,也可以制作简单动画,深受广大平面设计人员和电脑美术爱好者的喜爱。

CorelDRAW 是加拿大 Corel 公司的平面设计软件,该软件是 Corel 公司出品的矢量图形制作工具软件,这个图形工具给设计师提供了矢量动画、页面设计、网站制作、位图编辑和网页动画等多种功能。该软件套装更为专业设计师及绘图爱好者提供简报、彩页、手册、产品包装、标识、网页及其他。

（2）AutoCAD 软件

AutoCAD 软件是由美国欧特克有限公司(Autodesk)出品的一款自动计算机辅助设计软件,可以用于绘制二维制图和基本三维设计,通过它无需懂得编程,即可自动制图,因此成为国际上广为流行的绘图工具。可以用于土木建筑,装饰装潢,工业制图,工程制图,电子工业,服装加工等多方面领域。

（3）3D Studio Max 软件

3D Studio Max 软件常简称为 3ds Max 或 MAX,是 Discreet 公司开发的(后被 Autodesk 公司合并)基于 PC 系统的三维动画渲染和制作软件。其前身是基于 DOS 操作系统的 3D Studio 系列软件。在 Windows NT 出现以前,工业级的 CG 制作被 SGI 图形工作站所垄断。3D Studio Max + Windows NT 组合的出现一下子降低了 CG 制作的门槛,首先开始运用在电脑游戏中的动画制作,后更进一步开始参与影视片的特效制作,例如 X 战警 II,最后的武士等。

1.3.3 地理信息系统

地理信息系统(Geographic Information System,简称 GIS)是在计算机软、硬件支持下,通过采集、存储、管理、检索、分析和描述地理空间数据,适时提供各种空间的和动态的地理信息,用于管理和决策过程的计算机技术系统。它是集计算机科学、地理学、测绘遥感学、空间科学、环境科学、信息科学和管理科学等为一体的边缘学科,其核心是计算机科学,基本技术是地理空间数据库、地图可视化和空间分析。

由于地理信息系统应用受到广泛的重视,各种 GIS 软件平台纷纷涌现,据不完全统计目前有近 500 种。各种软件厂商在 GIS 功能方面都在不断创新、相互包容。大多数著名的商业遥感图象软件都汲取了 GIS 的功能,而一些 GIS 软件如 Arc/Info 也都汲取图象虚拟可视化技术。为了更好地使广大用户对不同平台软件功能进行了解,一些国家机构还专门对各种软件进行测试,我国也多次对优秀国产 GIS 软件进行测评。总体来说,各种软件各有千秋,互为补充,目前市面上用户使用较多的软件平台有 Arc/Info、Mapinfo、Intergraph MGE、GRASS、MapGIS 等软件。

1. Arc/Info 软件

Arc/Info 是由美国环境系统研究所开发的,是目前世界上使用最多的商业化软件之一。Arc/Info 是以矢量数据结构为主体的 GIS 系统,它是通过关系数据库管理属性数据。

2. Mapinfo 软件

Mapinfo 是美国 MAPINFO 公司推出的适用于不同平台的 GIS 系统,在 PC 桌面平台上其占有相当大的市场。Mapinfo 是以矢量数据结构为主体的 GIS 平台,对空间数据管理采用无拓扑矢量结构,具有强大的符合工业界数据库标准的管理系统,在城市规划、行政管理等方面得到广泛应用。它的主要优势是在空间数据库管理和分析方面,简单易学、实用,而且桌面制图功能强,但在 GIS 空间分析方面似乎落后于 Arc/Info 软件。

3. InterGraph MGE 软件

MGE 是实力强大的计算机硬件与软件商美国 INTERGRAPH 公司的产品,其优势是应用 NT 平台,采用栅格矢量一体化数据结构,其功能模块模拟与 AR-CINFO 公司相似,但在图形动态模拟方面有较大的优势。

4. GRASS 软件

GRASS 软件是 Unix 系统平台上的 GIS 系统,主要采用栅格数据结构,在地下水模拟方面使用很广泛。

5. ArcGIS 软件

ArcGIS 软件为用户提供一个可伸缩的、全面的 GIS 平台。ArcObjects 包含了大量的可编程组件,从细粒度的对象到粗粒度的对象,涉及面极广,这些对象为开发者集成了全面的 GIS 功能。

6. MapGIS 软件

MapGIS 是中地数码集团自行研制开发的地理信息系统,是优秀的国产桌面 GIS 软件系统(目前的最新版本已经具有云特性的信息共享服务功能),它属于矢量数据结构 GIS 平台。本文着重讲解 MapGIS 软件系统的操作功能。

1.4　计算机地理信息制图与相关学科关系

1. 计算机科学

计算机科学为空间地理信息的表达、存储、处理、分析和应用提供了有利的工具。数据库技术为计算机地理信息制图的数据管理、更新、查询和维护功能提供支持;计算机图形学为计算机地理信息制图提供算法基础;软件工程为计算机地理信息制图的系统设计提供科学方法。

2. 地图学

计算机地理信息制图源于传统地图制图,地图学理论与方法对计算机地理信息制图系统的发展有着重要的影响。计算机地理信息制图为地图特征的数字表达、操作和显示提供了一系列方法,为地图的图形输出提供技术支持。

3. 遥感技术

遥感(RS)作为空间地理信息数据的采集手段,已经成为计算机地理信息制图的重要信息源与数据更新途径。可以从遥感图象中快速而可靠地提取地面目标的空间信息和属性信息。实际工作经验证明,每年的 TM 图象可覆盖我国国土 1 次,其数据的现势性比常规的地图资料要好。因此,利用遥感图象实施地理空间数据的更新具有重要的现实意义。

4. 全球卫星定位系统

全球卫星定位系统(GPS)作为一种新型的定位数据的采集和更新手段,具有高精度、高效益、全天候、低成本、高灵活性、实时性等优势,因此在计算机地理信息制图中具有重要的应用价值。

5. 电子地图

电子地图是以地理信息数据库为基础,在电子屏幕上显示的可视地图,是数字地图在电子屏幕上的符号化显示。

6. 计算机制图

计算机制图是 GIS 的技术基础,它涉及 GIS 中的空间数据采集、表示、处理、可视化甚至空间数据的管理。它们的主要区别在于空间分析方面:计算机制图系统具有强大的地图制图功能;而完善的地理信息系统可以包含计算机地图制图系统的基本功能,此外还应该具有丰富的空间分析能力,特别是对图形数据和属性数据进行深层次的空间分析能力。所以说计算机制图已经基本成为 GIS 的基本组成部分,计算机地理信息制图已经可以说成 GIS 计算机制图。

7. 数据库管理系统

目前,有些计算机地理信息制图系统的图形数据也交给关系数据库管理系统来管理,而关系数据库管理系统也向空间数据管理方面扩展。计算机地理信息制图系统由于涉及复杂空间数据的管理,比一般的事务数据库处理系统更加复杂,在功能上也更加丰富。

8. 与遥感图象处理

遥感图象处理是专门针对遥感图象进行分析处理的软件,图象分析处理功能强大。一般计算机地理信息制图的图象分析处理功能较弱。

9. 计算机地理信息制图与计算机辅助制图

计算机辅助制图和计算机地理信息制图的共向点是都有坐标标参考系统、都能描述和处理图形数据及其中间关系,也都能处理非图形属性数据。它们的主要区别是:计算机辅助制图多为规则的几何图形及其组合,图形功能极强、属性功能相对较弱,而计算机地理信息制图处理的图形及其关系更为复杂,空间数据与属性数据的相互操作频繁,空间数据的处理和符号化功能比较强大。

第2章　地理信息制图基础

　　随着社会经济的飞速发展,人类工程的发展由局点到广面、由短距到长远、由地面到空间,如南水北调、西气东输、输油管道、城市管网、环境监测、地质勘查、铁路公路、国土勘测、气候监测、矿产开发、通信网络等大型系统工程。这些区域性大型系统工程规划与建设的测控与绘图,利用数据信息单面型投影制图已无法满足工程需要,这为利用地理空间数据信息进行投影变换多面型投影制图的发展提供了机遇。

2.1　基本概念

　　地理信息制图(Geographic information mapping)是利用地理空间数据、运用地图学方法,对区域性规划工程的要素进行分析和制图的过程,以详实反映工程要素的地理信息。它是集地理学、测绘遥感学、空间科学、地图学和管理科学等为一体的边缘学科。所涉及的行业有地质、矿产、地理、测绘、水利、能源、环境、通讯、公安、交通、城建、土地管理等,同时也为推动了相关专业技术的发展。

　　地理信息制图讲的是如何按照制图基本原理、方法,运用行业标准、规范、规定来绘制区域性工程图样,这是绘制工程图样的专业基础,用于解决"画什么、怎样画"的问题;而计算机制图则是解决如何用当前先进的技术手段来绘制这些工程图样,因此在学习计算机制图技术前一定要打好地理信息制图基础。

2.2　地理信息基础知识

2.2.1　测绘基准系统

1.坐标系统类型

(1)球坐标系

球坐标系是三维坐标系的一种,用以确定三维空间中点、线、面以及体的位置,它以坐标原点为参考点,由方位角、仰角和距离构成。球坐标系在地理学、天文学中都有着广泛应用。

（2）大地坐标系

大地坐标系用来表述地球上点的位置的一种地区坐标系统。它采用一个十分近似于地球自然形状的参考椭球作为描述和推算地面点位置和相互关系的基准面。大地坐标系中点的位置是以其大地坐标表示的，大地坐标均以椭球面的法线来定义。大地纬度、大地经度和大地高分别用大写英文字母 B、L、H 表示。

（3）空间直角坐标系

空间直角坐标系以椭球体中心为原点，起始子午面与赤道面交线为 X 轴，在赤道面上与 X 轴正交的方向为 Y 轴，椭球体的旋转轴为 Z 轴。在该坐标系中，空间中点的位置用 X、Y、Z 表示，坐标系的坐标原点位于地球质心或参考椭球中心，Z 轴指向地球北极，X 轴指向起始子午面与地球赤道的交点，Y 轴垂直于 X 与 Z 面并构成的右手坐标系。

（4）投影平面直角坐标系

地理坐标是一种球面坐标，由于地球表面是不可展开的曲面，也就是说曲面上的各点不能直接表示在平面上，因此必须运用地图投影的方法，建立地球表面和平面上点的函数关系，使地球表面上任一点由地理坐标（φ、λ）确定的点，在平面上必有一个与它相对应点。

（5）用户坐标系

用户坐标系是用户处理自己的图形所采用的坐标系。用户坐标系的原点可以放在任意位置上，坐标系也可以倾斜任意角度。由于绝大多数二维绘图命令只在 X、Y 或与 X、Y 平行的面内有效，在绘制三维图形时，经常要建立和改变用户坐标系来绘制不同基本面上的平面图形。

2. 常用坐标系统

（1）北京 54 坐标系

1954 年北京坐标系是我国目前广泛采用的大地测量坐标系，该坐标系采用的参考椭球是克拉索夫斯基椭球，该椭球参数为：长轴 A = 6 378 245 m，短轴 B = 6 356 863 m，扁率 a = 1/298.3，我国目前的地形图上平面坐标位置大多是以此数据为基准推算的。北京坐标系是一种参心坐标系统，该坐标系源于苏联采用过的 1942 年普尔科沃坐标系。

（2）西安 80 坐标系

1980 年西安坐标系是由国家测绘局在 1978—1982 年期间进行国家天文大地网整体平差时建立的，它采用国际大地测量学协会 IAG 于 1975 年推荐的新椭球参数。该椭球参数为：长轴 A = 6 378 140 m，短轴 B = 6 356 755 m，扁率 a = 1/298.257。西安坐标系同属参心坐标系，大地原点处在陕西省西安市以北

60 公里的径阳县永乐镇,故又称西安原点。

（3）国家 2000 坐标系

2000 国家大地坐标系属地心坐标系。其定义包括坐标系的原点、三个坐标轴的指向、尺度以及地球椭球的 4 个基本参数。2000 国家大地坐标系的原点为包括海洋和大气的整个地球的质量中心;2000 国家大地坐标系的 Z 轴由原点指向历元 2000.0 的地球参考极的方向,该历元的指向由国际时间局给定的历元 1984.0 的初始指向推算,定向的时间演化保证相对于地壳不产生残余的全球旋转,X 轴由原点指向格林尼治参考子午线与地球赤道面（历元 2000.0）的交点,Y 轴与 Z 轴、X 轴构成右手正交坐标系;采用广义相对论意义下的尺度。2000 国家大地坐标系采用的地球椭球参数值为:长半轴 A = 378 137 m,扁率 a = 61/298.257 222 101,地心引力常数 GM = 3.986 004 418 × 1014 m3/s2,自转角速度 ω = 7.292 115 × 10 – 5 rad/s。

（4）WGS – 84 坐标系

WGS – 84 坐标系又称世界大地坐标系 – 84,是为 GPS 全球定位系统使用而建立的坐标系统,由美国国防部制图局通过遍布世界的卫星观测站观测到的坐标建立。WGS – 84 坐标系的原点位于地球质心,Z 轴指向（国际时间局）BIH1984.0 定义的协议地球极（CTP）方向,X 轴指向 BIH1984.0 的零度子午面和 CTP 赤道的交点,Y 轴通过右手规则确定。这是一个国际协议地球参考系统（ITRS）,是目前国际上统一采用的大地坐标系。WGS – 84 坐标系椭球参数:长轴 6 378 137.000 m,短轴 6 356 752.314 m,扁率 1/298.257 223 563。

3. 常用高程系统

（1）1956 年黄海高程系统

1956 年黄海高程系统是根据我国青岛验潮站 1950—1956 年的黄海验潮资料,求出该站验潮井里横按铜丝的高度为 3.61 m,所以就确定这个铜丝以下 3.61 m 处为黄海平均海水面。从这个平均海水面起,于 1956 年推算出青岛水准原点的高程为 72.289 m。我国目前地形和地图上的海拔高度,大多是以这一海平面（基准面）为原点进行测量确定的。

黄海高程系统位于山东青岛市大港 1 号码头西端青岛观象台的验潮站内,地理位置为东经 120° 18′ 40″,北纬 36° 05′ 15″。验潮站有一间特殊的房屋,内有一口直径 1 m、深 10 m 的验潮井,它有 3 个直径 60 cm 的进水管与大海相通。

（2）1985 国家高程基准

1985 国家高程基准是指 1956 年规定以黄海（青岛）的多年平均海平面作为统一基面。我国于 1956 年规定以黄海（青岛）的多年平均海水面作为统一基面,为中国第一个国家高程系统,从而结束了过去高程系统繁杂的局面。

由于计算这个基面所依据的岛验潮站的资料系列(1950～1956年)较短等原因,中国测绘主管部门决定重新计算黄海平均海水面,以青岛验潮站1952?1979年的潮汐观测资料为计算依据,并用精密水准测量方法测定位于青岛的中华人民共和国水准原点,得出1985国家高程基准和1956年黄海高程的关系:1985国家高程基准=1956年黄海高程-0.029 m,即1985国家高程系统的水准原点的高程是72.260 m。

2.2.2　地图投影基础

1. 地图投影概念

地图投影是利用一定数学法则把地球表面的经、纬线转换到平面上的理论和方法,是建立地球表面上的点与投影平面(即地图平面)上点之间的一一对应关系的方法,所建立的数学转换公式,将一个不可展平的曲面(即地球表面)投影到一个平面的基本方法,以保证了空间地理信息在区域上的联系性与完整性。地图投影的实质就是将地球椭球面上的地理坐标转化为平面直角坐标,这个投影过程将产生投影变形,而且不同的投影方法具有不同性质和大小的投影变形。

由于投影的变形,地图上所表示的地物,如大陆、岛屿、海洋等的几何特性(长度、面积、角度、形状)也随之发生变形。每一幅地图都有不同程度的变形;在同一幅图上,不同地区的变形情况也不相同。地图上表示的范围越大,离投影标准经纬线或投影中心的距离越长,地图反映的变形也越大。因此,大范围的小比例尺地图只能供了解地表现象的分布概况使用,而不能用于精确的量测和计算。

2. 投影方法分类

由于地球是一个赤道略宽两极略扁的不规则的梨形球体,故其表面是一个不可展平的曲面,所以运用任何数学方法进行这种转换都会产生误差和变形,为按照不同的需求缩小误差,就产生了各种投影分类方法。

(1) 按变形方式

①等角投影,又称正形投影,指投影面上任意两方向的夹角与地面上对应的角度相等。在微小的范围内,可以保持图上的图形与实地相似;不能保持其对应的面积成恒定的比例;图上任意点的各个方向上的局部比例尺都应该相等;不同地点的局部比例尺,是随着经、纬度的变动而改变的。

②等面积投影,地图上任何图形面积经主比例尺放大以后与实地上相应图形面积保持大小不变的一种投影方法。等积投影相反,保持等积就不能同时保持等角。

③任意投影。任意投影为既不等角也不等积的投影，其中还有一类"等距（离）投影"，在标准经纬线上无长度变形，多用于中小学教学图。

（2）根据正轴投影时经纬网的形状分类

①几何投影（利用透视的关系，将地球体面上的经纬网投影到平面上或可展位平面的圆柱面和圆锥面等几何面上）。分以下三种：

a.平面投影，又称方位投影，将地球表面上的经、纬线投影到与球面相切或相割的平面上去的投影方法；平面投影大都是透视投影，即以某一点为视点，将球面上的图象直接投影到投影面上去。

b.圆锥投影，用一个圆锥面相切或相割于地面的纬度圈，圆锥轴与地轴重合，然后以球心为视点，将地面上的经、纬线投影到圆锥面上，再沿圆锥母线切开展成平面。性质：地图上纬线为同心圆弧，经线为相交于地极的直线。

c.圆柱投影，用一圆柱筒套在地球上，圆柱轴通过球心，并与地球表面相切或相割将地面上的经线、纬线均匀的投影到圆柱筒上，然后沿着圆柱母线切开展平，即成为圆柱投影图网。

d.多圆锥投影：投影中纬线为同轴圆圆弧，而经线为对称中央直径线的曲线。

②条件投影（非几何投影）投影分类

a.伪方位投影，在正轴情况下，伪方位投影的纬线仍投影为同心圆，除中央经线投影成直线外，其余经线均投影成对称于中央经线的曲线，且交于纬线的共同圆心。

b.伪圆柱投影，在圆柱投影基础上，规定纬线仍为同心圆弧，除中央经线仍为直线外，其余经线则投影成对称于中央经线的曲线。

c.伪圆锥投影，投影中纬线为同心圆圆弧，经线为交于圆心的曲线。

（3）根据投影面与地球表面的相关位置分类（投影轴与地轴的关系）

①正轴投影（重合）：投影面的中心线与地轴一致

②斜轴投影（斜交）：投影面的中心线与地轴斜交

③横轴投影（垂直）：投影面的中心线与地轴垂直

（4）投影的应用

①圆锥投影：主要应用于中纬度地区沿着东西伸展区域的国家地区。

②圆柱投影：是圆锥投影的一个特殊情况，正轴圆柱投影表现为相互正交的直线。等角圆柱投影（墨卡托）具有等角航线表现为直线的特性，因此最适宜编制各种航海、航空图。

③方位投影：等变形线为同心圆，最适宜表示圆形轮廓的区域，如表示两极地区的地图。

3. 常用的投影类型

常用的投影类型有高斯－克吕格投影、墨卡托投影（正轴等角圆柱投影）、斜轴等面积方位投影、双标准纬线等角圆锥投影、等差分纬线多圆锥投影、正轴方位投影等。

（1）高斯－克吕格投影

高斯－克吕格投影由德国数学家、物理学家、天文学家高斯于 19 世纪 20 年代拟定的，后经德国大地测量学家克吕格于 1912 年对投影公式加以补充，故称之为高斯－克吕格投影。

高斯－克吕格投影上的中央经线和赤道为互相垂直的直线，其他经线均为凹向并对称于中央经线的曲线，其他纬线均为以赤道为对称轴的向两极弯曲的曲线，经、纬线成直角相交。在这个投影上，没有角度变形。中央经线长度比等于 1，没有长度变形，其余经线长度比均大于 1，长度变形为正，距中央经线愈远，变形愈大，最大变形在边缘经线与赤道的交点上；面积变形也是距中央经线愈远，变形愈大。为了保证地图的精度，采用分带投影方法，即将投影范围的东、西界加以限制，使其变形不超过一定的限度，这样把许多带结合起来，可成为整个区域的投影（图 2－1）。高斯－克吕格投影的变形特征是：在同一条经线上长度变形随纬度的降低而增大，在赤道处为最大；在同一条纬线上，长度变形 随经差的增加而增大，且增大速度较快。在 6 度带范围内，其长度最大变形不超过 0.14 %。

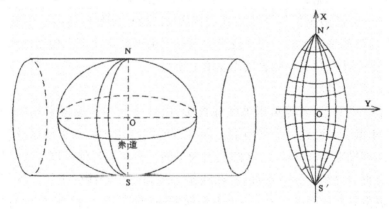

图 2－1　高斯－克吕格投影图

我国规定 1∶1 万、1∶2.5 万、1∶5 万、1∶10 万、1∶25 万、1∶50 万比例尺地形图均采用高斯－克吕格投影。1∶2.5 万至 1∶50 万比例尺地形图采用经差 6 度分带，1∶1 万比例尺地形图采用经差 3 度分带。

6 度带是从 0°子午线起，自西向东每隔经差 6°为一投影带，全球分为 60 个投影带,各带的带号用自然序数 1,2,3,……,仍表示。即以东经 0°至 6°为第 1 带,其中央经线为 3E,东经 6°至 12°为第 2 带,其中央经线为 9E,其余依次类推。

3 度带是从东经 1°30′,的经线开始,每隔 3°为一带,全球划分为 120 个投影带。6 度带与 3 度带的中央经线与带号的关系表示出(表 2-1)。

6 度带与 3 度带的中央经线与带号关系表　　　表 2-1

6度分带	带号	0		1		2		3		4		...
	经线起至		0°	3°	6°	9°	12°	15°	18°	21°		...
3度分带		-1.5°	1.5°	4.5°	7.5°	10.5°	13.5°	16.5°	19.5°	22.5°		...
	带号	0	1	2	3	4	5	6	7			...

在高斯—克吕格投影上,规定以中央经线为 X 轴,赤道为 Y 轴,两轴的交点为坐标原点。X 在赤道以北为正,以南为负;Y 坐标值在中央经线以东为正,以西为负。我国在北半球,X 坐标皆为正值。Y 坐标在中央经线以西为负值,运用起来很不方便。为了避免 Y 坐标出现负值,将各带的坐标纵轴西移 500 km,即将所有 Y 值都加 500 km。

由于采用了分带方法,各带的投影完全相同,某一坐标值(x,y)在每一投影带中均有一个,在全球则有 60 个同样的坐标值,不能确切表示该点的位置。因此,在 Y 值前需冠以带号,这样的坐标称为通用坐标。

高斯—克吕格投影各带是按相同经差划分的,只要计算出一带各点的坐标,其余各带都是适用的。这个投影的坐标值由国家测绘部门根据地形图比例尺系列,事先计算制成坐标表供作业单位使用。

(2)墨卡托投影

墨卡托投影,又名等角正轴圆柱投影,由荷兰地图学家墨卡托(Mercator)在 1569 年拟定。设想一个与地轴方向一致的圆柱切于或割于地球,按等角条件将经纬网投影到圆柱面上,将圆柱展为平面后得平面经纬线网。投影后经线是一组竖直的等距离的平行直线,纬线是一组垂直于经线的平行直线,各相邻纬线间隔由赤道向两极增大,一点上任何方向的长度比均相等,即没有角度变形,而面积变形显著,随远离标准纬线而 增大。因为它具有各个方向均等扩大的特性,保持了方向和相互位置关系的正确。该墨卡托投影在切圆柱投影与割圆柱投影中,是最早也是最常用的投影。在地图上能保持方向和角度的正确是墨卡托投影的优点,墨卡托投影地图常用做航海图和航空图。如果是循着墨卡托投影地图上两点间的直线航行,可以维持方向不变一直到达目的地,因此它

16

对船舰在航行中的定位、确定航向都具有有利条件,给航海、航空都带来了很大的方便,所以这个投影广泛用于航海图和航空图。

(3) UTM 投影

UTM 投影全称为通用横轴墨卡托投影,是一种等角横轴割圆柱投影。椭圆柱割地球于南纬80°,北纬84°两条等高圈。投影后,两条相割的经线上没有变形,而中央经线的长度比为0.999 6。国际大地测量学会曾建议,中央子午线 投影后,其投影长度适当缩短(即长度比例因子尺为0.999 6,中央经线比例因子取9 996是为了保证离中央经线约330 km处有两条不失真的标准经线),以减少投影边缘地区的长度变形。这个建议就是统一横轴墨卡托投影,也称为通用横轴墨卡托投影,简称为 UTM 投影。

4. 地图投影的选择

地图投影选择得是否恰当,直接影响着地图的精度和使用价值。这里所讲的地图投影的选择,主要指中、小比例尺地图,不包括国家基本比例尺地形图。因为国家基本比例尺地形图的投影、分幅等,是由国家测绘主管部门研究制定的,不容许任意改变,另外编制小区域大比例尺地图,无论采用什么投影,变形都是很小的。

选择制图投影时,主要考虑以下因素:制图区域的范围、形状和地理位置,地图的用 途、出版方式及其他特殊要求等,其中制图区域的范围、形状和地理位置是主要因素。

对于世界地图,常用的主要是正圆柱投影、伪圆柱投影和多圆锥投影。在世界地图中,常用墨卡托投影绘制世界航线图、世界交通图与世界时区图。

中国出版的世界地图多采用等差分纬线多圆锥投影,选用这个投影对于表现中国形状以及与四邻的对比关系较好,但投影的边缘地区变形较大。

对于半球地图,东、西半球图常选用横轴方位投影;南、北半球图常选用正轴方位投影;水、陆半球图一般选用斜轴方位投影。

对于其他的中、小范围的投影选择,须考虑到它的轮廓形状和地理位置,最好是使等变形线与制图区域的轮廓形状基本一致,以便减小图上变形。因此,圆形地区一般采用方位投影,在两极附近则采用正轴方位投影,以赤道为中心的地区采用横轴方位投影,在中纬度地区采用斜轴方位投影。在东西延伸的中纬度地区,一般多采用正轴圆锥投影,如中国与美国。在赤道两侧东西延伸的地区,则宜采用正轴圆柱投影,如印度尼西亚。在南北方向延伸的地区,一般采用横轴圆柱投影和多圆锥投影,如智利与阿根廷。

2.2.3　地图分幅与编号

1. 比例尺的定义

地图比例尺通常认为是地图上距离与面上相应距离之比,地图比例尺可用下述方法表示。

（1）数字比例尺

这是简单的分数或比例,可表示为 1∶1 000 000 或 1/1 000 000,最好用前者。表示地图上(沿特定线)长度 1 mm、1 cm 或 1 in(分子),代表地球表面上的 1 000 000 mm、1 000 000 cm 或 1 000 000 in（分母）。

（2）文字比例尺

这是图上距离与实地距离之间关系的描述。如"二十万分之一"这一文字比例尺可描述为"图中 1 mm 等于实地 200 m"。

（3）图解比例尺或直线比例尺

这是在地图上绘出的直线段,常常绘于图例方框中或图廓下方,表示图上长度相当于实地距离的单位。

（4）面积比例尺

这关系到图上面积与实地面积之比,表示图上单位面积(cm^2)与实地上同一种平方单位的特定数量之比。

2. 地形图的比例尺

国家基本比例尺地形图有 1∶1 万、1∶2.5 万、1∶5 万、1∶10 万、1∶20 万、1∶50 万和 1∶100 万七种。普通地图通常按比例尺分为大、中、小三种。一般以 1∶5 万和更大比例尺的地图称为大比例尺地图;1∶10 万至 1∶50 万的地图称为中比例尺地图;小于 1∶100 万的地图称为小比例尺地图。

3. 地形图的分幅

对于一个国家或世界范围来讲,测制成套的各种比例尺地形图时,分幅编号尤其必要。通常由国家主管部门制定统一的图幅分幅和编号系统。目前,我国采用的地形图分幅方案是以 1∶100 万地形图为基准,按照相同的经差和纬差定义更大比例尺地形图的分幅。1∶100 万地形图在纬度 0°~60°的图幅,图幅大小按经差 6°、纬差 4°分幅;在 60°~76°的图幅,其经差为 12°,纬差为 4°;在 76°~80°图幅的经差为 24°,纬差为 4°,所以各幅 1∶100 万地形图都是按经差 6°、纬差 4°分幅的。

每幅 1∶100 万地形图内各级较大比例尺地形图的划分,按规定的相应经纬差进行,其中 1∶50 万、1∶20 万、1∶10 万三种比例尺地形图,以 1∶100 万地形图为基础直接划分。一幅 1∶100 万地形图划分 4 幅 1∶50 万地形图,每幅为经差 3°、纬差 2°;一幅 1∶100 万地形图划分为 36 幅 1∶20 万地形图,每幅为经差 1°,纬差 40′、一幅 1∶100 万地形图划分 144 幅 1∶10 万地形图,每幅为经差 30′,纬差 20′。

每幅大于 1∶10 万比例尺的地形图,则以 1∶10 万地形图为基础进行逐级划分,一幅 1∶10 万地形图划分为 4 幅 1∶5 万地形图;一幅 1∶5 万地形图划分为 4 幅 1∶2.5 万地形图。在 1∶10 万地形图的基础上划分为 64 幅 1∶1 万地形图;一幅 1∶1 万地形图又划分为 4 幅 1∶5 000 地形图(表 2 - 2)。

基本比例尺地形图幅规格及数量关系　　　　　表 2 - 2

比例尺		图幅大小		分幅基础图比例尺	图幅间的数量关系			
		经差	纬差					
小比例尺	1∶100 万	6°	4°	1∶100 万	1			
中比例尺	1∶50 万	3°	2°	1∶100 万	1×4	1		
	1∶20 万	1°	40′	1∶100 万	1×9×4	1×9	1	
	1∶10 万	30′	20′	1∶100 万	1×4×9×4	1×4×9	1×4	1
大比例尺	1∶5 万	15′	10′	1∶10 万	1×4			
	1∶2.5 万	7′30″	5′	1∶10 万	1×4×4	1×4	1	
	1∶1 万	3′45″	2′30″	1∶10 万	1×4×4×4	1×4×4	1×4	1
	1∶5 千	1′52.5″	1′15″	1∶1 万	1×4	1		

4. 地形图的编号

地形图的编号是根据各种比例尺地形图的分幅,对每一幅地形图给予一个固定的号码,这种号码不能重复出现,并要保持一定的系统性。

地形图编号的最基本的方法是行列法,即把每幅图所在一定范围内的行数和列数组成一个号码。

(1) 1∶100 万地形图的编号

该种地形图的编号为全球统一分幅编号。

列数:由赤道起向南、北两极每隔纬差 4° 为一列,直到南、北纬 88°(南、北纬 88° 至南、北两极地区,采用极方位投影单独成图),将南、北半球各划分为 22 列,分别用拉丁字母 A,B,C,D,……,V 表示。

列数:由赤道起向南北两极每隔纬差 4° 为一列,直到南北 88°(南北纬 88° 至南北两极地区,采用极方位投影单独成图),将南北半球各划分为 22 列,分别用拉丁字母 A、B、C、D……V 表示。

行数:从经度 180° 起向东每隔 6° 为一行,绕地球一周共有 60 行,分别以数字1、2、3、4······60表示。

　　由于南北两半球的经度相同,规定在南半球的图号前加一个S,北半球的图号前不加任何符号。一般来讲,把列数的字母写在前,行数的数字写在后,中间用一条短线连接。例如北京所在的一幅百万分之一地图的编号为J－50(图2－2)。

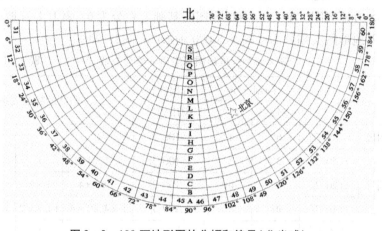

图2－2　100万地形图的分幅和编号(北半球)

　　由于地球的经线向两极收敛,随着纬度的增加,同是6°的经差但其纬线弧长已逐渐缩小,因此规定在纬度60°～76°间的图幅采用双幅合并(经差为12°,纬差为4°);在纬度76°～88°间的图幅采用四幅合并(经差为2°,纬差为4°)。这些合并图幅的编号,列数不变,行数(无论包含两个或四个)并列写在其后。例如北纬80°～84°,西经48°～72°的一幅百万分之一的地图编号应为U－19、20、21、22(见图2－16)。

　　(2) 1∶50万、1∶20万、1∶10万地形图的编号

　　一幅1∶100万地形图划分4幅1∶50万地形图,分别用甲、乙、丙、丁表示,其编号是在1∶100万地形图的编号后加上它本身的序号,如J－50－甲。

　　一幅1∶100万地形图划为36幅1∶20万地形图,分别用带括号的数字[1]－[36]表示,其编号是在1∶100万地形图的编号后加上它本身的序号,如J－50－[3]。

　　一幅1∶100万地图划分144幅1∶10万地图,分别用数字1－144表示,其编号是在1∶100万地形图的编号后加上它本身的序号,如J－50－5(图2－3)。

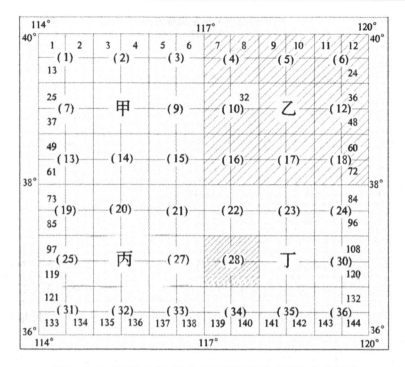

图 2-3 1:50 万、1:20 万、1:10 万地形图的分幅和编号示例

（3）1:5 万、1:2.5 万、1:1 万地形图的编号

以 1:10 万地形图的编号为基础,将一幅 1:10 万地图划分四幅 1:5 万地图,分别用甲、乙、丙、丁表示,其编号是在 1:10 万地形图的编号后加上它本身的序号,如 J-50-5-乙。

再将一幅 1:5 万地图划分四幅 1:2.5 万地形图,分别用 1、2、3、4 表示,其编号是在 1:5 万地形图的编号后加上它本身的序号,如 J-50-5-乙-4。

1:1 万地形图的编号,是以一幅 1:10 万地形图划分为 64 幅 1:1 万地形图,分别以带括号的（1）至（64）表示,其编号是在 1:10 万图号后加上 1:1 万地图的序号,如 J-50-5-（24）。

一幅 1:1 万地形图划分为 4 幅 1:5000 地形图,分别用小写拉丁字母 a、b、c、d 表示,其编号是在 1:1 万图号后加上它本身的序号,如 J-50-5-（24）-b（表 2-3）。

5. 国家基本比例尺地形图新的分幅与编号

我国 1992 年 12 月发布了《国家基本比例尺地形图分幅和编号》（GB/T 13989-92）,自 1993 年 3 月起实施。新测和更新的基本比例尺地形图,均须按照此标准进行分幅和编号。新的分幅、编号对照以前有以下特点:

地形图比例关系及编号方法 表 2 - 3

比例尺	编号方法		案例
	分幅基础图	基础图图号后加代号	116°28′25″, 39°54′30
1 : 100 万	1 : 100 万	横列 : A, B, C……; 纵行 : 1, 2, 3…	J - 50
1 : 50 万	1 : 100 万	甲、乙、丙、丁	J - 50 - 甲
1 : 20 万	1 : 100 万	[1], [2], [3]……, [36]	J - 50 - [3]
1 : 10 万	1 : 100 万	1, 2, 3, …, 144	J - 50 - 5
1 : 5 万	1 : 10 万	甲、乙、丙、丁	J - 50 - 5 - 乙
1 : 2.5 万	1 : 5 万	1, 2, 3, 4	J - 50 - 5 - 乙 - 4
1 : 1 万	1 : 10 万	(1), (2), (3)…, (64)	J - 50 - 5 - (24)
1 : 5 千	1 : 1 万	a, b, c, d	J - 50 - 5 - (24) - b

1 : 5 000 地形图列入国家基本比例尺地形图系列,使基本比例尺地形图增至 8 种。

分幅虽仍以 1 : 100 万地形图为基础,经、纬差也没有改变,但划分的方法不同,即 全部由 1 : 100 万地形图逐次加密划分而成。此外,过去的列、行现在改称为行、列。

编号仍以 1 : 100 万地形图编号为基础,后接相应比例尺的行、列代码,并增加了比例尺代码。因此,所有 1 : 5 000 ~ 1 : 50 万地形图的图号均由五个元素 10 位代码组成。编码系列统一为一个根部,编码长度相同,计算机处理和识别时十分方便。

(1) 分幅

1 : 100 万地形图的分幅按照国际 1 : 100 万地形图分幅的标准进行。

每幅 1 : 100 万地形图划分为 2 行 2 列,共 4 幅 1 : 50 万地形图,每幅 1 : 50 万地形图的分幅为经差 3°,纬差 2°。

每幅 1 : 100 万地形窗划分为 4 行 4 列,共 16 幅 1 : 25 万地形图,每幅 1 : 25 万地形图的分幅为经差 1° 30′,纬差 1°。

每幅 1 : 100 万地形图划分为 12 行 12 列,共 144 幅 1 : 10 万地形图,每幅 1 : 10 万地形 图的分幅为经差 30′,纬差 20′。

每幅 1 : 100 万地形图划分为 24 行 24 列,共 576 幅 1 : 5 万地形图,每幅 1 : 5 万地形图 的分幅为经差 15′,纬差 10′。

每幅 1 : 100 万地形图划分为 48 行 48 列,共 2304 幅 1 : 2. 5 万地形图,每幅

1:2.5 万 地形图的分幅为经差 7′ 30″,纬差 5′。

每幅 1:100 万地形图划分为 96 行 96 列,共 9 216 幅 1:1 万地形图,每幅 1:1 万地形图 的分幅为经差 3′ 45″,纬差 2′ 30″。

每幅 1:100 万地形图划分为 192 行 192 列,共 36 864 幅 1:5000 地形图,每幅 1:5000 地形图的分幅为经差 1′ 52.5″纬差 1′ 15″。

不同比例尺地形图的经纬差、行列数和图幅数成简单的倍数关系(图 2 - 4)。

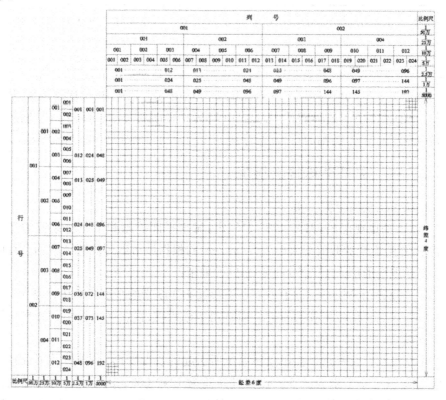

图 2 - 4 1:50 万 ~ 1:5000 地形图的行列编号

(2)编号

1:100 万地形图的编号

与图 2 - 2 所示方法基本相同,只是行和列的称谓相反。1:100 万地形图的编号是由该图所在的行号(字符码)与列号(数字码)组合而成,如北京所在的 1:100 万地形图的编号为 J - 50。

1:50 万 ~ 1:5 000 地形图的编号

1:50 万 ~ 1:5 000 地形图的编号均以 1:100 万地形图编号为基础,采用行

列式编号 方法。将 1:100 万地形图按所含各比例尺地形图的经差和纬差划分成若干行和列,行从 上到下、列从左到右按顺序分别用阿拉伯数字(数字码)编号。图幅编号的行、列代码均 采用三位十进制数表示,不足三位时补 0,取行号在前、列号在后的排列形式标记,加在 1:100 万图幅的编号之后。

为了使各种比例尺不至于混淆,分别采用不同的英文字符作为各种比例尺的代码(表 2-4)。

中国基本比例尺代码表   表 2-4

比例尺	1:50 万	1:25 万	1:10 万	1:5 万	1:2.5 万	1:1 万	1:5000
代 码	B	C	D	E	F	G	H

1:50 万 ~ 1:5 000 比例尺地形图的编号均由五个元素 10 位代码构成,即 1:100 万地形图的行号(字符码)1 位,1:100 万地形图列号(数字码)2 位,比例尺代码(字符)1 位该 图幅的行号(数字码)3 位,该图幅的列号(数字码)3 位。

2.2.4 常用坐标转换模型

1.城市抵偿面坐标转换

《城市测量规范》(CJJ 8 - 99)中规定:城市平面控制测量坐标系统的选择应满足投影 长度变形值不大于 2.5 cm/km,并根据城市地理位置和平均高程而定。当长度变形值大于 2.5 cm/km 时,可采用:

(1)投影于低偿高程面上的高斯正形投影 3 度带的平面直角坐标系统。

(2)高斯正形投影任意带的平面直角坐标系统,投影面可采用黄海平均海水面或城 市平均高程面。

由于高程归化和选择投影坐标系统所引起的长度变形,在城市及工程建设地区一般 规定每千米为 2.5 cm,相对误差为 1/40 000,相当于归化高程达到 160 m 或平均横坐标值达到 ±45 km 时的情况。在实际工作中,可以把两者结合起来考虑,利用高程归化的长度改正数恒负值,高斯投影的长度改恒为正值而得到部分低偿的特点。在下列情况下,两种长度变形正好相互抵消:

$$\frac{H_m + h_m}{R_m} = \frac{y_m^2}{2^R 2_m}$$

如果按照规范要求,长度变形不超过 1/40 000,可以推导出测区平均归化高程 Hm + hm 与控制点离开中央子午线两侧距离关系,则

$$y_m = \sqrt{12740 \times (H_m + h_m) \pm 2029} \ (km)$$

如果 $H_m + h_m = 100 \ m$,控制点离开中央子午线距离不超过 $57 \ km$,则长度变形不会超过 1/40 000。

如果变形值超过规划规定,就要进行抵偿坐标换算。

设 H_c 为城市地区相对于抵偿高程归化面的高程,H_0 为抵偿高程归化面相对于参考椭球面的高程,则

$$H_c = (H_m + h_m) - H_0$$

为了使高程归化和高斯投影的长度改化相抵消,令

$$\frac{H_c}{R_m} = \frac{y_m^2}{2^R 2_m}$$

由此可得:

$$H_c = \frac{y_m^2}{2^R 2_m}$$

$$H_0 = (H_m + h_m) - \frac{y_m^2}{2^R 2_m}$$

设 $q = H_0 / R_m$,则国家统一坐标系统转换为抵偿坐标系统的坐标转换公式如下:

$$X_c = X + q(X - X_0)$$
$$Y_c = Y + q(Y - Y_0)$$

抵偿坐标系统转换为国家统一坐标系统的坐标转换公式如下

$$X = X_c - q(X_c - X_0)$$
$$Y = Y_c - q(Y_c - Y_0)$$

式中 X、Y— 国家统一坐标系统中控制点坐标;

X_c、Y_c— 低偿坐标系统中控制点坐标;

X_0、Y_0— 长度变形被抵消的控制点在国家统一坐标系统中的坐标,该点在抵偿坐 标系统中具有同样的坐标值。它适宜于选在测区中心。这个点也可以不是控制点而是一个理论上的点,取整后的坐标值,便于记忆。

2. 平面四参数转换模型

在实际工作中,经常会遇到两个不同坐标系之间的数据转换,以达到实现数据共享的目的。目前,坐标转换的方法有很多,用途也不一样,要求也不一样。一般转换一个测区的坐标,如果范围不是很大,用相似变换就能解决问题了。收集一定数量的重合点,至少两个以上,才能求出转换参数,超过两个点时,可计算转换误差,如果点数超过 3 个,就要采用测量平差了,求出最合理转换参数,实现坐标转换(图 2 - 5)。具体公式如下:

$$\begin{bmatrix} x_2 \\ y_2 \end{bmatrix} = \begin{bmatrix} x_0 \\ y_0 \end{bmatrix} + (1 + m) \begin{bmatrix} cos\alpha & -sin\alpha \\ sin\alpha & cos\alpha \end{bmatrix} \begin{bmatrix} x_1 \\ y_1 \end{bmatrix}$$

其中 x_0、y_0 为平移参数，α 为旋转参数，m 为尺度参数，x_2、y_2 为新坐标系统下的平面直角坐标，x_1、y_1 为原坐标系下的平面直角坐标，坐标单位为 m。

坐标轴平移与旋转

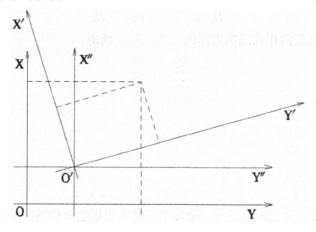

图 2-5　坐标轴平移与旋转

3. 布尔莎坐标转换模型

如果测区面积比较大，为了能更准确地求出两个坐标系之间的转换关系，推荐使用祁尔莎模型转换，即俗称的七参数转换。可以带高程一起转换，前提是两个坐标系之间定位基本相同，不能有太大的旋转角，就像地方坐标系和国家坐标系之间转换就不适用七参数转换，只能用相似变换来转换。布尔莎模型只适用于 1954 年北京坐标系，1980 西安坐标系，2000 国家大地坐标系，WGS-84 坐标系之间的相互转换。具体原理如下：

当两个空间直角坐标系的坐标换算既有旋转又有平移时，则存在 3 个平移参数和 3 个旋转参数，再顾及两个坐标系尺度不尽一致，从而还有一个尺度参数，共计有 7 个参数。相应的坐标变换公式为

$$\begin{matrix} X_2 \\ Y_2 \\ Z_2 \end{matrix} = (1+m) \begin{matrix} X_1 \\ Y_1 \\ Z_1 \end{matrix} + \begin{matrix} 0 & \varepsilon_z & \varepsilon_y \\ -\varepsilon_z & 0 & \varepsilon_x \\ \varepsilon_y & -\varepsilon_x & 0 \end{matrix} \begin{matrix} X_1 \\ Y_1 \\ Z_1 \end{matrix} + \begin{matrix} \triangle X_0 \\ \triangle Y_0 \\ \triangle Z_0 \end{matrix}$$

上式为两个不同空间直角坐标之间的转换模型（布尔莎模型），其中含有 7 个转换参数，为了求得 7 个转换参数，至少需要 3 个公共点，当多于 3 个公共点时，可按最小二乘法求得 7 个参数的最或然值。

应该指出,当进行两种不同空间直角坐标系变换时,坐标变换的精度除取决于坐标变换的数学模型和求解变换参数的公共点坐标精度外,还和公共点的多少、几何形状结构有关。鉴于地面网可能存在一定的系统误差,且在不同区域并非完全一样,所以采用分区变换参数,分区进行坐标转换,可以提高坐标变换精度。无论是我国的多普勒网还是 GPS 网,利用布尔莎坐标变换公式求解和地面大地网间的变换参数,分区变换均较明显地提高了坐标变换的精度。

4. 空间直角坐标与大地坐标转换

同一地面点在地球空间直角坐标系中的坐标和在大地坐标系中的坐标关系(图 2-6),且可用如下两组公式转换:

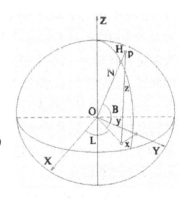

$$\left.\begin{array}{l} x = (N + H)\, cosBcosL \\ y = (N + H)\, cosBsinL \\ z = [N(1 - e^2) + H]\, sinB \end{array}\right\}$$

$$L = arctan\,(y/x)$$

$$B = arctan(z + e'^2 b sin^3\theta)/(\sqrt{x^2 + y^2 - e^2 a cos^3\theta}$$

$$H = [(\sqrt{x^2 + y^2})/cosB] - N$$

$$e'^2 = (a^2 - b^2)/b^2$$

图 2-6 空间直角坐标与大地坐标关系

$$\theta = arctan[za/b(\sqrt{x2 + y2}]$$

式中 e —— 子午椭圆第一偏心率,可由长短半径按式 $e^2 = (a^2 - b^2)/b2$ 求得;

N —— 卯酉圈半径,可由式 $N = a/\sqrt{l - e^2 sin^2 B}$ 算得。

5. 高斯投影与墨卡托投影转换

陆地地形图采用高斯投影系统,而海图采用的是墨卡托投影系统,这使得两种地形图不能拼接。在此由高斯投影系统转换到墨卡托投影系统,给出转化的思路和过程。

首先利用布尔莎七参数变换公式,即为

$$\begin{array}{ccccc} X & & 1 & \varepsilon_z & -\varepsilon_y & X' \\ Y & = & -\varepsilon_z & 1 & \varepsilon_x & Y' \\ Z & & \varepsilon_y & -\varepsilon_x & 1 & Z' \end{array}$$

将一参考系内的高斯坐标转换为另一参考系内的高斯坐标;然后利用高斯反算公式,将转换后的高斯直角坐标换算为大地坐标;再在同一参考系内进行墨卡托投影,将大地坐标换算为该平面内的平面坐标。这里考虑的是,高斯坐标同墨卡托平面坐标不在同一参考椭球上,如果在同一参考椭球内,则第一步换算可以省略。

2.3 地理信息制图技术标准

2.3.1 法律体系

目前我国地理信息制图管理已形成比较完备的法律体系:即包括国家法律、行政法规、规章制度,也包括广义上的规范性文件。

1.国家法律

法律是由国家制定和认可,由国家强制力保证实施的,以规定当事人权利和义务为内容的具有普遍约束力的社会规范。由中华人民共和国全国代表大会制定和修改,由国家主席签署主席令予以公布。内容涉及国家和社会最基本的问题,包括宪法、民事法、行政法、经济法、国家机构和其他的法律等。

《中华人民共和国测绘法》于1993年7月1日起颁布实施,2002年8月29日第九届全国人民代表大会常务委员会第二十九次会议进行修订。2016年7月27日,国务院常务会通过《中华人民共和国测绘法(修订草案)》,决定提请全国人大常委会审议。

《中华人民共和国测绘法》是测绘地理信息工作的基本法,是测绘地理信息管理相关法律、法规、政策、文件等的出发点。

2.行政法规

行政法规是国务院为领导和管理国家各项行政工作,根据宪法和法律,按照有关规定和程序制定的政治、经济、教育、科技、文化、外事等各类法规的总称。由国务院总理签署国务院令予以公布。一般形式为"条例""规定""办法""细则"等。

为实施《中华人民共和国测绘法》,国务院相继出台了一系列配套的行政法规,如《地图管理条例》《测量标志保护条例》《测绘成果管理条例》《地理国情监测条例》等。

3.规章制度

规章制度是国务院各部门、各委员会或地方政府部门根据法律和行政法规的规定及国务院的决定,在本部门或辖区范围内制定和发布的调整行政管理关系的管理性文件。

国家测绘地理信息局印发的《测绘资质管理规定》《注册测绘师制度暂行规定》《测绘安全生产规程》《测绘安全生产管理暂行规定》《测绘统计管理办法》

《测绘统计报表制度》《测绘成果及资料档案管理制度》《国家涉密基础测绘成果资料提供使用审批程序规定(试行)》和《遥感影像公开使用管理规定(试行)》等。

国家保密局发布的《计算机信息系统保密管理暂行规定》《计算机信息系统国际联网保密管理规定》等。

国家测绘局、国家保密局、总参测绘局联合发布的《测绘管理工作国家秘密范围的规定》《基础地理信息公开表示内容的规定(试行)》。

4. 规范性文件

规范性文件是明文规定或约定俗成的标准,是群体所确立的行为标准或行为规范,影响组织的决策与行动。规范性文件分强制性与推荐性的。可以由组织正式规定,也可以是非正式形成,其目的是确保材料、产品、过程和服务能够符合需要。规范性文件常以国家标准、行业标准(规范、规程和规定等)形式发布,卜面详细介绍。

2.3.2　国家标准

国家标准是指国务院有关行政主管部门制定,由国家标准化主管机构批准,并在公告后需要通过正规渠道购买的文件,除国家法律法规规定强制执行的标准以外,一般有一定的推荐意义。

我们国家标准分为强制性国标(GB)和推荐性国标(GB/T)。国家标准的编号由国家标准的代号、国家标准发布的顺序号和国家标准发布的年号(发布年份)构成。强制性国标是保障人体健康、人身、财产安全的标准和法律及行政法规规定强制执行的国家标准;推荐性国标是指生产、检验、使用等方面,通过经济手段或市场调节而自愿采用的国家标准。但推荐性国标一经接受并采用,或各方商定同意纳入经济合同中,就成为各方必须共同遵守的技术依据,具有法律上的约束性。

下面详细介绍由国家标准化主管机构批准的地理信息制图国家标准:

1. 由国家测绘地理信息局制定的国家标准

GB 14511 - 2008 地形图用色

GB 21139 - 2007 基础地理信息标准数据基本规定

GB 20263 - 2006 导航电子地图安全处理技术基本要求

GB/T 18317 - 2009 专题地图信息分类与代码

GB/T 22483 - 2008 中国山脉山峰名称代码

GB/T 19996 - 2005 公开版地图质量评定标准

GB/T 20257.1 – 2007 国家基本比例尺地图图式 第 1 部分 1∶500 1∶1000 1∶2000 地形图图式

GB/T 20257.2 – 2007 国家基本比例尺地图图式 第 2 部分 1∶5000 1∶10000 地形图图式

GB/T 20257.3 – 2006 国家基本比例尺地图图式 第 3 部分 1∶25000 1∶50000 1∶100000 地形图图式

GB/T 20257.3 – 2006 国家基本比例尺地图图式 第 4 部分 1∶250000 1∶500000 1∶1000000 地形图图式

GB/T 12343.2 – 2008 国家基本比例尺地图编绘规范 第 2 部分∶1∶250000 地形图编绘规范

GB/T 12343.3 – 2009 国家基本比例尺地图编绘规范 第 3 部分∶1∶500000 1∶1000000 地形图编绘规范

GB/T 14268 – 2008 国家基本比例尺地形图修测规范

GB/T 13989 – 2012 国家基本比例尺地形图分幅和编号

GB/T 14268 – 2008 国家基本比例尺地形图更新规范

GB/T 14511 – 2008 地图印刷规范

GB/T 16820 – 2009 地图学术语

GB/T 17695 – 1999 地图用公共信息图形符号通用符号

GB/T 24355 – 2009 地理信息 图示表达

GB/T 23708 – 2009 地理信息 地理标记语言（GML）

GB/T 25528 – 2010 地理信息 数据产品规范

GB/T 17694 – 2009 地理信息 术语

GB/T 25529 – 2010 地理信息分类与编码规则

GB/T 17694 – 1999 地理信息技术基本术语

GB/T 17798 – 2007 地理空间数据交换格式

GB/T 18578 – 2008 城市地理信息系统设计规范

GB/T 21740 – 2008 基础地理信息城市数据库建设规范

GB/T 13923 – 2006 基础地理信息要素分类与代码

GB/T 17159 – 2009 大地测量术语

GB/T 14912 – 2005 大比例尺地形图机助制图规范

GB/T 14511 – 2008 影像地图印刷规范

GB/T 14950 – 2009 摄影测量与遥感术语

GB/T 17158 – 2008 摄影测量数字测图记录格式

GB/T 17278 – 2009 数字地形图产品基本要求

GB/T 17278 – 2009 数字地形图产品模式

GB/T 17278 – 2009 数字地形图系列和基本要求

GB/T 23705 – 2009 数字城市地理信息公共平台 地名／地址编码规则

GB/T 17941 – 2008 数字测绘产品质量要求 第 1 部分数字线划地形图、数字高程模型质量要求

GB/T 15968 – 2008 遥感影像平面图制作规范

GB/T 12343.1 – 2008 1：25000 1：50000 地形图编绘规范

GB/T 12343.2 – 2008 1：100000 地形图编绘规范

GB/T 12343.3 – 2009 1：1000000 地形图编绘规范及图式

GB/T 20257.1 – 2007 1：500 1：1000 1：2000 地形图图式

GB/T 20257.2 – 2006 1：5000 1：10000 地形图图式

GB/T 20257.3 – 2006 1：25000 1：50000 1：100000 地形图图式

GB/T 17160 – 2008 1：500 1：1000 1：2000 地形图数字化规范

GB/T 13923 – 2006 1：500 1：1000 1：2000 地形图要素分类与代码

GB/T 15660 – 1995 1：5000 1：10000 1：25000 1：50000 1：100000 地形图要素分类与代码

GB/T 3792.6 – 2005 测绘制图资料著录规则

GB/T 14911 – 2008 测绘基本术语

GB/T 24356 – 2009 测绘成果质量检查与验收

2. 由其他职能部门制定的国家标准

GB 958 – 1999 1：5 万区域地质图图例

GB 8792.6 – 1988 地图资料著录规则

GB 12319 – 1998 中国海图图式

GB 12320 – 1998 中国航海图编绘规范

GB 15702 – 1995 电子海图技术规范

GB/T 2659 – 2000 世界各国和地区名称代码

GB/T 2260 – 2007 中华人民共和国行政区划代码

GB/T 25344 – 2010 中华人民共和国铁路线路名称代码

GB/T 10302 – 2010 中华人民共和国铁路车站代码

GB/T 17296 – 2000 中国土壤分类与代码

GB/T 17695 – 2006 印刷品用公共信息图形标志

GB/T 10114 – 2003 县级以下行政区划代码编制规则

GB/T 17766 – 1999 固体矿产资源 储量分类

GB/T 50279 – 1998 岩土工程基本术语标准

GB/T 10112 – 1999 术语工作原则与方法

GB/T 14721 – 2010 林业资源分类与代码 森林类型

GB/T 14157 – 1993 水文地质术语

GB/T 50095 – 1998 水文基本术语和符号标准

GB/T 2676 – 2006 海图纸

GB/T 17834 – 1999 海底地形图编绘规范

GB/T 12328 – 1990 综合工程地质图图例及色标

GB/T 917 – 2009 公路等级代码

GB/T 920 – 2002 公路路面等级与面层类型代码

GB/T 15218 – 1994 地下水资源分类分级标准

GB/T 23295.1 – 2009 地名信息服务 第1部分:通则

GB/T 18521 – 2001 地名分类与类别代码编制规则

GB/T 14496 – 1993 地球化学勘查术语

GB/T 16831 – 1997 地理点位置的纬度经度和高程的标准表示法

GB/T 6390 – 1986 地质图用色标准(1:50万 – 1:100万)

GB/T 17228 – 1998 地质矿产勘查测绘术语

GB/T 9649.29 – 1998 地质矿产术语分类代码 地球化学勘查

GB/T 50280 – 1998 城市规划基本术语标准

GB/T 14498 – 1993 工程地质术语

GB/T 50228 – 2011 工程测量基本术语标准

GB/T 17986 – 2000 房产测量规范(包括1、2两单元:房产测量规定、房产图图式)

GB/T 10609.3 – 2009 技术制图 复制图的折叠方法

2.3.3 行业标准

行业标准在全国某个行业范围内统一使用的标准。行业标准由国务院有关行政主管部门批准发布,并报国务院标准化行政主管部门备案。当同一内容的国家标准公布后,则该内容的行业标准即行废止。

行业标准由行业标准归口部门统一管理,行业标准的归口部门及其所管理的行业标准范围,由国务院有关行政主管部门提出申请报告,国务院标准化行政主管部门审查确定,并公布该行业的行业标准代号。

下面详细介绍由国务院有关行政主管部门批准的地理信息制图行业标准：

1. 由国家测绘地理信息局制定的行业标准

CH/T 4005 – 1994 地图分色样图制作通则

CH/T 4015 – 2001 地图符号库建立的基本规定

CH 5003 – 1994 地籍图图式

CH/T 1012 – 2005 基础地理信息数字产品 土地覆盖图

CH/T 1013 – 2005 基础地理信息数字产品 数字影像地形图

CH/T 9009.4 – 2010 基础地理信息数字产品 1∶10000 1∶50000 数字栅格地图

CH/T 9009.3 – 2010 基础地理信息数字产品 1∶10000 1∶50000 数字正射影像图

CH/T 9009.2 – 2010 基础地理信息数字产品 1∶10000 1∶50000 数字高程模型

CH/T 1015.1 – 2007 基础地理信息数字产品 1∶10000 1∶50000 生产技术规程 第 1 部分：数字线划图（DLG）

CH/T 1015.2 – 2007 基础地理信息数字产品 1∶10000 1∶50000 生产技术规程 第 2 部分：数字高程模型（DEM）

CH/T 1015.3 – 2007 基础地理信息数字产品 1∶10000 1∶50000 生产技术规程 第 3 部分：数字正射影像图（DOM）

CH/T 1015.4 – 2007 基础地理信息数字产品 1∶10000 1∶50000 生产技术规程 第 4 部分：数字栅格地图（DRG）

CH/T 1007 – 2001 基础地理信息数字产品元数据

CH/T 9008.4 – 2010 基础地理信息数字成果 1∶500 1∶1000 1∶2000 数字栅格地图

CH/T 9008.3 – 2010 基础地理信息数字成果 1∶500 1∶1000 1∶2000 数字正射影像图

CH/T 9008.1 – 2010 基础地理信息数字成果 1∶500 1∶1000 1∶2000 数字线划图

CH/T 9008.2 – 2010 基础地理信息数字成果 1∶500 1∶1000 1∶2000 数字高程模型

CH/T 9005 – 2009 基础地理信息数据库基本规定

CH/T 9007 – 2010 基础地理信息数据库测试规程

CH/T 9002 – 2007 数字城市地理空间信息公共平台地名、地址分类、描述

及编码规则

CH/T 3007.1 – 2011 数字航空摄影测量 测图规范第 1 部分：1∶500 1∶1000 1∶2000 数字高程模型 数字正射影像图 数字线划图

CH/T 3007.2 – 2011 数字航空摄影测量 测图规范第 2 部分：1∶5000 1∶10000 数字高程模型 数字正射影像图 数字线划图

CH/T 3007.3 – 2011 数字航空摄影测量 测图规范第 3 部分：1∶25000 1∶50000 1∶100000 数字高程模型 数字正射影像图 数字线划图

CH/T 4004 – 1993 省、地、县地图图式

2. 由其他职能部门制定的行业标准

DZ/T 0159 – 1995 1∶500000 1∶1000000 省（市、区）地质图地理底图编绘规范

DZ/T 0156 – 1995 区域地质及矿区地质图清绘规程

DZ/T 0069 – 1993 地球物理勘查图图式、图例及用色标准

DZ/T 0075 – 1993 地球化学勘查图图式、图例及用色标准

DZ/T 0077 – 1993 石油和天然气、煤田地震勘探图图式、图例及用色标准

SY/T 5615 – 2004 石油天然气地质编图规范及图式

CJ/T 214 – 2007 城市市政综合监管信息系统 管理部件和事件分类、编码及数据要求

CJ/T 215 – 2005 城市市政综合监管信息系统地理编码

CJJ/T 97 – 2003 城市规划制图标准

DL/T 5156.1 – 2002 电力工程勘测制图 第 1 部分：测量

DL/T 5156.2 – 2002 电力工程勘测制图 第 2 部分：岩土工程

DL/T 5156.3 – 2002 电力工程勘测制图 第 3 部分：水文气象

DL/T 5156.4 – 2002 电力工程勘测制图 第 4 部分：水文地质

DL/T 5156.5 – 2002 电力工程勘测制图 第 5 部分：物探

JT/T 307.1 – 1997 公路及主要构筑物、管理养护单位代码 – 省干线公路代码

JTJ 002 – 1987 公路工程名词术语

JTJ/T 204 – 1996 航道工程基本术语标准

JTJ/T 0901 – 1998 1∶1000000 数字交通图分类与图式规范

GA/T 532 – 2005 城市警用地理信息数据分层及命名规则

GA/T 529 – 2005 城市警用地理信息属性数据结构

第3章　MapGIS 软件系统

　　地理信息系统适用于地质、矿产、地理、测绘、水利、能源、环境、通讯、交通、城建、土地管理等专业，目前我国已建立的各类地理信息系统绝大部分使用国外软件，它大多运行在工作站上。而 MapGIS 软件系统（简称 MapGIS 系统）完全是自行研制开发，并可以运行在个人计算机平台上的地理信息系统，目前在地质、矿产、土地等领域的日常工作中得到广泛应用。MapGIS 系统为国土资源部首推的国产制图软件，其推广使用使更多用户方便地使用地理信息系统，得到地理信息制图工作者的普遍好评。

3.1　系统特色

3.1.1　系统概述

　　MapGIS 是中地数码集团的产品名称，是中国具有完全自主知识版权的地理信息系统，是全球唯一的搭建式 GIS 数据中心集成开发平台，实现遥感处理与 GIS 完全融合，支持空中、地上、地表、地下全空间真三维一体化的 GIS 开发平台。系统涵盖了 Corel draw 的制图功能，系统制作的图件能够达到出版要求标准，其属性功能比较强大，同时还具有分析与一体化管理功能。

　　该系统在由国家科技部组织的国产地理信息软件系统测评中连续多年均名列前茅，是国家科技部向全国推荐的唯一国产地理信息系统平台。以该软件为平台，开发出了用于城市规划、通信管网及配线、城镇供水、城镇煤气、综合管网、电力配网、地籍管理、土地详查、GPS 导航与监控、作战指挥、公安报警、环保监测、大众地理信息制作等一系列应用系统。

　　系统采用面向服务的设计思想、多层体系结构，实现了面向空间实体及其关系的数据组织、高效海量空间数据的存储与索引、大尺度多维动态空间信息数据库、三维实体建模和分析，具有 TB 级空间数据处理能力、可以支持局域和广域网络环境下空间数据的分布式计算、支持分布式空间信息分发与共享、网络化空间信息服务,能够支持海量、分布式的国家空间基础设施建设。

3.1.2　软件体系框架

MapGIS 产品的体系框架包括:开发平台、工具产品和解决方案。

开发平台包括服务器开发平台(DC Server)、遥感处理开发平台(RSP)、三维 GIS 开发平台(TDE)、互联网 GIS 服务开发平台(IG Server)、嵌入式开发平台(EMS)、数据中心集成开发平台和智慧行业集成开发平台,供合作伙伴进行专业领域应用开发。

工具产品覆盖各行各业,包括矢量数据处理工具、遥感数据处理工具、国土工具产品、市政工具产品、三维 GIS 工具产品、房产工具产品和嵌入式工具产品。

解决方案是包括开发平台、需求文档、设计文档、使用文档的一款集成化服务。MapGIS 在三维 GIS/遥感、数字城市/数字市政、国土/农林、通信/广电/邮政领域都有运用,同时在 WebGIS、"金盾二期"PGIS、森林防火、房地产信息管理、质量监督等行业也有相应的应用解决方案。

3.1.3　系统特点

1.采用分布式跨平台的多层多级体系结构,采用面向"服务"的设计思想。

2.具有面向地理实体的空间数据模型,可描述任意复杂度的空间特征和非空间特征,完全表达空间、非空间、实体的空间共生性、多重性等关系。

3.具备海量空间数据存储与管理能力,矢量、栅格、影像、三维四位一体的海量数据存储,高效的空间索引。

4.采用版本与增量相结合的时空数据处理模型,"元组级基态 + 增量修正法"的实施方案,可实现单个实体的时态演变。

5.具有版本管理和冲突检测机制的版本与长事务处理机制。

6.基于网络拓扑数据模型的工作流管理与控制引擎,实现业务的灵活调整和定制,解决 GIS 和 OA 的无缝集成。

7.标准自适应的空间元数据管理系统,实现元数据的采集、存储、建库、查询和共享发布,支持 SRW 协议,具有分布间索能力。

8.支持真三维建模与可视化,能进行三维海量数据的有效存储和管理,三维专业模型的快速建立,三维数据的综合可视化和融合分析。

9.提供基于 SOAP 和 XML 的空间信息应用服务,遵循 Opengis 规范,支持 WMS、WFS、WCS、GLM3。支持互联网和无线互联网,支持各种智能移动终端。

3.1.4 系统结构

1. 系统简介

MapGIS 系统目前最高版本是 MapGIS 10.2,产品体系由专业 GIS 软件和云 GIS 平台组成。MapGIS 作为专业 GIS 软件延续了 MapGIS K9 系统功能,为新一代升级版 GIS 产品体系,在新的体系中桌面平台、移动平台、Web 平台的功能和性能都得到较大提升;云 GIS 平台 MapGIS I2GSS,为全新云模式的智能云化工具箱,实现了与专业 GIS 产品无缝对接,支持多体云量产品的定制。在地理信息制图工作中常的 MapGIS 系统主要为 6.0 - 7.0 版本专业软件,本书以 MapGIS 6.7 版本为例详细介绍计算机地理信息制图技术,以下为 MapGIS 6.7 系统版本的主菜单图(图 3 - 1)。

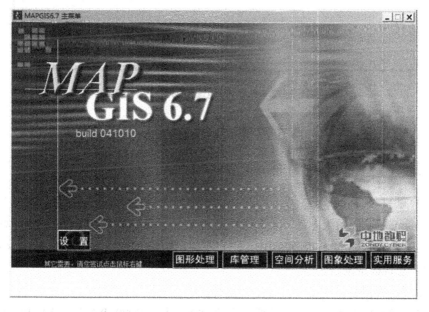

图 3 - 1 制图软件主菜单(MapGIS 6.7)

2. 系统结构

MapGIS 是具有国际先进水平的完整的地理信息系统,它分为"输入""图形编辑""库管理""空间分析""输出"以及"实用服务"六大部分(图 3 - 2)。根据地理信息来源多种多样、数据类型多、信息量庞大的特点,该系统采用矢量和栅格数据混合的结构,力求矢量数据和栅格数据形成一整体的同时,又考虑栅格数据既可以和矢量数据相对独立存在,又可以作为矢量数据的属性,以满足不同问题对矢量、栅格数据的不同需要。

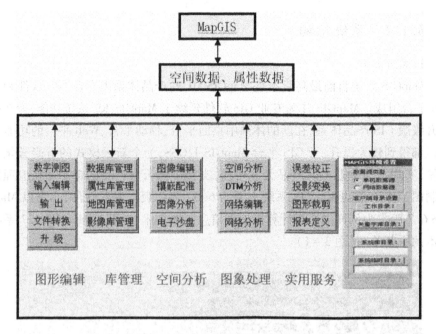

图 3 - 2　MapGIS 地理信息系统结构

3.2　系统安装与启动

3.2.1　系统支持环境

1.硬件环境

MapGIS 6.7 系统硬件环境要求中央处理器(CPU)在 2.4GB 以上的计算机上,运行内存(RAM)在 0.526 GB 以上,硬盘 5.0 GB 以上,显示器为 1024 × 768 × 256 色的彩显设备。

2.软件环境

MapGIS 6.7 系统运行环境要求在中文 Windows 2000、Windows XP、Windows 7、Windows 8 以及 Windows 10 操作系统下运行。

3.2.2　系统安装

MapGIS 目前在地理信息制图行业应用版本以 6.7 为主,包括加速卡或软件狗一块,系统光盘一张,使用手册一本。

1.先将加速卡安装到计算机的空闲的 ISA 扩展槽中或将软件狗插到 USB 接口上,将其固定好。

2.开机进入 Windows 操作界面,找到软件狗 DogServer67 存放位置,并双击打开软件狗,将会在桌面右下角任务栏中呈现软件狗的打开状态(图 3－3),注意防火墙,可能会阻止软件狗的启用。

图 3－3　软件狗打开状态

3. 然后找到 MapGIS 6.7 软件所在的目录,并打开安装文件夹,执行安装程序 Setup67. EXE(图 3－4),进入安装向导欢迎页面(图 3－5),直接单击"下一步",进入"选择目标目录",选择并更改安装目录后单击"下一步"(图 3－6)。

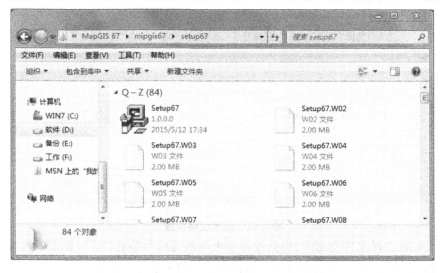

图 3－4　打开系统安装文件夹

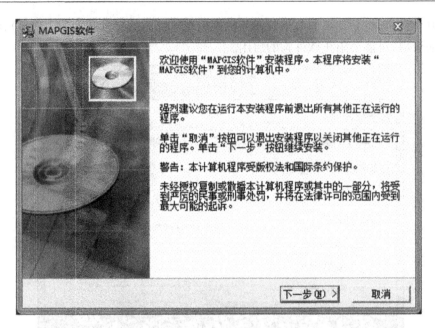

图 3-5 安装向导欢迎界面

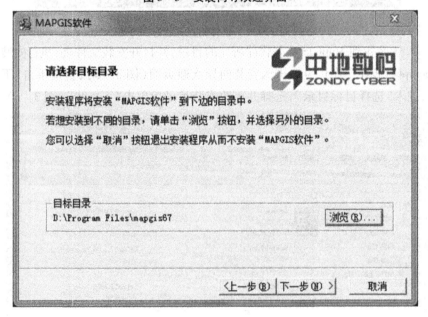

图 3-6 选择安装位置

4.在选择组件页面中,根据业务要求在所需组件前打"√",如果不熟悉的话就选默认,选择默认就会把完整组件安装到计算机上(图 3-7),根据提示单击"下一步"。

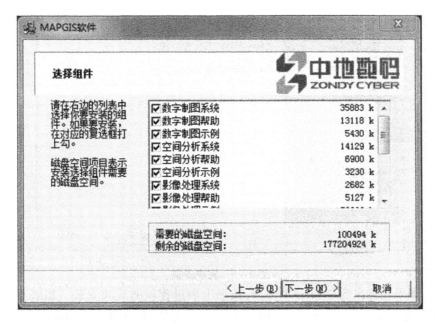

图 3 - 7　选择安装组件

5. 在"选择程序管理器组"创建程序管理组名称,可以选择一个已有的组,也可根据需要自己创建一个新组(图 3 -8),继续单击"下一步"。

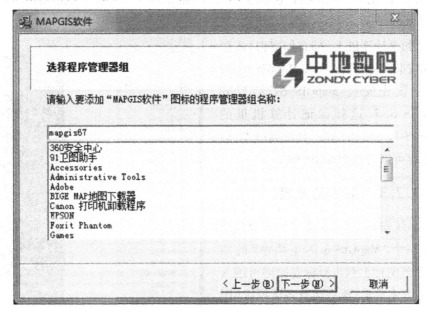

图 3 -8　选择程序管理组

6. 最后进入开始安装对话框,继续"下一步",完成安装(图 3 -9)。

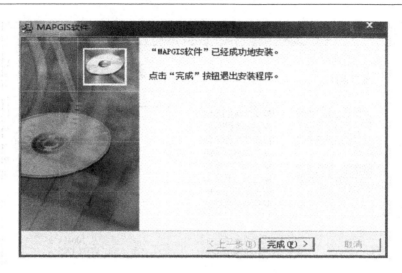

图 3 – 9　完成安装

　　如果是首次安装 MapGIS 6.7,按照上面过程就能成功安装。如果不是第一次安装,请先卸载再安装。如果不是第一次安装,并且找不到卸载程序(或者 MapGIS 6.7 目录被直接删除),再次安装会提示本机已经安装了 MapGIS 6.7 并不能继续安装时,可以通过"开始"中的"运行",输入"regedit",确定就打开注册表,查看 HKEY_CURRENT_USER/Software/MapGis 目录,删除 FrameWork6.7 目录和 MapGIS 6.7 目录,然后就可以重新安装了。

　　如果计算机上(插有加密狗)需要同时安装 MapGIS 6.7 和 MapGIS 6x 版本,建议先安装 MapGIS 6x 然后安 MapGIS 6.7,这样保证计算机里的 MapGIS License Service 是最高版本,向下兼容可以启动 MapGIS 6x。

3.2.3　系统的启动

　　系统安装完后,在成桌面上会自动建立一个"MapGIS 6.7 主菜单"的图标,在该图标上双击鼠标左键即可进入 MapGIS 主菜单,然后运行各子系统(图 3 – 10)。

　　亦可从开始菜单进入程序,找到 MapGIS 6.7 直接运行各子系统(图 3 –

图 3 – 10　"开始"菜单程序中运行子系统

10）。

3.3　系统环境设置

在运行 MapGIS 各子系统前,必须进行系统运行环境的设置(简称系统设置),即设置好工作目录、矢量字库目录、系统库目录和系统临时目录。先在系统主菜单中单击"设置",进入 MapGIS 环境设置界面(图 3 – 11),下面介绍数据源类型一般选择为"单机数据源"时的环境设置方法。

图 3 – 11　系统环境设置

3.3.1　环境设置

安装好的 MapGIS 系统程序中,在安装目录下会自动生成 Clib、Slib 这两个文件夹,其中 Clib 是字库,Slib 是系统库(包括线性库、颜色库和图案库)。MapGIS 环境设置可以通过主菜单及各应用子系统中"设置"菜单弹出的命令项来完成。

1.工作目录

为工作环境设置,就是添加和新建文件时默认的路径。即点文件" ∗ . wt"、线文件" ∗ . wl"、面文件" ∗ . wp"的存放位置。自主选定一个文件夹,在图形编辑时新建的点、线、面图元文件就会自动存放到这个文件夹中。工作目录时常设置在可以方便调用数据的位置上。

2. 矢量字库目录

为字体环境设置,该设置在安装过程中设置好基本就不变了。正常安装过程自动获取有效路径。一般设置为 MapGIS 安装目录下的 Clib 的文件夹。

3. 系统库目录

为颜色、花纹库环境设置,该目录指向内容的机动性较大,基本上每个单位甚至每批工作都会有独立的系统库文件,所以一旦要读取不同单位的图件时就需要调用相对应的系统库文件,否则图件输出时就会出问题。一般情况下系统库设置为 MapGIS 安装目录下的 Slib 文件夹,或设置为与图件对应的 Slib 文件夹。

4. 系统临时目录

是在数据处理过程中产生的临时性碎片文件存放位置,可以自己设定位置,让 MapGIS 运行时能够储存这些临时文件。工作中不用管理这些临时文件,当它占用很大硬盘储存空间时,再清除掉这些临时文件。一般情况下临时目录设置为 MapGIS 安装目录下的 Temp 文件夹中。

3.3.2　TrueType 字库设置

MapGIS 6.7 系统的自带字库有 5 种字体,如果不够用时可以进行字库配置,下面介绍"TrueType 字库设置"的配置方法。

1. 启动 MapGIS 系统,按"设置"按钮,在系统弹出"MapGIS 环境设置"对话框中,在"使用 TrueType 字库"前"√",系统弹出"配置字体"对话框(图 3 - 12)。

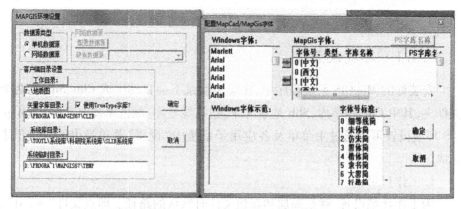

图 3 - 12　"字库配置"对话框

2. 在对话框左边"Windows 字体"列表中,选中一种字体类型,然后在对话框右边"MapGis 字体"列表中选取字体号。

3. 按红色箭头按钮,将选用的"Windows 字体"插入到"MapGis 字体"中,再按"确定"按钮,返回到"MapGIS 环境设置"对话框,按"确定"按钮(图 3 – 13)。

4. 然后启动"输入编辑"模块,新建一个点文件,在输入注释的时候,按"汉字字体"按钮,系统弹出"选择字体"按钮,选择刚才配置的"华文彩云"字体,按"确定"按钮,返回上一级对话框,然后按"确定"按钮,输入注释,结果如下图所示(图 3 – 14)。

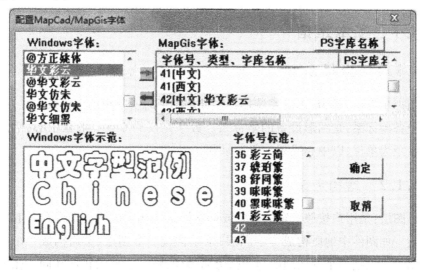

图 3 – 13　字体选择

图 3 – 14　字体调用显示效果

第4章 软件系统基础知识

4.1 基本术语

4.1.1 坐标系

用户坐标系:是 MapGIS 系统用户在处理图形时所采用的坐标系。

设备坐标系:是图形设备的坐标系。数字化仪的原点一般在中心,笔绘图仪以步距为单位,以中心或某一角为原点。

4.1.2 结构定义

1.图层:是用户按照一定的需要或标准把某些相关的物体组合在一起称之为图层。如图件中地质构成一个图层,水系构成一个图层、交通构成一个图层等。用户可以把一个图层理解为一张透明薄膜,每一层上的物体在同一张薄膜上展绘。一张图就是由若干层薄膜叠置而成的,图件分层有利于提高检索和显示速度。

2.点元:点图元的简称,有时也简称点,所谓点元是指由一个控制点决定其位置的有确定形状的图形单元。它包括字、字符串、子图等几种类型。它与"线上加点"中的点概念不同。

3.线元:线图元的简称,有时也简称线,所谓线元是指由多个控制点决定其走向的图形单元。它包括圆、弧、直线段等几种类型。

4.弧段:弧段是一系列有规则、有顺序的点的集合,用它们可以构成区域的轮廓线。它与曲线是两个不同的概念,前者属于面元,后者属于线元。

5.区/区域:区/区域是由同一方向或首尾相连的弧段组成的封闭图形范围,其内可以进行颜色、花纹等内容的充填。

6.工程:一个图件由一个及一个以上的点文件或一个及一个以上的线文件和一个及一个以上的区文件组成,工程是用于统领上述这些内容性文件,并组构成一个完整可表达的程序。

4.1.3 操作定义

1. 拓扑:拓扑亦即位相关系,是指将点、线及区域等图元的空间关系加以结构优化的一种数学方法。主要包括:区域的定义、区域的相邻性及弧段的接序性。区域是由构成其轮廓的弧段所组成,所有的弧段都加以编码,再将区域看作由弧段代码组成;区域的相邻性是区域与区域间是否相邻,可由它们是否具有共同的边界弧段决定;弧段的接序性是指对于具有方向性的弧段,可定义它们的起始结点和终止结点,便于在网络图层中查询路径或回路。拓扑性质是变形后保持不变的属性。

2. 透明输出:与透明输出相对的为覆盖输出。用举例来解释这个名词,如果区与区、线与区或点图元与区等等叠加,用透明输出时,最上面的图元颜色发生了改变,在最终的输出时最上面图元颜色为它们的混合色。最终的输出如印刷品等。

3. 数字化:数字化是指把图形、文字等模拟信息转换成为计算机能够识别、处理、贮存的数字信息的过程。

4. 矢量:是具有一定方向和长度的量。一个矢量在二维空间里可表示为(Dx,Dy),其中 Dx 表示沿 x 方向移动的距离,Dy 表示沿 y 方向移动的距离。

5. 矢量化:矢量化是指把栅格数据转换成矢量数据的过程。

6. 细化:细化是指将栅格数据中,具有一定宽度的图元,抽取其中心骨架的过程。

7. 网格化(构网):网格化是指将不规则的观测点按照一定的网格结构及某种算法转换成有规则排列的网格的过程。网格划分为规则网格化和不规则网格化,其中规则网格化是指在制图区域上构成有小长方形或正方形网眼排成矩阵式的网格的过程;不规则网格化是指直接由离散点连成的四边形或三角形网的过程。网格化主要用于绘制等值线。

8. 光栅化:光栅化是指把矢量数据转换成栅格数据的过程。

9. 曲线光滑:就是根据给定点列用插值法或曲线拟合法建立某一符合实际要求的连续光滑曲线的函数,使给定点满足这个函数关系,并按该函数关系用计算加密点列来完成光滑连接的过程。

10. 结点:结点是某线(或弧)段的端点,或者是数条线(或弧)段间的交叉点。

11. 结点平差(端点匹配):本来是同一个结点,由于数字化误差,几条弧段在交叉处,即结点处没有完全闭合或吻合,留有间隙,为此将它们在交叉处的端点按照一定的匹配半径"捏合在一起",成为一个真正结点的过程,称为结点平差。

12. BUF 检索:本来是靠近某一条弧段 X 上的几条弧段,由于数字化误差,这几条弧段在与 X 弧段交叉或连接处的结点没有落在 X 弧段上,为此将 X 弧段按照一定的检索深度检索其周围几条弧段的结点,若落在该深度范围内,就将这些结点落到 X 弧段上,从而使这些弧段靠近于 X 弧段,这个过程称之为BUF 检索。

13. 缓冲区(Buffer):是绕点、线、面而建立的区域,可视为地物在一定空间范围内的延伸,任何目标所产生的缓冲区总是一些多边形,如建立以湖泊和河道 500 米宽的砍伐区。缓冲分析的应用包括道路的噪声缓冲区、危险设施的安全区等。

14、裁剪:裁剪是指将图形中的某一部分或全部按照给定多边形所圈定的边界范围提取出来进行单独处理的过程。这个给定的多边形通常称作裁剪框。在裁剪实用处理程序中,裁剪方式有内裁剪和外裁剪,其中内裁剪是指裁剪后保留裁剪框内的部分,外裁剪是指裁剪后保留裁剪框外面的部分。

4.1.4 数字模型

1. 数字地面模型(DTM):即 Digital Terrain Model,是数字形式表示的地表面,即区域地形的数字表示,它是由一系列地面点的 X,Y 位置及其相联系的高程 Z 所组成。这种数字形式的地形模型是为适应计算机处理而产生的,又为各种地形特征及专题属性的定量分析和不同类型专题图的自动绘制提供了基本数据。在专题地图上,第三维 Z 不一定代表高程,而可代表专题地图的量测值,如地震烈度、气压值等。

2. 数字高程模型(DEM):即 Digital Elevation Model,是数字形式的地形定量模型,是通过有限的高程数据实现对地形曲面数字化模拟(即地形表面形态的数字化表达),是用一组有序数值阵列形式表示地面高程的一种实体地面模型。

3. TIN 模型:是由一组不规则的具有 X、Y 坐标和 Z 值的空间点建立起来的不相交的相邻三角形,包括节点、线和三角形面,用来描述表面的小面区。TIN的数据结构包括了点和它们最相邻点的拓扑关系,所以 TIN 不仅能高效率地产生各种各样的表面模型,而且也是十分有效的地形表示方法。TIN 的模型化能力包括计算坡度、坡向、体积、表面长,决定河网和山脊线,生成泰森多边形等。

4.1.5 其它

1. 属性:就是一个实体的特征,属性数据是描述真实实体特征的数据集。

显示地物属性的表通常称为属性表,属性表常用来组织属性数据。

2.重采样:就是根据一类象元的信息内插另一类象元信息的过程。

3.遥感:广义上讲,遥感就是不直接接触所测量的地物或现象,远距离取得测量地物或现象的信息的技术方法。狭义而言,主要指从远距离、高空以至外层空间的平台上,利用可见光、红外、微波等探测仪器,通过摄影和扫描、信息传感、传输和处理,从而识别地面物质的性质和运动状态的现代化技术系统。

4.监督分类:根据样本区特征建立反射与分类值的关系,然后再推广到影像的其他位置。它以统计识别函数为理论基础。而非监督分类以集群理论为基础,自动建立规则。

5.网络(Network):由节点和边组成的有规则的线的集合,如道路网络、管道网络。节点是线的交叉点或线的端点,边是数据库模型中的链(即定义复杂的线或边界的坐标申),节点度是节点处边的数目。网络分析多种多样,如交通规划、航线安排等。

6.直方图(HistoGram):统计学中的一种图表。将测定值的范围分成若干个分区,以区间为底,各区间内的测定次数为高,构成若干个长方形,由这些长方形所构成的图叫直方图。

7.地图投影(Map Projection):按照一定的数学法则,将地球椭球面经纬网相应投影到平面上的方法。

4.2　基本功能

4.2.1　数据输入

在建立数据库时,用户需要有转换各种类型的空间数据为数字数据的工具,数据输入是 GIS 的关键之一。MapGIS 提供的数据输入有数字化仪输入、扫描矢量化输入、GPS 输入和其他数据源的直接转换。

4.2.2　数据处理

输入计算机后的数据及分析、统计等生成的数据在入库、输出的过程中常常要进行数据校正、编辑、图形的整饰、误差的消除、坐标的变换等工作。MapGIS 通过拓扑结构编辑子系统、图形编辑子系统及投影变换、数据校正等系统来完成。

1.图形编辑

该系统用来编辑修改矢量结构的点、线、区域的空间位置及其图形属性、增加或删除点、线、区域边界,并适时自动校正拓扑关系。图形编辑子系统是对图形数据库中的图形进行编辑、修改、检索、造区等,从而使输入的图形更准确、更丰富、更漂亮。

2. 符号库编辑

系统库编辑子系统是为图形编辑服务的,它将图形中的文字、图形符号、注记、填充花纹及各种线型等抽取出来,单独处理。经过编辑、修改生成子图库、线型库、填充图案库和矢量字库,自动存放到系统数据库中,供用户编辑图形时调用。

3. 投影变换

地图投影的基本问题是如何将地球表面(椭球面或圆球面)表示在地图平面上。这种表示方法有多种,而不同的投影方法实现不同图件的需要,因此在进行图形数据处理中很可能要从一个地图投影坐标系统转换到另一个投影坐标系统,该系统就是为实现这一功能服务的,系统共提供了 20 种不同投影间的相互转换及经纬网生成功能。通过图框生成功能可自动生成不同比例尺的标准图框。

4. 误差校正

在图件数字化输入过程中,通常的输入法有:扫描矢量化、数字化仪跟踪数字化、标准数据输入法等。通常由于图纸变形等因素,使输入后的图形与实际图形在位置上出现偏差,个别图元经编辑、修改后可满足精度要求,但有些图元由于发生偏移,经编辑很难达到实际要求的精度,说明图形经扫描输入或数字化输入后,存在着变形或畸变。出现变形的图形,必须经过数据校正,消除输入图形的变形,才能使之满足实际要求,该系统就是为这一目的服务的。通过该系统即可实现图形的校正,达到实际需求。

5. 镶嵌配准

图象镶嵌配准系统是一个专业图象处理软件,本系统以 MSI 图象为处理对象。本系统提供了强大的控制点编辑环境,以完成 MSI 图象的几何控制点的编辑处理;当图象具有足够的控制点时,MSI 图象的显示引擎就能实时完成 MSI 栅格图象的几何变换、重采样和灰度变换,从而实时完成图象之间的配准,图象与图形的配准,图象的镶嵌,图象几何校正,几何变换,灰度变换等功能。

4.2.3 数据库管理

包括图形数据库管理子系统与专业属性库管理子系统,其中图形数据库管理子系统是地理信息系统的重要组成部分,可同时管理数千幅地理底图,数据容量可达数十千兆,主要用于创建、维护地图库;专业属性库管理子系统是 GIS 系统应用在各领域中,由于专业差异甚大,根据用户的要求能随时扩充和精简属性库的字段(属性项),修改字段的名称及类型,就可以管理不同应用的专业属性,如管网系统,可定义成"自来水管网系统""通讯管网系统""煤气管网系统"等。

4.2.4 空间分析

地理信息系统与机助制图的重要区别就是它具备对空间数据和非空间数据进行分析和查询的功能,它包括矢量空间分析、图象分析、数字高程模型三个子系统。

4.2.5 数据输出

GIS 的输出产品是指经系统处理分析,可以直接提供给用户使用的各种地图、图表、图象、数据报表或文字报告。MapGIS 的数据输出可通过输出子系统、电子表定义输出系统来实现文本、图形、图象、报表等的输出。

4.3 数据及文件类型

4.3.1 数据类型

MapGIS 把矢量地图要素根据基本几何特征分为三类:点数据、线数据和区数据(即面数据)。与之相应的文件的也分为三个基本类型:点文件(∗.WT)线文件(∗.WL)和区文件(∗.WP)。为了有效地管理和利用空间数据,在 GIS 中还引入了一个"图层"的概念。下面简单介绍一下它们之间的关系。

1.点:点是地图数据中点状物的统称,是由一个控制点决定其位置的符号或注释。它不是一个简单的点,而是包括各种注释(英文,汉字、数字等)和专用符号(包括圆、弧、直线、五角星等各类符号)。所有的点图元数据都保存在点文件(∗.WT)中。

2.线:线是地图中线状物的统称。MapGIS 将各种线型(如点划线、省界、国界、等高线、道路、河堤)以线为单位作为线图元来编辑。所有的线图元数据都保存在线文件(∗.WL)中。

3.区:区通常也称面,它是由首尾相连的弧段组成封闭图形,并以颜色和花纹图案填充封闭图形所形成的一个区域。如湖泊、居民地等。所有的区图元数据都保存在区文件(∗.WP)中。

4.图层:通常需要将具有相同属性的地理要素分为一层,如等高线、公路、铁路、河流等地理要素可以分别存放到不同的层中。每一种要素还可以细分为若干层,如公路可以细分成高速公路、一级公路、普通公路、乡村公路等。特殊情况下,一个图层也可存为一个单独的文件。

对图形进行分层,有助于图形的编辑与检索。当用户对图形编辑时可以调入相应的图层,无关图层不调入,这样进入工作区的图形数据就可大大减少,从而提高检索与显示速度;同时也避免了无关图形干扰编辑者的视线。

对图形分层更有意义的是有利于制作专题图。例如,某一地区的地形图按照要素的特性分成公路层、水系层、地貌层等等。由于某种需要,要制作此地区的水系分布图,那么就可以容易地把水系层及有关的要素提取出来,保存为一个新文件,这样就大大地提高了工作效率。

4.3.2 数据结构

1.一幅地图或几个地区的地理信息数据可以由上述的一类或几类数据叠加组成。为了将几类数据有机地结合起来,统一管理这些数据,需要引入了"工程"的概念,采用工程文件(∗.MPJ)来描述与管理各种数据。

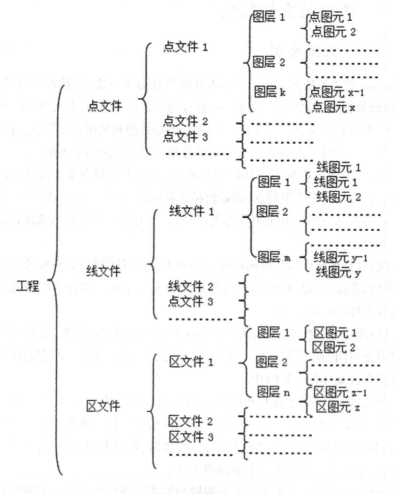

图 4 - 1　地图数据结构示意图

2.工程:对 MapGIS 要素层的管理和描述的文件,它提供了对 GIS 基本类型文件和图象文件的有机结合的描述。它可由一个以上的点文件,线文件,区文件和图象文件(∗.MSI)组成。在工程管理中还提供了对工程所使用的不同的线型、符号等图例以及图例参数、符号的管理和描述。点、线、区、图层、工程之间的相互联系具体如图 4－1 所示。

4.3.3 常见文件类型

本系统在应用中经常需要进行文件操作(建立、打开、修改、变换、保存)

MapGIS 系统常见文件类型　　　　　表 4－1

文件类型	扩展名	文件类型	扩展名	文件类型	扩展名
点图元文件	∗.WT	线图元文件	∗.WL	区图元文件	∗.WP
工程文件	∗.MPJ	拼版文件	∗.MPB	工程图例文件	∗.CLN
明码格式点文件	∗.WAT	明码格式线文件	∗.WAL	明码格式区文件	∗.WAP
高程明码文件	∗.DET	裁剪工程文件	∗.CLP	误差校正控制点文件	∗.PNT
AutoCAD 文件	∗.DXF	表格文件	∗.DBF	扫描光栅文件	∗.TIF
影像文件	∗.MSI	栅格数据文件	∗.RBM	影像库文件	∗.MSD

4.4 操作基础

4.4.1 基本操作

1.鼠标两键的使用

在本系统中,鼠标左键和右键经常需要相互切换才能灵活使用。在使用左键单击和右键单击时,单击右键有且只有两个功能:弹出窗口菜单与结束用户当前操作。除此以外的其他功能则都通过鼠标左键实现。左键按下表示的完成用户选择(以称点选)或接受用户输入,右键完成用户的当前操作。

2.拖动操作

按下鼠标左键不松开,移动光标到适当位置后再松开鼠标左键,鼠标的这个移动过程就叫拖动操作(又称圈选)。鼠标左键松开后,拖动操作结束。常用拖动操作有:开窗口、存部分文件、流方式造线、造椭圆线、圆心半径造圆线、圆心半径造弧线、造矩形线、造平行四边形,移动一组线(弧段)、复制一组线、删除一组线、线(弧段)加点、线(弧段)移点、结点平差以及点编辑中的绝大部分操作。

3. 确认与取消

在对话框中,按钮"OK""Yes"表示接受用户的输入,按钮"Cancel""NO"表示用户输入无效;任何时候,按钮"Cancel"取消用户的当前操作。

4. 光标移动

若使用键盘,Enter,Esc,Space 分别相当于鼠标左键按下、右键按下和左键放开。"←、→、↑、↓"可"左、右、上、下"移动光标,每次移动一个像素;小键盘中的"←、→、↑、↓"每次可移十个像素;Shift 按下时,按"←、→、↑、↓"键,可模拟鼠标的拖动操作。

5. 系统库选择板

图形编辑器为了方便用户,提供了字库、子图库、线型库、图案库和颜色库五种系统库选择板,这些选择板将对应系统库显示出来,让用户浏览、选择。选择板在点、线、面的参数模板中,以按钮形式出现。例如在编辑某条线的参数时,要赋予此线适当线型,可直接输入线型号,也可按下"线型"按钮,用户在弹出线型选择板选相应线型择。其他选择板的使用方法类似。

6. 热键的使用

F4 键(高程递加):这个功能是供进行高程线矢量化时,为各条线的高程属性进行赋值时使用的。在设置了高程矢量化参数后,每按一次 F4 键,当前高程值就递加一个增量。

F5 键(放大屏幕):以当前光标为中心放大屏幕内容。

F6 键(移动屏幕):以当前光标为中心移动屏幕。

F7 键(缩小屏幕):以当前光标为中心缩小屏幕内容。

F8 键(加点):用来控制在矢量跟踪过程中需要加点的操作。按一次 F8 键,就在(2)当前光标处加一点。

F9 键(退点):用来控制在矢量跟踪过程中需要退点的操作,每按一次 F9 键,就退一点。有时在手动跟踪过程中,由于注释等的影响,使跟踪发生错误,这时通过按 F9 键,进行退点操作,消去跟踪错误的点,再通过手动加点跟踪,即可解决。

F11 键(改向):用来控制在矢量跟踪过程中改变跟踪方向的操作。按一次 F11 键,就转到矢量线的另一端进行跟踪。

F12 键(抓线头):在矢量化一条线开始或结束时,可用 F12 功能键来捕捉需相连接的线头端点。

SHIFT +鼠标左键:在输入线开始时按下 SHIFT 键,在已往线结点附近按下鼠标左键,自动完成线端点(起始结点)靠近原有线段上的结点。

CTRL + 鼠标右键:在输入线结束时按下 Ctrl 键,再单击鼠标右键自动完成本线端点(终止结点)与起始结点的重合,完成本线段的封闭。

4.4.2 操作流程

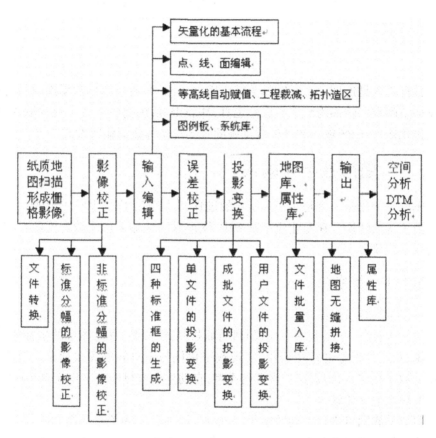

图 4 - 2 MapGIS 制图流程

第5章 数据输入系统

数据输入是地理信息系统的关键应用之一,是在建立图形数据库时将各种类型的空间数据转换为数字数据的工具,MapGIS 系统提供了数字化仪输入、扫描矢量化输入、GPS 输入和其他数据源的直接转换等数据输入方式。

5.1 图形数字化输入

图形数字化输入就是实现数字化的过程,即实现空间信息从图形模拟式到库管数字式的转换。在专业应用领域中,图形数字化输入应用较广泛的仪器设备为数字化仪。

5.1.1 数字化输入

1. 设备安装及初始化

对输入设备(主要是数字化仪)进行联机测试、安装,并对图形的坐标原点、坐标轴、角度校正等进行初始化,实现数字化仪与主机间的连接通讯。对不同类型的数字化仪,可根据用户设置的类型,自动生成或更新数字化仪驱动程序。

2. 底图数字化输入

对原始底图可进行手动数字化,采集点、线图元间的关系数据和属性数据,对三维立体图还可进行空间高程数据采集。输入方式有点方式和流线方式,输入类型有圆线、弧线、多边形线、任意线及字符串、子图等。

3. 输入图元的平差校正

对输入的点、线、面坐标数据自动进行平差处理,以校正人工输入造成的误差。

4. 输入数据的显示

通过设定显示窗口、比例因子,可显示当前输入的图形数据及图元关联数据,并可进行分层管理。

5. 属性联接

属性联接是将指定的图形数据和属性数据通过关键字联接起来。

6.属性数据的编辑功能

可动态的定义属性数据结构,输入、浏览、修改图元属性数据。

5.1.2 数字化仪使用

数字化仪是将图像(胶片或像片)和图形(包括各种地图)的连续模拟量,根据坐标值准确地转换为离散的数字量的装置。当使用者在电磁感应板上移动游标到指定位置,并将十字叉的交点对准数字化的点位时,按动按钮,数字化仪则将此时对应的命令符号和该点的位置坐标值排列成有序的一组信息,然后通过接口(多用串行接口)传送到主计算机。通俗地说,数字化仪就是一块超大面积的手写板,用户可以通过用专门的电磁感应压感笔或光笔在上面写或者画图形,并传输给计算机系统。不过在软件的支持上它是和手写板有很大的不同的,硬件的设计上也是各有偏重的。

在许多的专业应用领域中,用户需要绘制大面积的图纸,仅靠 MapGIS 系统是无法完全完成图纸绘制的,在精度上也会有较大的偏差,因此必须通过数字化仪来满足用户的需求。普通的数字化仪适用于工程、机械、服装设计等行业。高精度的数字化仪适用于地质、测绘、国土等行业。下面以 MapGIS 软件与长地数字化仪连接、安装、设置为例进行详细介绍。

1.安装注意事项

(1)请一定用设备原装配件,以免由于配件内部的连线不同造成设备损坏。

(2)设备电源一定要接有真接地的三相电源,保证设备用电的回流接地,否则数字化仪的回流保护将自动启动,以保证外设和计算机的设备安全。

(3)计算机和各个外部设备最好各用一个带保险的电源接线板。

2.与长地数字化仪连接及设置

(1)将数字化仪和装有 MapGIS 软件计算机的串口上(COM1 或 COM2)。

(2)新数字化仪不需设置直接连接计算机即可,如果不知道现在数字化仪参数,请将数字化仪进行如下操作:

①按着数字化仪主机盒上的黄色复位键按钮不松手,打开数字化仪的开关,当听到数字化仪发出嘀嘀响声后,再松开黄色复位键按钮;

②将数字化仪的游标对准"启动设置"(Setup),游标红灯亮,先按 F 键,再按 E,游标红灯灭;

③再将游标对准"保存"(SAVE)区的"参数 1";

④按下 A 键,数字化仪发出嘀嘀两声,参数设置完毕。

(3)首次使用 MapGIS,请启动软件系统,在菜单"文件"中 的"数化板设

置"，设置:数化板选择＝"CD－912 A0 16_KEY"、幅面＝A0、端口＝COM1 或
COM2(实际连接的串口)。

（4）在 MapGIS 系统中,按 F11 键或软件工具条中的"读纸样"按钮,即可启
动数字化仪开始进行读纸样工作,您移动游标是计算机屏幕的光标也随着移
动,将纸样粘贴在数字化仪有效作图区,您即可通过按游标的不同按键开始读
纸样。

5.2　图象矢量化输入

图象扫描矢量化子系统,先将图件通过扫描仪输出扫描图象,然后通过对
图象中图形进行矢量追踪,以确定实体的空间位置。对于高质量的原资料,常
采用扫描是一种省时、高效的数据输入方式。

5.2.1　图象矢量化

1.图象格式转换

系统可接受扫描仪输入的 TIFF 栅格数据格式,并将其转换为 MapGIS 系统
的标准 RBM 格式。

2.矢量跟踪导向

可对整个图形进行全方位游览,任意缩放,自动调整矢量化时的窗口位置,
以保证矢量化的导向光标始终处在屏幕中央。在多灰度级图象上跟踪线划时,
保证跟踪中心线。

3.多种矢量化处理

系统提供了交互式手动、半自动、细化全自动和非细化全自动矢量化方式,
同时提供了全图矢量化和窗口内矢量化功能,供用户选择。

4.自动识别

系统应用人工智能及模式识别的技术,在我国率先成功地实现灰度扫描地
图矢量化和彩色扫描地图矢量化,克服了二值扫描地图矢量化的致命弱点,使
之彩色地图可达全要素一次性矢量化。

5.编辑校正

系统提供了对矢量化后的图元(包括点图元和线图元),进行编辑、修改等
功能,可随时进行任意大小比例的显示,便于校对;对汉字、图符等特殊图元,可
直接调用系统库,根据给定的参数,自动输入生成。

5.2.2　智能扫描矢量化

智能扫描矢量化即扫描输入法是通过扫描仪直接扫描原图,以栅格形式存

贮于图象文件中(如 ∗.TIF 等),然后经过矢量化转换成矢量数据,存入到线文件(∗.WL)或点文件(∗.WT)中,再进行编辑、输出。扫描输入法是目前地图输入的一种较有效的输入法。

扫描矢量化提供了对整个图形进行全方位游览、任意缩放,自动调整矢量化时的窗口位置,以保证矢量化的导向光标始终处在屏幕中央;矢量化方式有无条件全自动矢量化和人工导向自动识别跟踪矢量化两种方式,人工导向自动识别跟踪矢量化除了能对二值扫描图矢量化外,还可对灰度扫描图、彩色扫描图进行识别跟踪矢量化,因而可对复杂的小比例尺全要素彩色地图进行有效矢量化。在矢量化时,具有退点、加点、改向、抓线头、选择等功能,可有效地选取所需图形信息,剔除无用噪声,克服无条件全自动矢量化时的盲目性,减少后期图形编辑整理的工作量,并可同时对图形进行分层处理。

1.矢量化流程

矢量化流程如图 5-1 所。

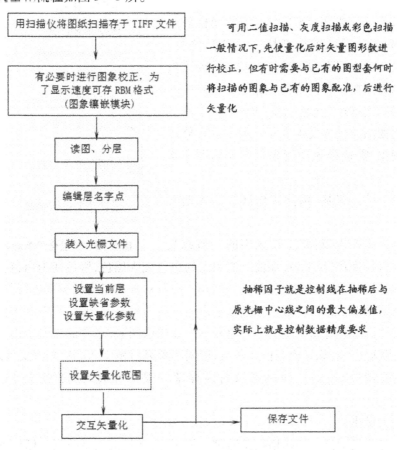

图 5-1 矢量化流程图

2.文件操作

文件操作命令置于图形编辑子系统菜单栏中"矢量化"下拉菜单中(图5－2)。

（1）装入光栅：栅格数据可通过扫描仪扫描原图获得，并以图象文件形式存储。本系统可以直接处理 TIF(非压缩)格式的图象文件，也可接受经过 MapGIS 图象处理系统

处理得到的内部格式(RBM 光栅格式、MSI 地图影像、MSD 影像库格式)文件。该功能就是将扫描原图的光栅文件或将前次采集并保存的光栅数据文件装入工作区，以便接着矢量化，此时将清除工作区中原有光栅数据。

（2）保存光栅：将工作区中的光栅数据存成 MapGIS 系统的内部格式(RBM)文件。在矢量化的过程中，若设置"自动清除处理过光栅"命令，则工作区中的光栅图象会发生变化；另外，当进行"光栅求反"操作后，工作区中的光栅图象也会发生变化。为了保存修改后的图象，需选择该功能来保存光栅图象文件。

（3）清除光栅：清除工作区中的光栅文件。

（4）光栅求反：将工作区中的二值或灰

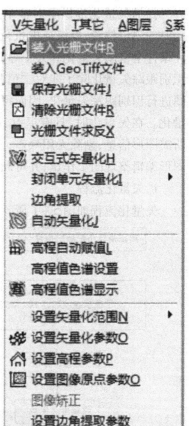

图5-2　矢量化菜单命令

度图象进行反转(Invert)，如使二值图象的白色变为黑色，黑色变为白色。在矢量化的过程中，是以灰度级高的像素为准，即只对灰度级高的像素进行矢量化，灰度级低的像素作为背景。若扫描进来的图象与此刚好相反，则需利用该功能进行反转后才能开始正确的矢量化操作。如二值图象，正常的光栅数据显示出来应是灰底白线，如果出现白底灰线，说明图象黑白相反，应用"光栅文件求反"功能将光栅求反，求反后的光栅文件应存盘，否则下次装入的光栅文件还是不变。

3.矢量化

矢量化是把读入的栅格数据通过矢量跟踪，转换成矢量数据。栅格数据可

通过扫描仪扫描原图获得,并以图象文件形式存储。本系统可以直接处理 TIFF 格式的图象文件,也可接受经过 MapGIS 图象处理系统处理得到的内部格式(RBM)文件。

(1)交互式矢量化

对于那些干扰因素比较大,需要人工干预的图,要想追踪出比较理想的图,无条件全自动矢量化就显得力不从心了,此时人工导向自动识别跟踪矢量化正好解决这个问题。矢量化追踪的基本思想就是沿着栅格数据线的中央跟踪,将其转化为矢量数据线。当进入到矢量化追踪状态后,即可以开始矢量跟踪,移动光标,选择需要追踪矢量化的线,屏幕上即显示出追踪的踪迹。每跟踪一段遇到交叉地方就会停下来,让用户选择下一步跟踪的方向和路径。当一条线跟踪完毕后,按鼠标的右键,即可以终止一条线,此时可以开始下一条线的跟踪。按 CTRL+右键可以自动的封闭选定的一条线。

在人工导向自动识别跟踪矢量化状态下,可以通过键盘上的一些功能键,执行所需要的操作。矢量化系统常用功能键包括:

(2)封闭单元矢量化

对于地图上的居民地等一些图元,它的本身是封闭的,然而,由于内部填充的阴影线等内容,无论无条件全自动或人工导向自动识别跟踪矢量化都无法将其一次完整的矢量化出来,这时选用封闭单元矢量化功能就能将其完整地矢量化出来。

封闭单元矢量化功能有两项选择,一种是以这个光栅单元的外边界为准进行矢量化;另一种是以边界的中心线为准进行矢量化。

(3)自动矢量化

它是一种新的矢量化技术,与传统的细化矢量化方法相比,它具有无需细化处理,处理速度快,不会出现细化过程中常见的毛刺现象,矢量化的精度高等特点。

无条件全自动矢量化无需人工干预,系统自动进行矢量追踪,既省事,又方便。全自动矢量化对于那些图面比较清洁,线条比较分明,干扰因素比较少的图,跟踪出来的效果比较好,但是对于那些干扰因素比较大的图(注释、标记特别多的图),就需要人工干预,才能追踪出比较理想的图。

本系统的自动矢量化除了可进行整幅图的矢量化外,还可对图上的一部分进行自动矢量化。具体使用时,先用[设置矢量化范围]设置要处理的区域,再使用全自动矢量化就只对所设置的范围内的图形进行矢量化。

4.矢量化设置

（1）设置矢量化范围

①全图范围：矢量化操作在全图范围内有效。

②窗口范围：矢量化操作在定义窗口范围内有效。

（2）设置矢量化参数

矢量化参数包括矢量化时的几个必须的控制参数，设置矢量化参数包括抽稀因子、同步步数、最小线长、自动清除处理过光栅、细线、中线、粗线。一般用系统默认值即可。

（3）设置矢量化高程参数

在进行等高线矢量化时，需要给每一条线赋高程值，为提高效率，系统设计了自动赋值的功能。在进行等高线矢量化时，用户首先得在"线编辑"菜单下利用"编辑线属性结构"功能建立高程字段，然后利用该功能设置当前高程、高程增量和高程存储域，这样，在每矢量化一条线时，系统就会根据指定的高程存储域，将当前高程值赋予该属性域中。若当前高程值要增加，则每按一次 F4 键，当前高程值就增加"高程增量"所指定的值。所以配合 F4 键，您就可以方便地为线赋高程值。若您仍觉得不方便，则在矢量化完毕，可利用前边的（高程自动赋值）功能，方便地为线赋高程值。

①当前高程：当前矢量化线的高程值，每矢量化一条线自动赋予当前高程。

②高程增量：高程递增量。矢量化过程中，每按一次 F4 键，当前高程就递增一次，并弹出一个小窗口，显示当前高程值。

③高程域名：存储高程值的属性域名，可选择属性库中任意一个浮点型域来存储高程值。在矢量化高程线时，最好先在［线编辑］菜单下利用［编辑线属性结构］功能建立高程字段，这样才可以在这里指定高程域名，其中线缺省属性字段不允许赋高程值。

注意：需要系统自动给每一条线赋高程值时，必需事先设置好线的属性结构，使它包含有"高程"的属性域（浮点型）。否则系统不能给等高线赋值。

（4）设置图象原点参数

栅格图象与矢量图形配准是使用"图象镶嵌配准"模块，可达到精确配准的目的。但操作要复杂些。在一些情况下，可以设置图象的原点和相应的 X、Y 比例达到与图形坐标套合。

5.3　全球卫星定位数据输入

GPS 是确定地球表面精确位置的仪器设备，它根据一系列卫星的接收信号,快速地计算地球表面特征的位置。由于 GPS 测定的三维空间位置以数字坐标表示,因此不需作任何转换,可直接输入数据库。

5.4　其他数据源输入

MapGIS 升级子系统可接收低版本数据,实现 10x 与 7x、6x、5x 版本数据之间的相互转换,即数据可升可降,供 MapGIS 使用。MapGIS 还可以接收 AUTO-CAD、ARC/INFO、MapINFO 等软件的公开格式文件。同时提供了外业测量数据直接成图功能,从而实现了数据采集、录入、成图一体化,大大提高了数据精度和作业流程。

第6章　图形编辑系统

图形编辑系统用来编辑修改矢量结构的点、线、区域的空间位置及其图形属性、增加或删除点、线、区域边界,并适时自动校正拓扑关系。图形编辑子系统是对图形数据库中的图形进行编辑、修改、检索、造区等,从而使输入的图形更准确、更丰富、更漂亮。

6.1　图形编辑子系统

6.1.1　编辑功能

1. 先进的可视化定位检索功能

提供了多种图形窗口的操作功能,包括开窗口,移动窗口,无级任意放大缩小窗口比例,显示窗口及图元捕获信息等系列可视化技术功能。

2. 灵活方便的线元编辑功能

本系统将各种线型(如点划线、省界、国界、公路、铁路、河堤、水坎等)以线为单位作为线图元来编辑。各种线图元,根据指定的坐标点数据、线型及参数,经过算法处理产生各种线型。线元编辑功能完成对线段进行连接、组合、增加、删除、修改、剪裁、提取、平滑、移位、阵列复制、改向、旋转、产生平行线、修改参数等。

3. 功能强大的点元编辑功能

图形中各种注释(英文、汉字、日文、俄文),各种专用符号、子图、图案以及圆、弧、直线归并为点图元来编辑。点图元编辑功能提供编辑修改注释及其控制点坐标的手段,可增加、删除、移动、复制、阵列复制各注释点,修改各类注释信息,包括字串大小、角度、字体、字号、子图号等,同时还可修改控制点的坐标方位。

4. 快速有效的面元编辑功能

面元编辑功能编辑图形中以颜色或花纹图案填充的区域(面元),包括面元的建立、删除、合并、分割、复制,面元的属性编辑及边界编辑功能。其中建立面元功能允许用户交互式选择组成面元的边界弧段、定义面元属性(颜色、填充花纹等);属性编辑可以进行匹配查询、修改、删除、定位等;边界编辑可对任意区域的边界进行剪断、连接、移动、删除、添加、光滑以及对弧段上的任意点进行移动、删除、添加。

5.图形信息的分层管理功能

系统提供了对图形信息进行分层存放、分层管理和分层操作功能,允许用户自行定义、修改图层名,随时打开或关闭个别图层或所有图层,自动检索图形的各个层及每个层上所存放的图形信息。由于图元可分层存放,从而可以利用图层作灵活的组合编图。

6.1.2 系统界面

在 MapGIS 系统主菜单"图形处理"下拉菜单中单击"输入编辑",系统进入到图形编辑子系统,打开已有的工程进入"MapGIS 编辑子系统"界面(见图 6 - 1)。

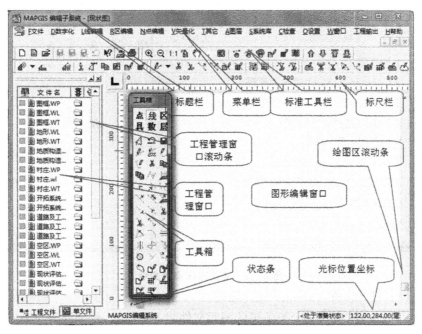

图 6 - 1 图形编辑子系统界面

6.2 基本操作

6.2.1 工程文件

在图形编辑子系统中有"工程文件"和"单文件"两种编辑状态。在一些简单应用中只需打开或装入单文件即可,这时就进入"单文件"编辑状态。而在编辑符号库时最好建立工程并进入"工程文件"编辑状态,以便于图形的管理和输出。

1.文件

进入 MapGIS 编辑子系统后,在系统界面菜单栏"文件"下拉展开项中,单击"新建文件"或"打开工程或文件"命令时(图 6－2),在系统界面右侧弹出文件编辑窗口,并自动进入图元编辑状态。

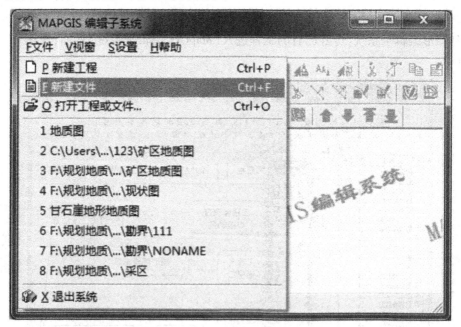

图 6－2　文件操作菜单命令

（1）打开文件

"打开文件"是将某个要编辑的图元文件装入工作区,此时将清除工作区中原有文件,如果原有文件经过编辑而没有存盘,图形编辑子系统会提示用户存盘。如果 MapGIS 编辑子系统"工程管理窗口"选择为"单文件"编辑状态时,每次只能打开一个文件(图 6－3)。

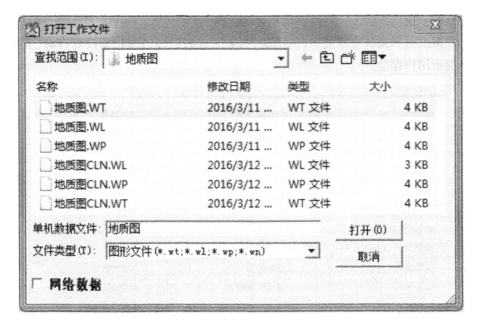

图6-3 文件打开操作

（2）添加文件

装入一个或多个文件到工程管理窗口，与工程管理窗口原有数据合并在一起进行编辑，经常用于往工程中添加文件项目，在编辑子系统工程管理窗口空白处击右键，在弹出的"快捷菜单"中，单击"添加项目"或"新建点、线、区"命令（图6-4）。

（3）保存文件

图元文件在图形编辑窗口下完成编辑后要及时保存，若将工程管理窗口中的图元文件以原有的名字保存时，在工程管理窗口中按鼠标左键移动鼠标捕获所有要保存文件，然后在捕获框中再击鼠标右键，在弹出的菜单命令项中，单击"保存所选项"命令（图6-5）。

（4）换名存文件

若需要将工程管理窗口中的图元文件换名后另行保存时，在工程管理窗口中用鼠标左键单选一个文件，然后再单击鼠标右键，在弹出的菜单命令项中，单击"另存项目"命令（图6-6）。

（5）修改项目

可以利用该功能来修改文件的信息、路径、参数、文件状态等信息。

（6）合并文件

将所选文件与其他同类型的文件合并形成一个同类文件（参见图6-5）。

（7）退出系统

退出图形编辑子系统,在退出前,如果原有数据经过编辑而没有存盘,系统会提示用户存盘。

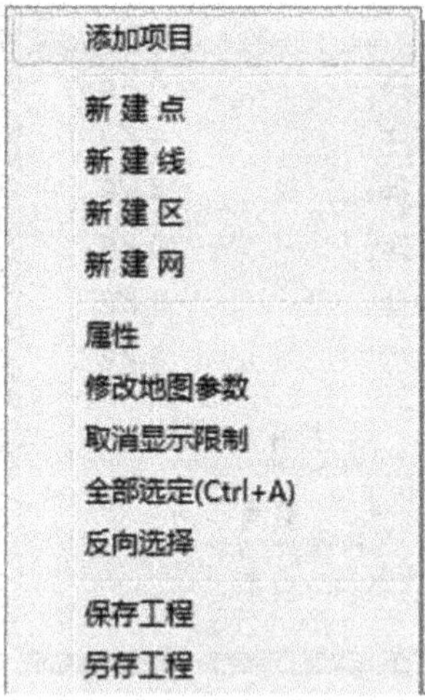

添加项目	关闭所选项	插入项目
新建点	打开所选项	添加项目
新建线	编辑所选项	删除项目(Del)
新建区	合并所选项	修改项目
新建网	保存所选项	
属性	删除所选项(Del)	新建点
修改地图参数		新建线
取消显示限制	开所有层	新建区
全部选定(Ctrl+A)	关所有层	新建网
反向选择		保存项目
保存工程	反向选择	另存项目
另存工程	取消显示限制	合并文件
	属性	

图6-4 文件添加命令 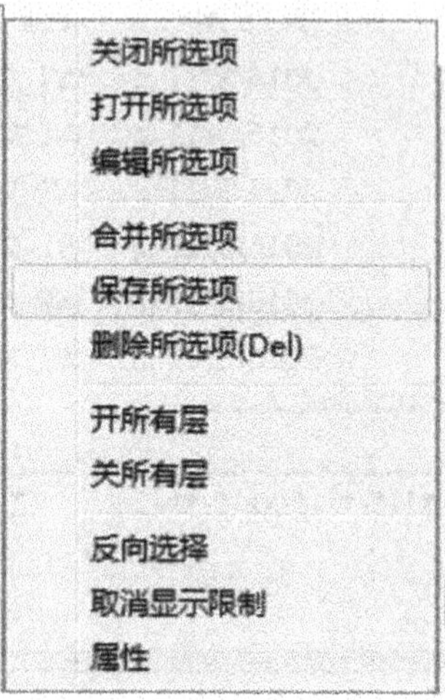　　图6-5 文件保存命 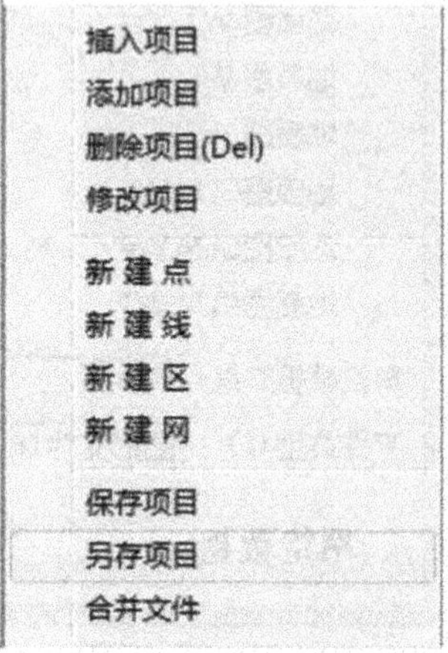　　图6-6 文件另存命令

2. 工程

在 MapGIS 编辑子系统菜单栏"文件"中单击"新建工程"或"打开工程或文件"（参见图6-2）,在系统界面左侧弹出工程管理窗口,并进入工程编辑状态。在此既可以新建工程,又可以打开已存在的工程。

（1）打开工程

"打开工程"为打开一已建立的工程,文件格式为"MPJ"。在 MapGIS 编辑子系统菜单栏"文件"中按"打开工程或文件"按钮,系统就会弹出"工程路径"对话框（图6-7）,选择工程后双击鼠标左键即可。

（2）新建工程

"新建工程"即为创建一个新的工程,选择此功能,系统会弹出"设置工程的地图参数"对话框（图6-8）,地图参数设置方法在第十章"投影变换"中再详细介绍。可通过下面三种方式新建工程:选择"不生成可编辑项",则生成一个没有文件的工程,可通过"添加项目"完成;选择"自动生成可编辑项[NEWLAY * . W *]",则会生成包括三个缺省文件的工程;选择"自定义生成可编辑项",既可自定义文件的路径名和文件名,又可自定义是否创建某一类型的文件（图6-9）。

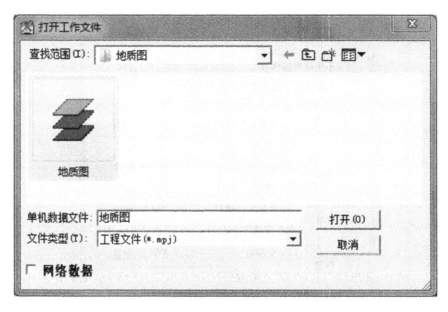

图 6-7　"选择打开文件"对话框

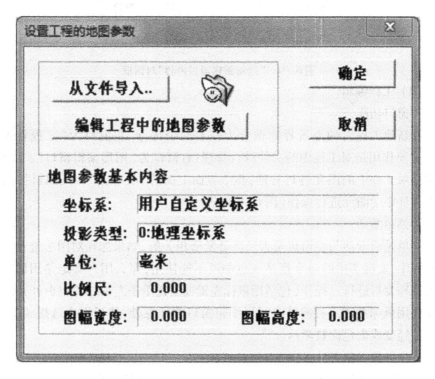

图 6-8　"工程的地图参数设置"对话框

图6-9 "定制新建项目内容"对话框

（3）工程编辑

①窗口功能

在新建工程后的系统界面被分为左右两个部分，左窗口为"工程管理窗口"，主要作用是对工程中的文件进行管理；右窗口为"图形编辑窗口"，主要作用则是对文件中的图元进行管理；整个界面上面的"菜单栏"与"工具栏"则都是对文件中的图元进行操作（图6-1）。

②菜单激活

菜单是否激活与左窗口是否激活是紧密相关的，如果您在对图形进行编辑的过程中，发现菜单的命令都是灰色的而不能使用，那么用户必定是用鼠标对工程管理窗口进行过操作（包括用鼠标左键或右键单击左窗口的空白处），这时只需要用鼠标左键或右键单击图形编辑窗口的任意处，然后再去选择菜单，菜单就已经变成黑色而被激活。

③文件显示状态

工程中的文件显示状态包括下面三种：关闭、打开和编辑。

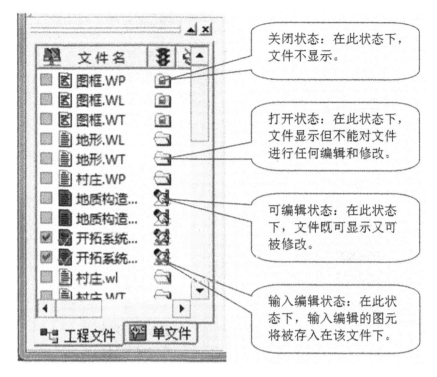

关闭状态：在此状态下，文件不显示。

打开状态：在此状态下，文件显示但不能对文件进行任何编辑和修改。

可编辑状态：在此状态下，文件既可显示又可被修改。

输入编辑状态：在此状态下，输入编辑的图元将被存入在该文件下。

图 6 - 10　工程管理窗口文件显示状态

　　注意：无论工程包括多少点文件、线、区文件，同一时刻在同一工程中，最多只能有三个文件同时处于输入编辑状态，分别为点、线、区文件。其余的同类文件则处于只可修改状态、读显示状态或关闭不可见状态，就可避免文件保存时同类型文件的内容发生混乱现象。

　　④多个文件状态操作

　　先按"Ctrl"键，再用鼠标移动光标选取多个文件，然后在所选文件上单击鼠标右键，系统弹出菜单下拉列表（图 6 - 11），打开所有项：使选定的多个文件处于可见状态；关闭所有项：使选定的多个文件处于不可见状态；删除所有项：使选定的多个文件从工程中删除。

　　（4）保存工程

　　工程中的文件编辑完成后，先选取所有的文件进行存盘，然后在工程管理窗口空白处用鼠标单击右键，在弹出的菜单命令项中，单击"保存工程"命令（图 6 - 12），将工程按指定工程名进行保存。

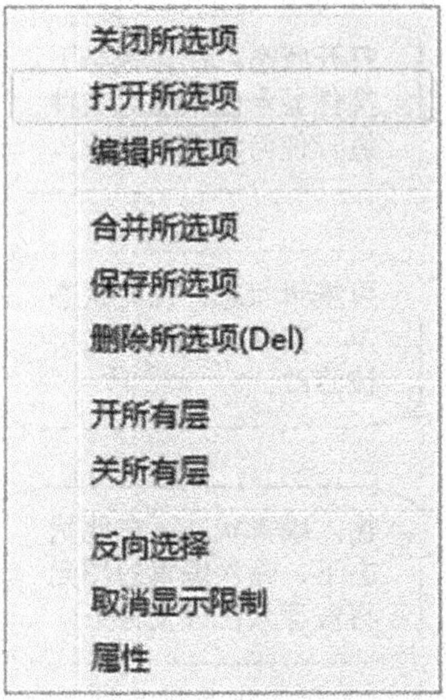

关闭所选项
打开所选项
编辑所选项

合并所选项
保存所选项
删除所选项(Del)

开所有层
关所有层

反向选择
取消显示限制
属性

添加项目

新建点
新建线
新建区
新建网

属性
修改地图参数
取消显示限制
全部选定(Ctrl+A)
反向选择

保存工程
另存工程
清空工程
重新显示工程
压缩保存工程

图 6-11　工程编辑菜单命令 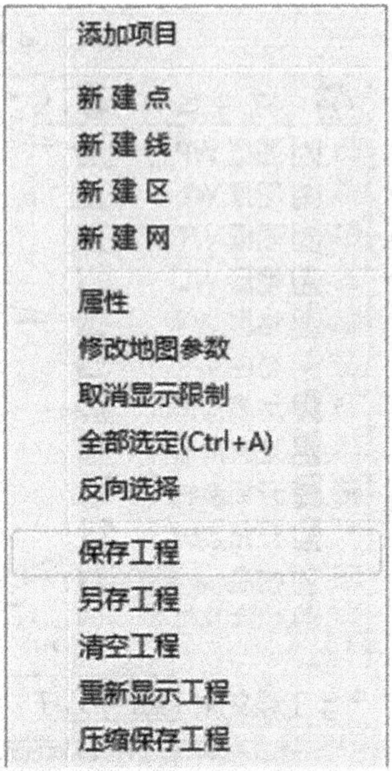　　　图 6-12　工程保存菜单命令

6.2.2　窗口

窗口操作包括菜单栏中窗口的下拉菜单操作与快捷菜单操作,分别在编辑子系统菜单栏中的"窗口"下拉菜单或在"图形编辑窗口"内单击鼠标右键弹出的"快捷菜单"中实现(见图 6-13、图 6-14)。

1. 系统菜单窗口操作

(1)窗口呈现方式:包括打开式和关闭式,其中打开式包括有层叠式、平铺式、排列式和全屏显示,分别通过对应的菜单功能来实现(图 6-15)。

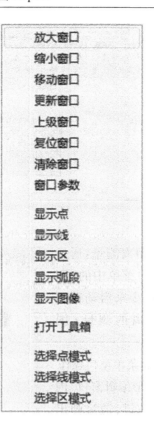

图 6 – 13　窗口系统菜单命令　　图 6 – 14　窗口快捷菜单命令

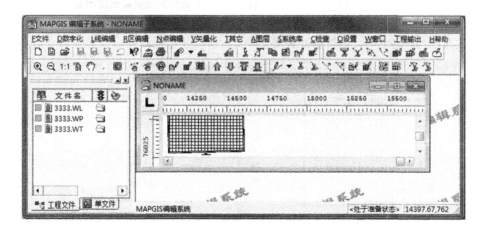

图 6 – 15　层叠式窗口操作

（2）标尺与工作台显示操作：通过菜单按钮来实现开关功能（图 6 – 16）。

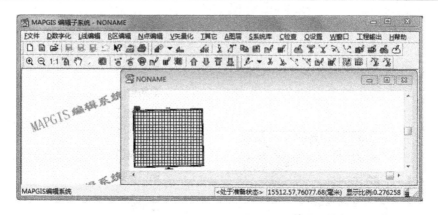

图 6 – 16　关闭工作台与标尺

（3）距离测量：通过"窗口"下拉菜单中的"距离量算"命令来启动窗口内两点距离的测量（图6 – 17）。

2.快捷菜单窗口操作

在"图形编辑窗口"内单击鼠标右键，通过弹出的快捷菜单来实现，包括窗口放大、缩小与移动，更新、复位与清除，点、线、区、弧度与图象显示，工具箱开关等。

图 6 – 17　图面距离测量结果显示框

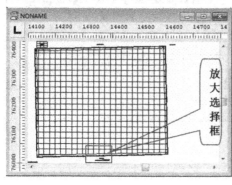
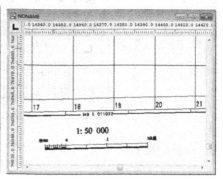

图 6 – 18　窗口放大选择　　图 6 – 19　窗口放大显示效果

（1）窗口放大、缩小与移动

放大窗口是按鼠标左键并移动光标在当前窗口中产生一个矩形框，凡落在框内的图形就是放大后的可视部分。矩形框的大小和位置在光标选取过程中由用户确定,直接点按鼠标左键,可向任意方向移动来确定放大范围(图6-18、图6-19)。缩小窗口是逐级缩小窗口,菜单选定后直接单击鼠标左键即可,移动窗口是将编辑窗口显示的内容进行移动浏览,菜单选定后直接点鼠标左键不松手,在屏幕上抓图移动距离来移动当前窗口。

编辑窗口的放大、缩小与移动也可通过热键操作来完成,分别用F5、F6、F7功能键与鼠标左键相配合来完成操作。

(2)窗口更新、复位与清除

更新窗口是重新显示当前窗口的图形,是根据工程管理窗口状态及编辑窗口结果的重新显示;复位窗口是将当前窗口置为第零级,将整幅图以最大比例完整地显示在当前编辑窗口内;清除窗口是将编辑窗口所显示的图形内容从窗口全部清除(通过窗口更新又能将图形恢复出来)。

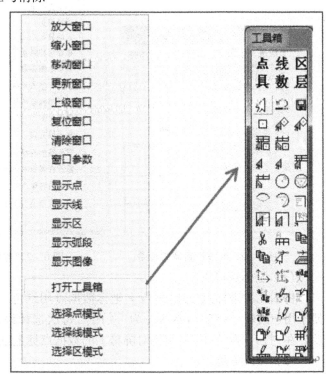

图6-20　窗口快捷菜单命令打开工具箱

(3)点、线、区、弧度与图象的显示

用于显示当前窗口的点图元、线图元、面图元、区域的边界(即弧段)、光栅图象。

(4)工具箱开关

用快捷菜单窗口操作功能可以打开或关闭图形编辑应用中的“工具箱”,能够十分方便地进行图形编辑中点、线、区、具、数、层操作功能的调用(图6-20)。

6.2.3　设置

在MapGIS编辑子系统菜单栏中单击“设置”,系统弹出下拉菜单(图6-21),“设置”菜单为图形的编辑提供了辅助手段,既可以对编辑窗口显示情况进行选择,又可以对编辑对象进行系统设置。

1. 系统显示参数设置

在"设置"的下拉菜单中单击"参数设置",系统就会弹出"MapGIS 选择信息"对话框,要求对图象编辑窗口的显示状况进行选择(图 6 - 22),通过在命令项前打"√"来实现显示功能的开关。选择信息后,在编辑窗口中通过窗口快捷菜单"更新窗口"命令可实现相应的显示功能。

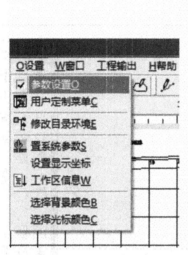

图 6 - 21 系统设置菜单命令　　图 6 - 22"参数选择"对话框

(1) 坐标点可见

将图元的坐标点或线、弧段上坐标数据点用红色"＋"字符显示在屏幕上,便于用户编辑。该项初始状态为"关闭",每次选择该命令就将该选项状态取反。在"打开"状态下,系统将对屏幕上的数据点标上红色"＋"字符。

(2) 弧段可见

该项初始状态为"关闭",每次选择该功能就将该命令状态取反。在"打开"状态下,编辑器显示区并显示弧段,在"打开"状态下,编辑器显示区不显示弧段。

(3) 还原显示

该项初始状态为"关闭",每次选择该功能就将该选项状态取反。在"打开"状态下,对线图元,编辑器将按线型来显示线,如某条线的线型为铁路,编辑器依此线为基线来生成铁路;对区图元,编辑器将显示区的内部填充图案。

(4) 拓扑重建时搜子区

若该项状态为"打开",则在建拓扑过程中,自动搜索子区,解决子区嵌套问题。

（5）数据压缩存盘

该项初始状态为"打开"。图形数据经过编辑（如：删除、加点等）后，有的数据在逻辑上被删除，但物理上并没有被删除，造成数据冗余。该项状态为"打开"时，存盘时系统自动将冗余的数据删除。

（6）使用十字大光标

若该项状态为"打开"，则光标为大"十"字形。

（7）符号编辑框可见

若该项状态为"打开"，在字库、系统库编辑时，自动出现在编辑视窗中。

（8）透明显示

针对面图元显示而设置，一般情况下面图元显示为覆盖方式，显示时会将先显示的图元覆盖，设置透明显示后，面元显示时不再覆盖先显示的图元。

2. 系统运行设置

（1）用户定制菜单

提供了重组菜单、修改菜单名、修改菜单位置、增加快捷键、增加调用外部执行程序等功能。在"设置"的下拉菜单中单击"用户定制菜单"命令，系统就会弹出"客户化"对话框（图6-23）。

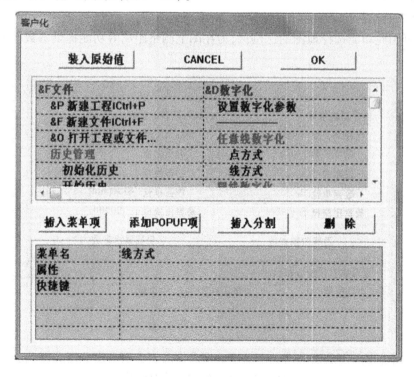

图6-23　用户定制菜单

（2）目录设置

用于设置汉字库、系统库、当前工作目录路径名，为用户实现工程文件的编辑、显示、输出，以及将文件按分类的不同分别放在不同目录中，便于管理。这部分参见相关章节内容。

（3）设置系统参数

选中本菜单命令项后系统弹出一对话框，可以修改平行双线的距离（供造平行线时使用），结点搜索半径（供自动结点平差使用），裁剪搜索半径，插密光滑半径，坐标点间最小距离值等选项。在"设置"的下拉菜单中单击"置系统参数"命令，系统弹出"系统参数设置"对话框（图 6 – 24）。

图 6 – 24 "系统参数设置"对话框

（4）设置显示坐标

可用此功能选择地图的比例尺，为在图上测量距离等功能提供参数（图 6 – 25）。

图 6 – 25 地图参数设置"对话框

（5）工作区信息

编辑器弹出工作区信息板（图 6 - 26），向用户报告当前工作区中的内容。

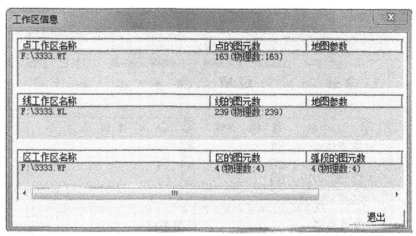

图 6 - 26　工作区信息板

（6）选择背景色及光标色

供用户选择设置图象编辑窗口的背景色及光标色,以适合作业人员习惯,保护作业人员眼睛。

6.2.4　图层

"图层"菜单提供了图形分层的编辑功能。它能打开、关闭任一层,更换当前图层,显示工作区现有图层,还能从有多个文件中分离出指定的图层。在编辑子系统菜单栏单击"图层"系统弹出图层菜单下拉的菜单（图 6 - 27）。

1. 替换层号

将当前处于编辑状态的数据文件中某一图层的图元移到另一图层中,在"图层"下拉菜单"替换图层"中按"替换点/线/区"按钮,系统弹出"图层号替换"对话框（图 6 - 28）,在

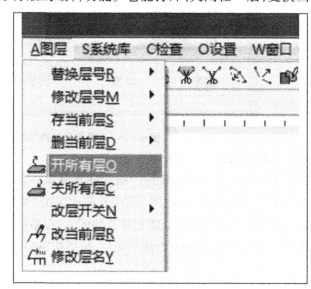

图 6 - 27　图层操作菜单命令

这项操作中首先需要查找需要替换的图层层号,然后单击被改的原始图层(必须含有图元),根据系统的询问单击要改成的结果图层,也就是替换原来的图层号,最后按"确定"按钮即可。

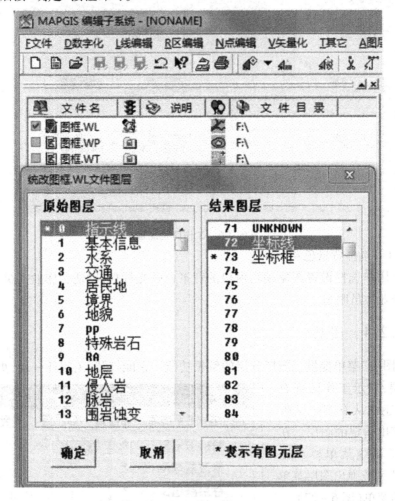

图6-28 "图层号替换"对话框

2.修改层号

将屏幕上处于编辑状态的指定图形从某一图层改变到另一个新的图层。在"图层"下拉菜单"修改图层"展开项中单击"修改点/线/区"命令,然后在图象编辑窗口中用光标捕获需要修改的图元,在系统弹出"图层号修改结果"对话框中(图6-29),单击要改成的图层,最后按"确定"按钮即可。

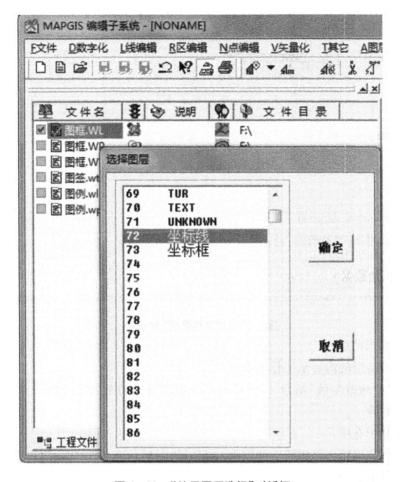

图 6-29 "结果图层选择"对话框

3. 存当前层

将当前图层的内容从工作区文件中分离出来,存入磁盘上的一个文件中。若与"统改参数"结合,可将符合某一参数条件的图元统改到某一层中,然后存入另一文件中。

在"图层"下拉菜单"存当前图层"展开项中单击"保存点/线/区"命令,系统弹出"文件保存"对话框(图 6-30),选择存放位置,键入文件名后按"保存"按钮。

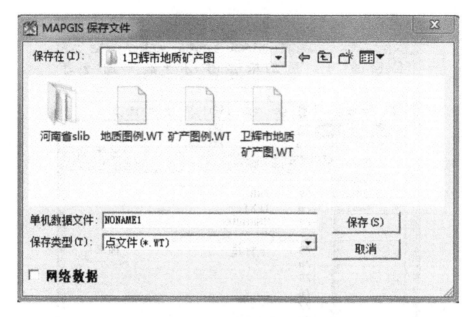

图 6 – 30 "文件保存"对话框

4. 删当前层

将当前层的内容从工作区中删除。

若与"统改参数"结合,可将符合某一参数条件的图元统改到某一层中,然后将其删除。

5. 开所有层

将当前编辑文件中所有的图层或有图的图层状态置为 ON,使其在编辑时能在屏幕上显示。

6. 关所有层

将当前处于编辑状态文件中所有的图层状态置为"OFF",使其在编辑时不能在屏幕上显示。

7. 改层开关

对当前编辑文件中指定的图层状态取反。当图层状态为"ON"时,则该图层的图形可以在图屏上显示。当图层状态为"OFF"时,则该图层的图形不能在图屏上显示。同时也不能对它们进行编辑操作。

利用这一特征,用户可以在编辑某一图层时,将该图层状态置为"ON",而将与之无关的图层状态设置为"OFF",这样一方面可以提高显示速度,另一方面可以减少其他图层背景对编辑者视线形成的干扰和误操作。

8. 改当前层

当前图层是系统对编辑者当前用数字化仪、矢量化、键盘或鼠标器输入的图形所存放的图层、系统隐含是 0 号图层,若要改变当前工作图层,可以调用此项功能。

9. 修改层名

所有图层名称的"集合"称作图层字典,用户根据自已的记忆需要,可以通过修改图层名重新定义字典中的图层名称。在"图层"下拉菜单中单击"修改层名"命令,系统弹出"修改图层名称"对话框(图 6 – 31),选择需要修改的图层,在当前层名中键入新的图层名后按"确定"按钮。

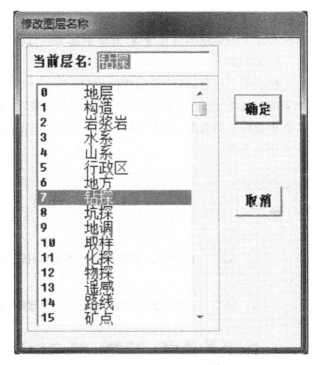

图 6 – 31 "修改图层名称"对话框

6.2.5 图元捕获

在 MapGIS 图形编辑处理时,经常是对指定的某个或某些图元进行操作,这些操作都需要先捕获指定的图元后才能进行,所以捕获图元的操作是图形编辑的最基本操作。

注意:要捕获的图元文件一定是处于可显示可编辑状态。

1. 捕获区域

移动光标指向要捕获的区域内的任意一点地方,按鼠标左键,如果捕获成功,则该区变成闪烁显示,如果不成功则区域不变。如果要捕获的区域有重叠压盖的情况,系统会将重叠的区域逐个闪烁显示,并让您选择您要捕获的是那一个区。

2. 捕获弧段

移动光标指向要捕获的弧段上任意一点,按鼠标左键,如果捕获成功,则该弧段变成闪烁显示,如果不成功则弧段不变。如果光标所指的点是几个弧段的交会点,系统逐个闪烁显示这几个弧段,并提示您选择您要捕获的是那一个弧段。

3. 捕获线

移动光标指向要捕获的线上任意一点,按鼠标左键,如果捕获成功,则这条线变成闪烁显示,如果不成功则不会变。如果光标所指的点是几条线的交点,系统将逐个闪烁显示这几条线,并提示您选择您所要捕获的是那一条线。

4. 捕获点

捕获单个点时,移动光标指向要捕获的注释、子图等点图元,按鼠标左键,如果捕获成功,则该点变成闪烁显示,如果不成功则该点不变。如果要捕获的点有重叠压盖的情况,系统会将重叠的点逐个加亮显示,并让您选择您要捕获的是那一个点。

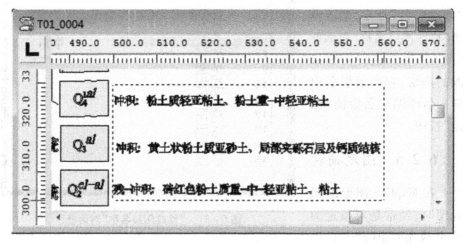

图 6 - 32　多图元圈选操作窗口

以上操作基本上是仅捕获单个图元,操作仅单击鼠标的一个左键即可,这个操作过程又简称"点选";在捕获多个图元时,需要按住鼠标左键不松手,并移动鼠标的光标形成一个选择性的区域范围,这个操作过程又简称"圈选"(图 6 - 32)。用这个包围住所要捕获的图元的控制点,如果捕获成功,则捕获到的图元变成亮黄色显示或从屏幕上消失掉,如果捕获不成功则无这些现象。编辑捕获图元时一次可以捕获多个类型多个图元,用户可对捕获到的图元依次进行编辑。

6.3　点图元编辑

点图元包括字符串、子图、圆、弧、版面、图象等六种类型。点元编辑包括空间数据编辑和图元信息编辑。前者是改变控制点的位置,增减控制点等操作;后者包括改变点元形状、内容、颜色、角度、大小等图元参数信息。

6.3.1　图元信息

1.注释参数

包括注释大小及颜色、字形字体、排列等缺省参数键入,也包括注释的输入方式选择(图6-33),下面介绍注释参数设置。

(1)注释高度:注释中字符的高度,以 mm 为单位。

(2)注释宽度:字符宽度,以 mm 为单位。

(3)注释间隔:注释串每个字符之间的距离,以 mm 为单位。

(4)注释角度:注释串与 X 轴间夹角。以度为单位(逆时针旋转为正)。

(5)汉字字体:注释串使用的字体编号。MapGIS 既可以使用系统本身所带的矢量字库,也可以使用 windows 的 TrueType 字库(参见第3章3节内容)。若选择使用 windows 的 TrueType 字库,则需通过 MapGIS 的"字库设置"功能下的"配置 TrueType 字体"功能,设置不同的字体顺序。若使用 MapGIS 本身所带的矢量字库,则字体对应基本编号见表6-1。

字体基本配置编号表　　　　表6-1

基本配置的各种字体的编号			
0	单线体		
1	宋体	2	仿宋体
3	黑体	4	楷体
各种扩展字体的编号如下			
5	隶书	6	大黑
7	行楷	8	魏碑
9	姚体	10	美黑
11	隶变	12	标宋
13	细圆	14	粗圆

注意:使用空心字时,字体采用相应字体编号的负数。如:-3表示黑体空心字。

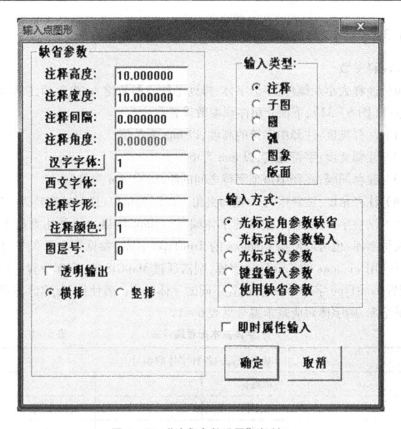

图6-33 "注释参数设置"对话框

（6）注释字型：显示及输出注释的变形情况，字形对应基本编号见表6-2。

字型基本配置编号表　　　　　　　　表6-2

0	正字	1	左斜字	2	右斜字	3	左耸肩	4	右耸肩
100	立体正字	101	左斜立体	102	右斜立体	103	左耸立体	104	右耸立体

特殊字串编排控制

为了方便编排一些特殊的字串，如上下标和分式，需要定义一些注释输入编辑排版控制符来进行编排控制。

①上下标编排：上标控制时后缀"#+"，下标控制时后缀"#-"，恢复正常时后缀"#="。如需要输入特殊字符串"Q42pl"时，用户只要在注释编辑框中键入"Q#-4#+2pl"即可（图6-34）。

图 6 – 34 "**注释编辑**"对话框

②分式编排:用"/分子/分母/"格式来编排分式字样。如需要输入特殊字符串"H35"时,用户只要在注释编辑框中键入"H# – 35 # =/12.85/1.05/"即可(图 6 – 35)。

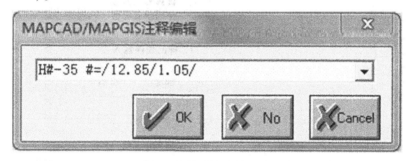

图 6 – 35 "**注释编辑**"对话框

(7)注释颜色:字符颜色直接在颜色表选取即可。

(8)透明输出:每一图元在输出时有"透明方式"和"覆盖方式"两种。

(9)排列方式:定义字串的排列方式,包括"横向排列"和"纵向排列"两种。

2.子图参数

子图为规范性的符号图元,在点图元输入对话框中单击输入类型中的"子图"选取(图 6 – 36),下面介绍子图参数设置。

(1)子图号:子图在库中的编号,直接在选择子图对话框中选取即可(图 6 – 37)。如果没有可选的子图,可通过"系统库"下拉菜单中的"编辑符号库"定义新的子图(参见相关章节)。

(2)子图高度:输出的子图的高度,以 mm 为单位。

(3)子图宽度:输出的子图的宽度,以 mm 为单位。

(4)旋转角度:子图与 X 轴夹角,以度为单位(逆时针旋转为正)。

(5)子图颜色:子图输出时可变色部分的颜色。

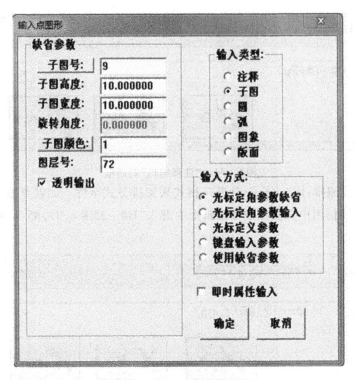

图 6 - 36   "子图参数设置"对话框

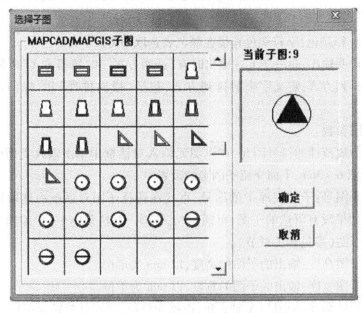

图 6 - 37   "子图选取"对话框

3. 圆参数

圆形图元既可以用线图元编辑生成,也可以用点图元编辑生成(可以直接为图元填充颜色),这里介绍通过点图元参数设置来完成图形圆的生成。在点图元输入对话框中单击输入类型中的"圆"选取(图 6 – 38),下面介绍圆参数设置。

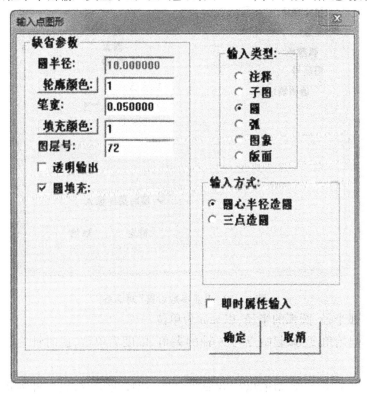

图 6 – 38 "圆参数设置"对话框

(1)圆半径:点圆的半径,以 mm 为单位。

(2)轮廓颜色:圆周轮廓线的颜色。

(3)笔宽:轮廓线的横向总宽度(其实为两条线),以 mm 为单位。

(4)填充颜色:圆内空缺部分的填充颜色。

(5)圆填充:表示圆是否需要填充,打""时表示填充。

(6)图层号:点圆所在图层的编号。

4. 弧参数

点图元中的"弧"指的是是用户通过点图元编辑生成的一个弧形符号,既不是线图元中同心圆线上的一段"弧线",也不是后面介绍造区图元时所用到的"弧段"。在点图元输入对话框中,单击输入类型中的"弧"选项(图 6 – 39),下面介绍弧参数设置。

图 6 - 39　"弧参数设置"对话框

（1）弧半径：圆弧的半径，以 mm 为单位。

（2）起始角度：弧起始点与 X 轴的夹角，以度为单位，逆时针为正角，反之为负角。

（3）结束角度：弧结束点与 X 轴的夹角，以度为单位，逆时针为正角，反之为负角。

（4）笔宽：弧线的线宽，以 mm 为单位。

（5）弧颜色：弧线的颜色编号。

5. 图象参数

MapGIS 编辑子系统还为用户提供了图象资料插入功能，通过输入点图元的编辑来实现，也就是把图象当做一个符号"粘贴"到 MapGIS 图形上。在点图元输入对话框中，单击输入类型中的"图象"选项（图 6 - 40），下面介绍图象参数设置。

图6-40　"图象参数设置"对话框

（1）图象宽度:这幅图象输出时的宽度,以 mm 为单位。

（2）图象高度:这幅图象输出时的高度,以 mm 为单位。

6.版面参数

版面输入相当于 Microsoft Word 编辑中的文本框插入,通过定义版面的高度与宽度,以及内文注释的大小间隔、字型字体、颜色、排列方式,来完成由大量注释内容组成的一个点图元(图6-41),下面介绍图象参数设置。

（1）注释高度:版面中字符的高度,以 mm 为单位。

（2）注释宽度:版面中字符宽度,以 mm 为单位。

（3）横向间隔:版面中注释串间每个字符之间的距离,以 mm 为单位。

（4）纵向间隔:版面中注释行间的距离,以 mm 为单位。

（5）注释角度:注释串与 X 轴间夹角,以度为单位(逆时针旋转为正)。

（6）汉字字体:注释串使用的中文字体编号。

（7）西文字体:注释串使用的西文字体编号。

（8）注释字型:显示及输出的字的形状。

（9）注释颜色:注释串使用的颜色编号。

图 6-41 "版面参数设置"对话框

（10）版面高度：所输入版面的高度，以 mm 为单位。

（11）版面宽度：所输入版面的宽度，以 mm 为单位。

（12）排列方式：版面中字符串的排列方式，有横排和竖排两种。

6.3.2 图元编辑

点编辑中所使用的功能菜单主要由三处来调用，分别为 MapGIS 编辑子系统中的菜单栏、工具箱、标准工具栏（图 6-42），下面进行详细介绍。

1.编辑指定图元

编辑指定的点图元是用户输入将要编辑的点号，编辑器将此点黄色加亮，然后用户可再进入其他点编辑功能，对该点进行编辑。例如：在图形输出过程中，输出系统报告出错图元的图元号，利用此功能将出错图元定位，便可对出错图元进行修改。

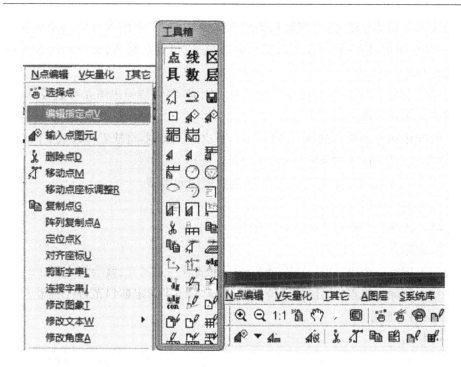

图6-42 点编辑中的菜单栏、工具箱及工具栏

2. 输入点图元

（1）点图元输入方式

点图元包括注释、子图、圆、弧、图象、版面六种类型，每一种图元对应着几种相应的输入方式，当选择图元类型时，系统会自动显示图元的输入方式。

①光标定角参数缺省：就是用光标定义点图元的角度，而其他的参数是缺省的。

②光标定角参数输入：就是用光标定义点图元的角度，而其他的参数是通过键盘即时输入的。

③光标定义参数：可分解为两个拖动过程，第一个拖动过程定义图元的位置和角度，第二个拖动

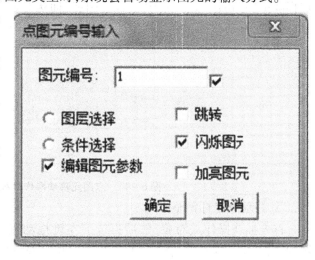

图6-43 "点图元定位"对话框

过程定义图元的高度；然后编辑器弹出图元参数板，其中的参数除图元号和颜色外，均已赋值，用户此时输入图元号和颜色号，可直接输入，也可利用选择板进行选择。

④键盘定义参数：按鼠标左键定义图元位置，编辑器弹出图元参数板，用户此时输入图元参数。

⑤使用缺省参数：按鼠标左键定义子图位置，编辑器将缺省参数赋于该点。

（2）点图元输入的步骤（以输入版面为例）

①在输入点图元面板中的，选择所要版面图元类型。

②确定图元的输入方式。

③修改图元的缺省参数后，按"确定"按钮。

3. 删除点

（1）删除一个点：用鼠标左键"点选"来捕获一点图元，就会将之删除。

（2）删除一组点：用鼠标左键拖动过程"圈选"指定窗口范围来捕获点图元，就会将之删除。

4. 移动点

（1）移动一个点：单击鼠标左键"点选"捕获一个点图元，在图元闪烁时再用鼠标左键单击该点图元不松手，移动鼠标将该点图元拖到适当位置，松手弹起鼠标左键完成操作。

（2）移动一组点：移动一组点操作过程可分解为两个步骤，第一步拖动鼠标"圈选"一个窗口，落入此窗口的所有点图元为将要被移动的点；第二步拖动过程确定移动的增量。在编辑窗口"圈选"捕获若干点，再在其上任意位置按下鼠标左键，拖动鼠标光标到指定的位置松开鼠标即可左键（图6-44）。

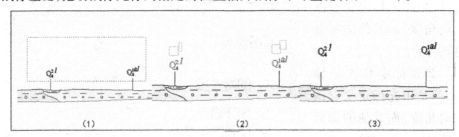

图6-44　点图元移动操作过程

5. 移动点坐标调整

首先捕获操作点对象，然后再按下左键拖动点对象到大概位置后放开左键，此时弹出一对话框（图6-44），用户可精确调整横纵坐标位移量即可。

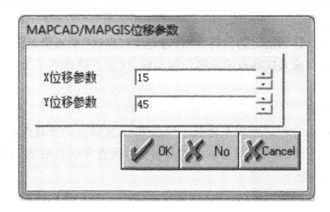

图 6 – 45　"点图元位置参数"对话框

6.复制点

（1）复制一个点：用鼠标左键"点选"来捕获一点图元，移动鼠标将该点拖到适当位置再按下左键将复制成功一个点，继续移动鼠标后按左键可以连续复制，直到按鼠标右键为止。

（2）复制一组点：复制一组点操作过程可分解为两个步骤，第一步拖动鼠标"圈选"一个窗口，落入此窗口的所有点图元为将要被复制的点；第二步拖动鼠标确定移动的增量。在编辑窗口"圈选"捕获若干点，再在其上任意位置按下鼠标左键即可完成。

7.阵列复制点

在图形编辑窗口下，拖动鼠标捕获单个或若干点图元，系统自动将它们作为阵列的基础元素，并弹出"阵列拷贝"对话框（图 6 – 46），按系统提示键入拷贝阵列的行、列数（行数是基础元素在纵向的拷贝个数；列数是基础元素在横向的拷贝个数）和元素在 X、Y（水平、垂直）方向的距离。用户依次输入行、列数及 X、Y 方向距离值后系统完成拷贝工作（例如图 6 – 47）。

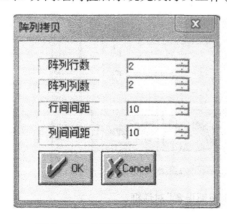

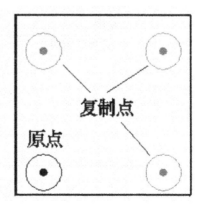

图 6 – 46　"阵列拷贝"对话框　　　　　图 6 – 47　拷贝后的屏幕效果

8.定位点

将指定的点移到指定的位置。用鼠标左键"点选"来捕获点图元,捕获后按照系统提示依次输入这些点的准确位置坐标,这些点就移到了坐标指定的位置上。

9.对齐坐标

用拖动鼠标"圈选"窗口来捕获一组点图元,将捕获的所有点在垂直方向或水平方向排成直线,包括"垂直方向左对齐"、"垂直方向右对齐"和"水平方向对齐"三项子功能。

(1)垂直方向左对齐:指靶区内所有点的控制点 X 坐标取用户给定的同一值,Y 值各自保留原值。

(2)垂直方向右对齐:指靶区内所有点的控制点 X 坐标变化,使点图元的右边符合用户给定的同一值,Y 值各自保留原值。

(3)水平方向对齐:指靶区内所有点的 Y 坐标取用户给定的同一值,X 值各自保留原值。

10.剪断字串

"剪断字串"的功能是将一个字串剪断,使之成为两个字串图元。用鼠标左键"点选"捕获一个需剪断的字串后,编辑器自动弹出"需剪断的字串"对话框(图 6-48),这时可按"增"或"减"按钮来确定剪断位置,并确定是否选取"左对齐"。

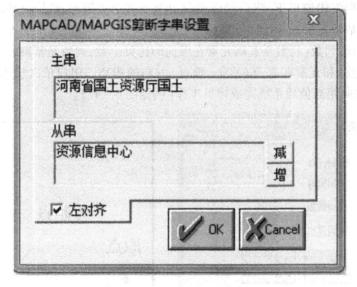

图 6-48 "字串剪断设置"对话框

11. 连接字串

"连接字串"的功能是将两个字串连接起来,使之成为一个字串图元。用鼠标左键"点选"捕获第一个字串后,再用鼠标左键"点选"来捕获第二个字串,系统自动地将第二个字串连接到第一个字串的后面。

12. 修改图象

用鼠标左键"点选"来捕获图象,修改插入图象的文件源。

13. 修改文本

(1) 修改文本:用鼠标左键来捕获注释或版面,的注释修改框内直接修改其文本内容。

(2) 子串统改文本:系统弹出"统改文本的"对话框,用户可输入"搜索文本内容"和"替换文本内容",系统即将包含有"搜索文本内容"的字串替换成"替换文本内容",它的替换条件是只要字符串包含有"搜索文本内容"即可替换。

(3) 全串统改文本:系统弹出"统改文本的"对话框,用户可输入"搜索文本内容"和"替换文本内容",系统即将符合"搜索文本内容"的字串替换成"替换文本内容",它的替换条件是只有字符串与"搜索文本内容"完全相同时才进行替换。

14. 改变角度

用鼠标左键来捕获点,然后再用一拖动过程定义角度来修改点与 X 轴之间的夹角。

6.3.3 参数编辑

参数编辑是用于对点图元的属性进行修改或对系统的缺省参数进行修改、设置,以及对注释的文本内容进行修改,可编辑参数的点图元包括注释、子图、圆、弧、图象、版面六种类型。

1. 修改点参数

直接修改指定的一个或多个点图元的参数。修改对话框类似输入对话框。

2. 统改点参数

选中该功能项后,编辑器弹出点参数统改面板,供用户输入统改条件与替换结果(图 6-49)。若所列的替换条件都没有选择,则为无条件替换,即将所有区域参数统一改为用户设定的参数。相反,若所列的替换结果都没有选择,则不进行替换。各选项前的小方框内若打钩为选择,否则为不选择。

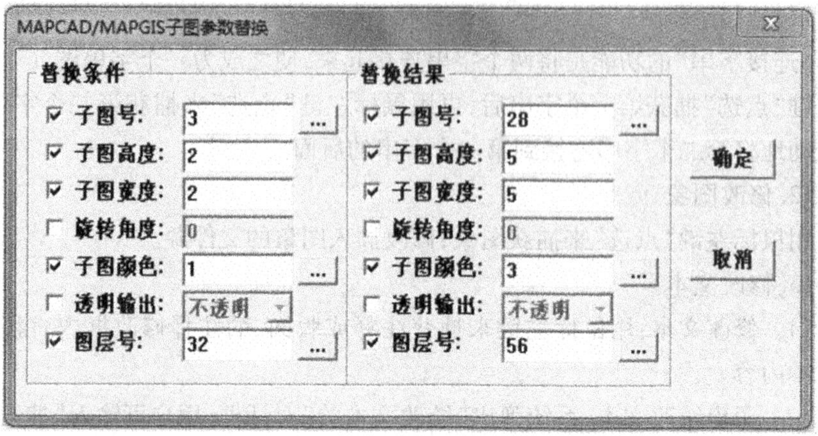

图 6 – 49　统改线参数面板

用户根据自己的要求设置好替换条件和替换结果的参数后,按 OK 键系统即自动搜索满足条件的点参数,并将其替换为结果设定的值。在替换时,凡是替换结果选项前没有打钩的项,都保持原先的值不变。如要统改点颜色,只需将点颜色前的小方框按鼠标左键打钩,其他项不设置,那么替换的结果就只是点颜色,其他值不变。

注:在以上替换中的条件和结果中有关于图层号的选择,利用此功能可以将符合某种条件的图元放到某一层中,然后对该层进行处理,如删除等。(对线和区的统改也有相应功能)。

3. 修改缺省线参数

用于输入或修改"注释参数""子图参数""圆参数""弧参数""图象参数"等点图元的缺省参数值。

6.4　线图元编辑

6.4.1　图元信息

线图元输入、修改时都需要定义图元信息,包括选择线形、输入属性与线参数,输入的线参数包括选择线型、线颜色、线宽度、线类型、X(Y)系数等(图 6 – 50)。

1. 线形的选择

线图元中的线形指的是线的基本形态,反映线上各数据点间的线段相互关系。主要线形有流线、折线、正交线、圆线、弧线和光滑曲线,其中最常用的是折线。

2. 属性的输入

如果线图元输入同时为其赋属性,需在"即时属性输入"功能前打"√",否则不必选择。

3. 线参数设置

(1) 线型:是指形式、形状相同或相似的一类线状符号组的编号(图 6 - 51),根据需要直接选取即可。如果没有符合用户要求的,在"系统库"下拉菜单中通过"编辑线型库"定义新的线型(参见相关章节内容)。

(2) 辅助线型:在 MapGIS 的线型库中,形状相似的线状符号为同一线型组,每一组有若干相似的线状符号,将组的编号称

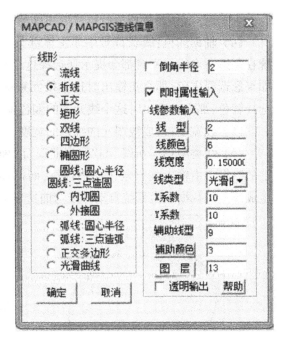

图 6 - 50 "线参数设置"对话框

作"线型",组内具体的符号编号称为"辅助线型"。在线型选择对话框中,选择线型同时也就注定选取了辅助线型。

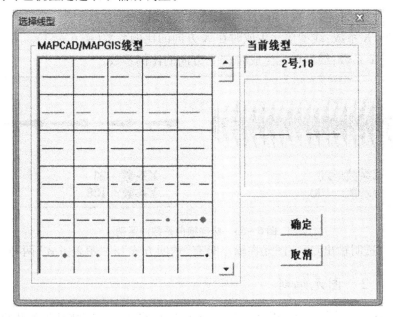

图 6 - 51 "线型选择"对话框

（3）线颜色:是构成线状符号的主体的颜色编号。

（4）辅助颜色:线状符号中非主体部分的颜色编号。在编辑线型库时,系统在每造一个线元素时都会提示您选择这个线元素的颜色是用主色还是辅色,如果您选择主色,那么在输出时这个线元素的颜色就由"线颜色"指定,如果您选择辅色,那么在输出时这个线元素的颜色就由"辅助颜色"指定。

（5）线宽度:组成线图元的线条的宽度,以 mm 为单位。

（6）线类型:有"折线"与"光滑曲线"两种命令,选取"光滑曲线"所生成线上的数据点由输入拐点定少而不连续,而前述"线形"中选取的"光滑曲线"所生成线上的数据点由系统自动对线弯曲造成多而连续(图 6-52)。

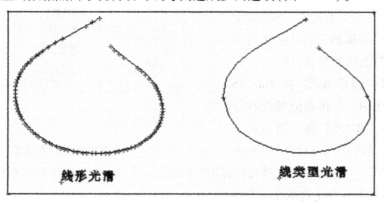

图 6-52　线形光滑与线类型光滑的区别

（7）X 系数:线型单元生成时在 X 方向的比例系数(图 6-53)。

（8）Y 系数:线型单元生成时在 Y 方向的比例系数。

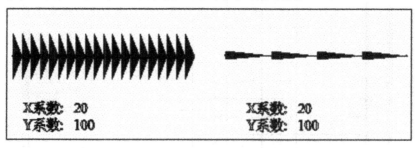

图 6-53　纵向横向系数的区别

（9）透明输出:每一图元在输出时有"透明方式"和"覆盖方式"两种。

6.4.2　图元编辑

线编辑是图形编辑中很重要的一个环节,用户通过数字化和矢量化操作,开始进入系统的都是线类图元及区域的边界。线编辑中所使用的功能菜单由三处来调用,分别为 MapGIS 编辑子系统中的菜单栏、工具箱、标准工具栏(图6-54)。

图6-54 线编辑中的菜单栏、工具箱及工具栏

1.编辑指定的线

与编辑指定的点相似,具体操作见点编辑中"编辑指定的点"。

2.输入线

移动光标在图形编辑窗口造线,造线又分输入"流线""折线""正交线""矩形线""双线""四边形线""椭圆线""圆线""弧线""正交多边形""光滑曲线"等功能。输入线之前要输入"线参数",当输入的线形或线参数改变时,也需要重新输入线参数(图6-50)。

(1)输入流线

输入任意流线为拖动过程,即按下鼠标左键不松开,沿着拟造曲线轨迹滑动鼠标,系统自动生成曲线轨迹点,直至曲线终点松开鼠标左键,一条曲线构造完毕。

在一条线开始或结束时,可用 F12 功能键来捕捉需相连接的线头。以达到与已输入的线正确相接或与节点连接。按 F8 键加点、F9 键退点、F11 改向。在输入开始时按下 SHIFT 自动靠近线,结束时按下 Ctrl 键自动封闭线。

(2)输入折线

移动光标到折线的始点位置,按下鼠标左键,曲线的始点便确定了,然后移动光标沿着拟造曲线轨迹进行,每移动到一点按一次鼠标左键......这样就在图屏上留下了一系列"数据点"构成的折线。最后在曲线的终点按鼠标左键,然后再按鼠标右键完成。若要继续输入线,应将光称移到下一条曲线的始点开始,重复上述操作过程。

在一条线开始或结束时,可用 F12、F8、F9、F11 完成捕捉、加点、退点、改向等图元编辑功能。通过按 SHIFT 键、Ctrl 键完成线的靠近与封闭功能。

(3)输入正交线

选中该功能项,系统先允许用户移动光标定一条直线段,而后每移动光标设定的点与前一点形成的直线段都与前一条的直线段垂直或正交,直至整条线结束。在一条线开始或结束时,可用 F12 功能键来捕捉需相连接的线头,以达到与已输入的线正确相接或与节点连接。

(4)输入矩形框

输入矩形框为一拖动过程,在始点按下鼠标左键,再拖动光标"圈选"一定范围后击右键完成输入。

(5)输入双线

输入双线允许用户输入两条平行的双线,输入后实际保存为两条线,对它们可以分别移动。在输入双线过程中,如果始点或终点落在某一线上,系统即会自动将该线断开一缺口,这一功能对城市街道图或公路图的输入是十分方便的。通过"其他"菜单下的"置系统参数"功能可设置平行线和双线距离。

(6)输入四边形

输入四边形为两个拖动过程。即先拖动输入平行四边形的一条边,接着输入另一条非平行边,即可得此平行四边形。

(7)输入椭圆线

输入椭圆线的操作过程可分解为两个拖动过程,第一个拖动过程确定椭圆的长轴和转角;第二个拖动过程确定椭圆的短轴。

(8)输入圆线

①圆心和半径:在屏幕上用光标确定圆心和半径,并以此圆心和半径按圆形轨迹形成一条线;为一个拖动过程。

②三点造圆:移动光标在屏幕上定三个点,从而形成一个通过这三个点的圆。

（9）输入弧线

①"圆心和半径"方式：在屏幕上移动光标确定弧心、半径、起始角和终止角，并根据这些参数画一条弧。可分解为两个拖动过程，第一个拖动过程确定弧的半径和起始角，第二个拖动过程确定弧的终止角。

②"三点造弧"方式是移动光标依次在屏幕上定起始点、中间点和终止点三个点，从而形成一条通过这三个点的弧。

（10）正交多边形

输入正交多边形的过程为先输入一条边，然后拖动鼠标输入一长方形，接下来可以对长方形的任意一条边的部分扩展成一长方形，从而生成正交多边形。

注意：① 在"倒角"选取时输入"折线""双线""正交""多边形""矩形"情况下，在转角处根据"倒角半经"大小将转角倒圆。②在"折线双线结束询问"有效的情况下，每输入一条"折线"、"双线"结束时，弹出询问菜单。

3.键盘输入线

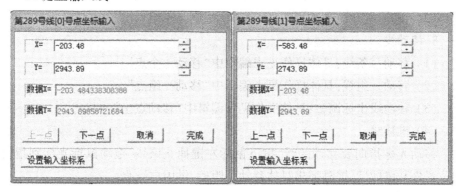

图 6 - 55 "线上点坐标输入"对话框

选择此功能，系统弹出"曲线坐标输入"对话框（图 6 - 55），用户按曲线轨迹逐个输入曲线数据点坐标（X，Y），每输入一个点后按"下一点"按钮确认，按"取消"按钮则重新开始输入数据点坐标，按"完成"按钮则完成本条线的输入，开始下一条线的输入。

4.用点联线

依次捕捉点工作区的点图元控制点坐标联接成线。没有点图元的地方可用 F8 加点。

5. 造平行线

在屏幕上对选定曲线按给定距离形成平行线。平行线产生在原曲线行进方向的右侧；如要产生另一侧的曲线，可以通过选择负的距离实现。产生平行线有"与线同方向"和"与线反方向"两种不同方式可供选择。

"与线同方向"即所产生的平行曲线与原曲线方向相同。

"与线反方向"即所产生的平行曲线与原始曲线方向相反。

执行这项功能时，系统会提示您输入产生的平行线与原线的距离，距离以 mm 为单位。

6. 弧段提取线

造区时所用到的弧段在输出时是不可见的，若需要显示必须将其提取生成线图元。在选取本功能后，用鼠标捕获一条或一组弧段，系统自动将其数据点提取生成线图元，并在线文件中存放。

7. 删除线

（1）删除一条线：具体操作见点编辑中"删除一个点"。

（2）删除一组线：具体操作见点编辑中"删除一组点"。

8. 移动线

（1）移动一条线：具体操作见点编辑中"移动一个点"。

（2）移动一组线：具体操作见点编辑中"移动一组点"。

（3）移动线坐标调整：具体操作见点编辑中"移动点坐标调整"。

（4）推移线

移动光标指向要移动的线，按下鼠标左键捕获该线，拖动鼠标光标到指定的位置松开鼠标后，屏幕弹出具体移动的距离，供用户修改。

9. 复制线

（1）复制一条线：具体操作见点编辑中"复制一个点"。

（2）复制一组线：具体操作见点编辑中"复制一组点"。

10. 阵列复制

具体操作见点编辑中"阵列复制点"。

11. 剪断线

在编辑窗口将曲线在指定处剪断变成两段曲线，生成两个不同 ID 号的线图元。剪断线就是要从这些原始数据点之间剪断，剪断线有"有剪断点"和"没剪断点"两种方式。

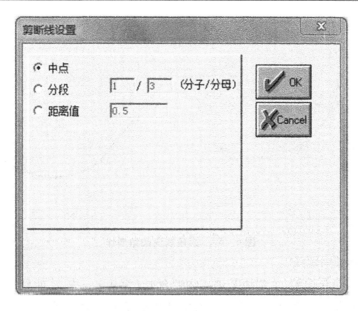

图 6－56 "剪断线设置"对话框

（1）有剪断点方式：剪断线后的两条曲线都在剪断处加数据点，无法显示"断口"。

（2）没剪断点方式：剪断后的两条曲线都在剪断处没加数据点，会现示"断口"。如一条直线只有两个端点，如果选择"没剪断点"方式剪断它是不可能完成的。

（3）分距剪断方式：根据参数设置，可从起始处在长度比例或实际距离处进行剪断。

剪断线时，首先移动光标到指定曲线，将光标指向曲线要剪断处，按下鼠标左键。若剪断成功，先后一闪则被剪断的曲线分成红兰两段；若不成功，则现亮黄色。为了方便操作，用户可以通过打开点标注开关（即在"设置"菜单中的"坐标点标可见注"项前打"√"），曲线上的所有原始数据点都标上了红色小"＋"符号。

10. 钝化线

对线的尖角或两条线相交处倒圆。操作时在尖角两边取点，然后系统弹出橡皮筋弧线，此调整到合适位置点按左键，即将原来的尖角变成了圆角（图 6－57）。

11、联接线

将两条曲线连成一条曲线。

光标移动到第一条被连接曲线上，按下鼠标器左键，捕获成功后该曲线即变成闪烁状态。然后捕获第二条被连接线，系统自动把第一条线和第二条线的最近端相连。

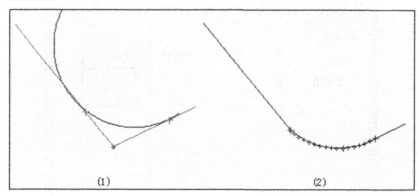

图 6 - 57　拐角线变圆角操作

12. 延长缩短线

由于数字化误差,个别线某端点需要延长(缩短)一些,才能到达它所应该联结的结点位置。此外有时用户还希望某线端点正好延长到另一线上,例如在交通图中的道路的十字路口,则可使用本选项中靠近线功能。本功能有如下三个命令:

(1)延长线:先在欲延长的一端指定线,然后每按一下鼠标左键,线将增加一点。

(2)缩短线:先指定线,然后每按一下鼠标左键,线将退回一点。

(3)靠近线:相当于延长线或缩短线的端点到指定线上,先要指定目标线,再指定需要延长(或缩短)的线,则后面的线就会通过延长(或缩短)而靠近到目标线上来。

13. 线上加点

在曲线上增加数据点,多用于改变曲线的形态。首先用鼠标左键"点选"来捕获需要加点的线,然后移动光标指向要加点线段的两个原始数据点之间,按鼠标左键将点插入到线上,重复这个过程可连续插点。按鼠标右键,结束对此线段的加点操作。

如果需要在加点的同时移动该点位置,在加点操作时按鼠标左键且不松手,用一拖动过程移动该点位置。

14. 线上删点

删除曲线上的原始数据点,改变曲线的形状。首先用鼠标左键"点选"来捕获需要加点的线,然后移动光标指向将被删除点的附近,按鼠标左键该点即被删除。重复这个过程可连续删点,按鼠标右键,结束对此线段的删点操作。

15. 线上移点

在曲线上移动数据点,改变曲线形态。本功能有三个命令,即鼠标线上移点、鼠标线上连续移点和键盘线上移点。

(1) 鼠标线上移点:首先用鼠标左键"点选"来捕获需要移点的线,移动光标指向将被移动的点的附近,用鼠标拖动过程移动一个点。重复这个过程可移点多点,按鼠标右键即可结束对此线段的移点操作。

(2) 鼠标线上连续移点:首先用鼠标左键"点选"来捕获需要移点的线,移动光标指向将被移动的点的附近,用鼠标拖动过程移动一个点。移动完毕一点,系统自动跳到下一点。全部点移动完毕,按鼠标右键结束对此线段的移点操作。

(3) 键盘线上移点:首先用鼠标左键"点选"来捕获线需要移点的线,编辑器弹出"线坐标输入"对话框(图 6 - 55),鼠标选中的点的坐标出现在对话框中,用户可对它进行修改。此功能也可用来查找坐标点的值、线号、点号。

16. 抽稀线

选择合适的抽稀因子对"一条线"或"一组线"进行数据抽稀,从而在满足精度要求的基础上达到减少数据量的目的。抽稀因子见"扫描矢量化"系统介绍。

17. 光滑线

利用 Bezier 样条函数或插值函数对曲线进行光滑。选择该功能后,系统即弹出光滑参数选择窗口,由用户选择光滑类型并设置光滑参数。光滑类型有:二次 Bezier 光滑、三次 Bezier 光滑、三次 B 样条插值、三次 Bezier 样条插值四种可供用户选择,前两种不增加坐标点。

(1) 分段光滑线:选中需要的光滑线,然后在曲线上选出两点,对两点间的部分曲线进行光滑。

(2) 整段光滑线:捕捉一条线或在屏幕上开一个窗口,将用窗口捕获到的所有曲线全部光滑。

18. 改线方向

改变选定的曲线的行进方向,变成它的反方向。

19. 线结点平差

本来应是同一个结点,由于数字化误差,几条线段在交叉处,即结点处没有完全闭合或吻合而留有间隙,为此将它们在交叉处的端点根据一定的匹配半径"捏合在一起",成为一个真正结点的过程,称为线结点平差。功能选取后,将光标移至诸线段端点汇集部位,选定最终结点位置后,按鼠标左键(不松手),拖动光标"圈取"所要平差在一起的结(端)点,然后松开鼠标左键即可完成平差操作(6-58)。

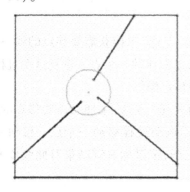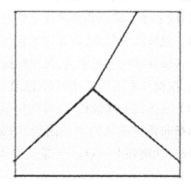

图6-58　结点平差效果

(1)取圆心值:落入平差圆的线头坐标将置为平差圆的圆心坐标,操作和"圆心,径"造圆相同。

(2)取平均值:是一拖动过程,落入平差圆中的线头坐标将设置为诸线头坐标的平均值,操作和开窗口相同。

20.变换线

可以变换一条线及一组线,选中线后系统随即弹出对话框,确定变换中心基点位置、键入X(Y)放大倍数旋转角度,按"OK"按钮(图6-59)。

21.旋转线

可以旋转一条线及一组线,先按鼠标左键捕获线,然后移动光标用鼠标

左键确定旋转中心并拖动鼠标,所选线即跟着转动,到合适位置后放开鼠标,即得到旋转后的结果。

图6-59　"拐角线变圆角参数修正"对话框

22.镜像线

可镜像一条或一组线,可分别对X轴、Y轴、原点进行镜象,选好以上基本

要求后,即可选择欲镜像的线,然后确定轴所在的具体位置,系统即在相关位置生成新的线。

23.相交线剪断

(1)不剪断母线:首先用按鼠标左键捕获母线确定剪断位置,然后移动光标再按鼠标左键捕获子线,系统就会自动将后面捕获的子线在与母线交汇处剪断。

(2)剪断母线:首先用按鼠标左键捕获母线,然后移动光标再按鼠标左键捕获子线,系统就会自动将子线与母线在交汇处全部剪断。

6.4.3 参数编辑

参数编辑用于修改已经输入线的参数,在 MapGIS 编辑子系统中的菜单栏下拉菜单中单击"线编辑",在展开菜单中分别选用相应功能(图6-60)。

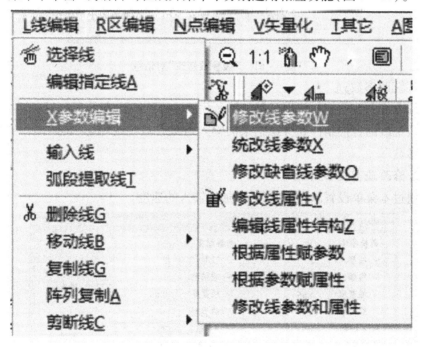

图6-60 参数编辑展开菜单命令

1.修改参数

用光标捕获一条曲线,然后在系统弹出的对话框中修改其参数(图6-61),线参数板中的"线型"按钮和"颜色"按钮,分别用于选取线型和线颜色。

图 6-61 "线参数修改"对话框

2.统改参数

统改线参数功能是将满足条件的参数统改为用户设定的参数(图6-62)。线参数统改的替换条件和替换结果的输入与点参数统改相似,具体操作见"统改点参数"。

3.修改缺省线参数

通过本菜单设置缺省线参数,以加快输入的速度。

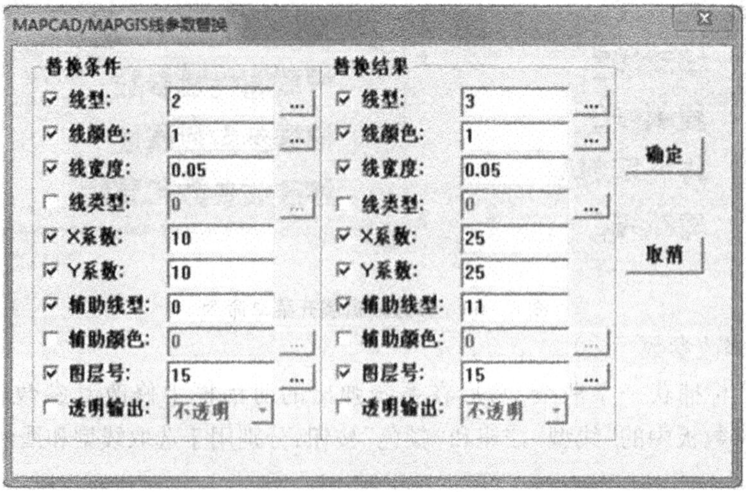

图 6-62 "线参数统改"对话框

6.5 面图元编辑

6.5.1 图元信息

面图元输入、修改时都需要定义构成图元范围的弧段信息和组成图元内容的区参数信息,其中弧段信息与前面讲述的线元图元信息相似(图6-63),区参数信息包括输入的区填充颜色、图案及大小和颜色、透明输出、基线弧段数等(图6-64)。

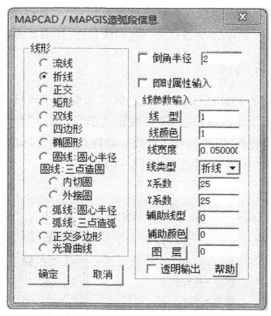

图6-63 "弧段信息输入"对话框

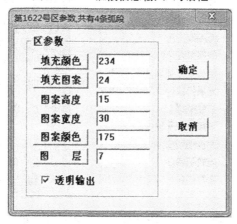

图6-64 "区参数信息输入"对话框

1. 填充颜色:整个填充区域的底色,用户可根据"色谱库"选色,并键入对应颜色编号。

2. 填充图案号:区域中的填充图案在图案库中的编号。

3. 图案高度:每个填充图案的高度,以 mm 为单位。

4. 图案宽度:每个填充图案的宽度,以 mm 为单位。

5. 填充图案颜色:填充图案的输出颜色编号。

6. 透明输出:每一图元在输出时有"透明方式"和"覆盖方式"两种。

7. 基线弧段数:通常为0,不等0时,填充图案使用"基线 – 包络线"填充方式,即图案沿着指定的基线以包络线控制高度进行填充。"基线弧段数"N 指定该面元中从第一条弧段开始连续 N 条弧段一起构成基线,其余弧段构成包络线。

6.5.2 弧段编辑

组成面图元边界的曲线段称为弧段,弧段编辑属于区域几何数据的编辑。弧段编辑主要用来修改区域形态,将该编辑功能与"窗口"技术相结合,可以精确修正面图元的边界线,以提高制图精度。功能启用可在标准菜单栏"区编辑"下拉菜单及式具箱"区菜单"中实现(图 6 – 65)。

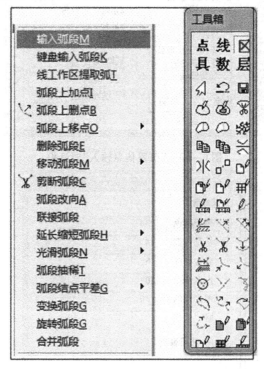

图 6 – 65 弧段编辑中的菜单栏、工具箱

弧段编辑的具体操作和线编辑一样,不同之处将分别阐明。弧段编辑之后编辑器会自动更新与之相关的区。为了将弧段显示在屏幕上,在编辑弧段时,需在主菜单工具栏"设置"的下拉菜单中选择"参数设置"菜单中打开"弧段可见"命令。

1. 输入弧段

"输入弧段"与线编辑中"输入线"操作基本相似(图6－66),唯一区别是"输入弧段"所得到的线作为弧段存入面图元工作区中。具体操作见线编辑中"输入线"。

2. 键盘输入弧段

与"键盘输入线"操作基本相似,具体操作见线编辑中"键盘输入线"。

3. 线工作区提取弧段

从线工作区中捕捉一条或一组线作为弧段存入面图元工作区中。如果捕捉到的线与面元工作区中的弧段有重叠现象,系统提醒用户是否继续进行该项操作。选取该功能后,

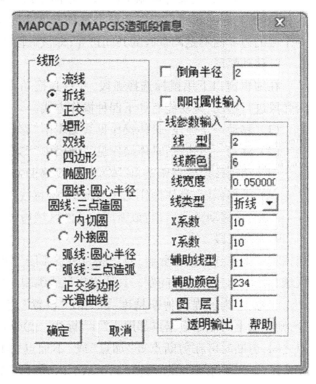

图6－66 "弧段信息输入"对话框

用鼠标"点选"一单线或"圈选"一组线即可完成。

4. 弧段上加点

与"线上加点"操作基本相似,具体操作见线编辑中"线上加点"。

5. 弧段上删点

与"线上删点"操作基本相似,具体操作见线编辑中"线上删点"。

6. 弧段上移点

弧段移点是移动弧段上点的位置,该功能也有下列三种方式:

(1)鼠标弧段上移点:具体操作见线编辑中"鼠标线上移点"。

(2)鼠标连续移点:具体操作见线编辑中"鼠标连续移点"。

(3)键盘弧段上移点:具体操作见线编辑中"键盘线上移点"。

注意：为了看清弧段上的点，可在"设置"菜单中打开"点标注"命令，则在弧段上的每个原始数据点上标注红色小"＋"。

7. 删除弧段

在编辑窗口下删除指定的弧段。如果将被删除的弧段不属任何区，系统即将这条弧段删除；如果将被删除的弧段是两个区的共同边界，删除弧段与合并区相似的，它删除弧段后相邻的两个区即合并为一个区；如果这条弧段仅作为一个区的边界而不是两个区的共同边界，即该弧段不能被删除。

8. 移动弧段

在编辑窗口下用鼠标选择弧段，并将其拖动到需要的位置，该操作是对整个弧段进行移动，该功能有如下四种操作方式。

（1）移动一条弧段：具体操作见线编辑中"移动一条线"。

（2）移动一组弧段：具体操作见线编辑中"移动一组线"。

（3）移动弧段坐标调整：具体操作见线编辑中"移动线坐标调整"。

（4）推移弧段：具体操作见线编辑中"推移线"。

注意：在移动弧段后，与该弧段相关的区域边界同时更新。

9. 剪断弧段

将一条连续的弧段剪断，使之成为两条弧段。剪段的目的大多是为了处理区域邻接时的公共边界问题。具体操作见线编辑中"剪断线"。

注意：①为了提高剪断精度，可先在"设置"菜单中打开"坐标点可见"命令，则弧段上的原始数据点都用小"＋"标注。②剪断点必须是在两个原始数据点之间，剪断时可在剪断点处"加点"或"不加点"两种选择。③剪断弧段常用于造区，如果一条弧段的一部分属于某个区域，另一部分不属于该区域，那么用户就应将它从分界点剪断。

10. 弧段改向

在某个区中将某个弧段的方向取反，具体操作见线编辑中"改线方向"。

11. 联接弧段

与"联接线"操作基本相似，具体操作见线编辑中"联接线"。

12. 延长缩短弧段

本功能有三个命令，即弧段延长或弧段缩短和靠近弧段。下面分别阐述。

（1）延长弧段：先指定弧，然后指定新点则弧将延长到新点。

（2）缩短弧段：先指定弧，然后每按一下鼠标左键，弧段将退回一点。

（3）靠近弧段：相当于延长弧或缩短弧的端点到指定弧段上，先指定目标弧段，再指定需要延长（或缩短）的弧段，则后面的弧叟就会延长（或缩短）靠近到目标弧段上来。

13. 光滑弧段

该功能利用 Bezier 样条函数对弧段进行光滑,分为"整段光滑"和"分段光滑"两种,其中分段光滑需要由用户指定光滑的起始和终止点。

14. 抽稀弧段

选择合适的抽稀因子对"选择的曲线"或"所有的曲线"进行数据抽稀以在满足精度要求的基础上达到减少数据量的目的。

15. 结点平差

由于数字化误差,几条弧段在交叉处,即结点处没有闭合,留有空隙。为了拓扑处理的需要,也为了拓扑关系的严格性,需要将它们在交叉处的端点捏合起来,成为一个真正的结点。结点平差前后的图例如上。结点平差分为"取圆心值"和"取平均值"两种方式。

(1)取圆心值:落入平差圆中的线头坐标将置为平差圆的圆心坐标,操作和"圆心,半径"造圆相同。

(2)取平均值:是一拖动过程,落入平差圆中的线头坐标将置为诸线头坐标的平均值,操作和开窗口相同。

16. 弧段变换

将一弧段放大给定倍,若输入的倍数小于 1,实际为缩小;本菜单项有两个命令,可放大一条或一组弧,先选择欲放大的弧或弧组,再选择基点,系统即弹出对话框,按要求输入基点、X(Y)方向宽度及放大倍数,按"OK"按钮即可。

17. 弧段旋转

将指定的弧段或一组弧段旋转一定角度,使用时先选择对象,然后用鼠标左键点取旋转中心,拖动鼠标产生一橡皮筋线,所选对象将跟着旋转,放开鼠标即确认了所旋转的角度。

18. 合并弧段

将指定的具有相同结点数量及位置的一组弧段合并为一条弧段。选取功能后,"圈选"重复弧段的位置即可。

19. 设置基线

在面元的图形参数中有一项是"基线弧段数",通常为 0,不等 0 时,填充图案使用"基线—包络线"填充方式,即图案沿着指定的基线以包络线控制高度进行填充。"基线弧段数"N 指定该面元中从第一条弧段开始连续 N 条弧段一起构成基线,其余弧段构成包络线。

(1)指定基线:先捕捉到欲使用"基线–包络线"填充的面元,然后遂一指定构成基线的弧段,被指定的弧段必须是连续的。按右建结束指定操作,被指定的弧段数放入面元的图形参数中的"基线弧段数"中。

（2）清除基线：单击左键捕获一个面元或拖动鼠标形成窗口捕获许多面元，然后将这些面元的基线清除。

6.5.3　区编辑

区编辑包括区的形成及其属性的编辑等。它能辅助用户提高绘图精度，协助用户利用计算机速度快、色彩丰富的特点和多样化的图示技术，寻求图形的最佳表现形式。熟练地掌握区编辑，对于提高编辑效率有很大的帮助，区编辑的菜单如图（图6-67）。

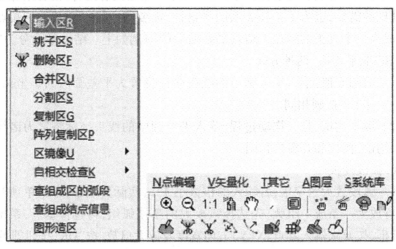

图6-67　区编辑中的菜单栏、工具栏

1. 编辑指定区

用户输入将要编辑的区的号码，编辑器将此区黄色加亮（图6-68），然后用户可再进入其他区编辑功能对该区进行编辑，例如：在图形输出过程中，输出系统报告出错图元的图元号，利用此功能将出错图元定位，便可对出错图元进行修改。

2. 输入区

输入区用来在图形编辑窗口下以选择的方式构造多边形面元。在输入子系统中曾讲过区的生成有两种方式，一种是经"拓扑处理"

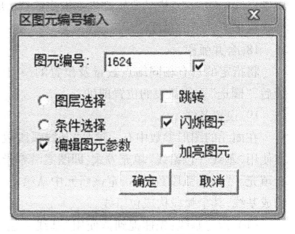

图6-68　区图元查找条件

自动生成区,称之为自动化方式;另一种是在"编辑子系统"中,用光标选择生成区,称之为"手工方式"。这里的造区就是"手工方式",为了生成区域,用户首先要有构成区的曲线(弧段),这些曲线可以是数字化或矢量采集的线用"线转弧"或"线工作区提取弧段"得来,也可以是屏幕上由编辑器生成的(即由"输入弧段"功能生成)。在输入区之前,这些弧段应经过"剪断"、"拓扑查错"、"结点平差"等前期处理,否则造区就会失败。该操作与"自动拓扑处理"原理差不多,前者是有选择地生成面元,后者是自动地生成所有的面元。

　　具体操作:移动光标到欲生成的面元内,按下鼠标左键,此时如果弧段拓扑关系正确,则立即生成区,按要求输入区参数信息即可(图6-64)。若造区失败说明弧段拓扑关系不正确,通过"剪断""拓扑查错""结点平差"等功能将错误抖正。

　　3. 挑子区

　　挑子区的操作非常简单,选中母区即可,由编辑器自动搜索属于他的所有子区。在区域的多重嵌套中,若把最外层的区域看作第一代,那么次内层的区域作为第二代,第二代区的内层作为第三代……依次类推(图6-69)。

　　母区、子区是一个相对的概念,相邻两代即为"母子"关系,即上代为"母"下代为"子"。确定区域嵌套的母子关系,是保证填充区能够真实反映用户要求的基本条件。如果一个区域中嵌有一个小区,用户希望它们填上各自的颜色和图案。假如用

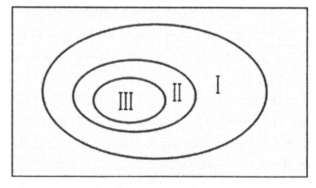

图6-69　区域嵌套关系图谱

户不确定其母子关系,在区域填充时母区就把包括子区在内的整个区域填上母区的颜色和图案,而子区又填上自己的颜色和图案,结果在这些区域就会出现相交部分,造成了两种颜色和图案的叠加,造成输出时失真,也会使区域面积统计时出现重复计算现象。如果确立这两个区域的母子关系,将外层的大区作为母区,内嵌的小区作为子区,那么在填充时,母区在填充自己的颜色和图案时,将属于子区的那一部分挖去,让子区填上自己的颜色和图案,这才真正达到了作图目的。

具体操作:首先
移动光标用鼠标左
键"点选"捕获相重
叠的面图元,系统
弹出"母区"选择提
示框(图6-70),当
前的备选母区会呈
现出闪烁提示状
态,确认母区后按"是"即可完成。

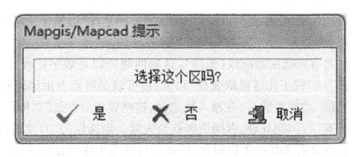

图6-70　母区选择提示框

4.删除区

(1)删除一个区:从屏幕上将指定的区域删除。移动图屏光标,捕获到被删除区域,该区域加亮显示一下后马上变成屏幕背景颜色,这样该区就被删除。

(2)删除一组区:在屏幕上"圈选"一个窗口,系统就会将窗口范围内的所有区图元删除。

5.合并区

选择该功能可将相邻的两个面图元合并为一个面图元,移动光标依次"点选"捕获相邻的两个面图元,系统即将先捕获的面图元合并到后捕获的面图元中,合并后的面图元的图形参数及属性按后捕获的面图元来确定。

6.分割区

该功能可将一个面图元分割成相邻的两个面图元。首先在需要被分割的面图元分割处形成一"分割弧段"(通过"输入弧段"或"线工作区提取弧段"来完成),然后移动光标用鼠标左键"点选"捕获该弧段,系统自动用所捕获的弧段将面图元分割成相邻的两个面图元(其中隐含"自动剪断弧段"及"结点平差"操作),分割后的面元的图形参数及属性与分割前的面元基本相同,仅改变填充颜色以示区别(图6-71)。

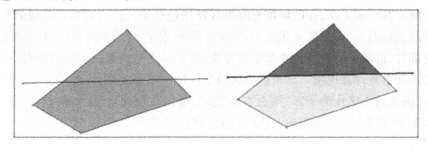

图6-71　区分割前后对比图

7.复制区

(1)复制一个区:首先用鼠标左键"点选"捕获选择欲复制的区,然后再次按鼠标左键(不松手)并移动光标将该区拖到适当位置,松开鼠标左键将复制之。继续按左键将连续复制直到按右键为止。

(2)复制一组区:首先用鼠标左键"圈选"捕获若干区,然后拖动鼠标将对象拷贝到新的指定的位置。继续按左键将连续复制直到按右键为止。

8.阵列复制区

在屏幕上,通过开窗口(拖动过程)捕获若干区,并将它们作为阵列一个元素进行拷贝。捕获到的所有区构成一个阵列元素,把这元素称为基础元素。此时按系统提示输入拷贝阵列的行、列数(行数是基础元素在纵向的拷贝个数;列数是基础元素在横向的拷贝个数)及元素在 X、Y(水平、垂直)方向的距离。用户依次输入行、列数及 X、Y 距离值后系统将完成拷贝工作。

9.区镜像

有镜像一个,一组两种选择,分别可对 X 轴、X 轴、原点进行镜象,选好相应功能菜单后,即可选择欲镜像的区,然后确定轴或原点所在的具体位置,系统即在相关位置生成一个新的区。

10.自相交检查

面元自相交检查是检查构成面元的弧段之间或弧段内部有无相交现象。这种错误将影响到区输出、裁剪、空间分析等。本功能的菜单项有二个命令。

(1)检查一个区:单击鼠标左键捕获一个面元并开始对构成它的弧段进行自相交检查,如果存在弧段相交错,该面元就会呈现闪烁状态,系统弹出错误信息提示框(图 6-72)。

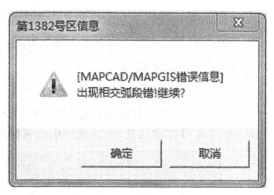

图 6-72　区弧段交错信息提示框

(2)检查所有区:本功能是针对当前呈编辑状态的整个区文件中所有面图元,所以需要用户给出检查范围(图 6-73),系统即对该范围内的面元逐一进行弧段自相交检查,若有相交弧段就会弹出上述"错误信息提示框"。

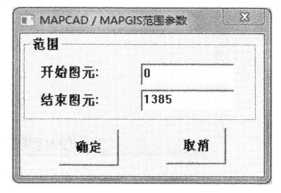

图 6-73　"区弧段交错检查范围"对话框

11. 查组成区的弧段

选择功能后,移动光标至目标范围,单击鼠标左键捕获一个面元,系统弹出组成该面元的所有弧段信息(见图6-74),由此可知该区由哪几条弧段组成,如果弧段存在问题,通过单击弧段顺序号进行查找改错。

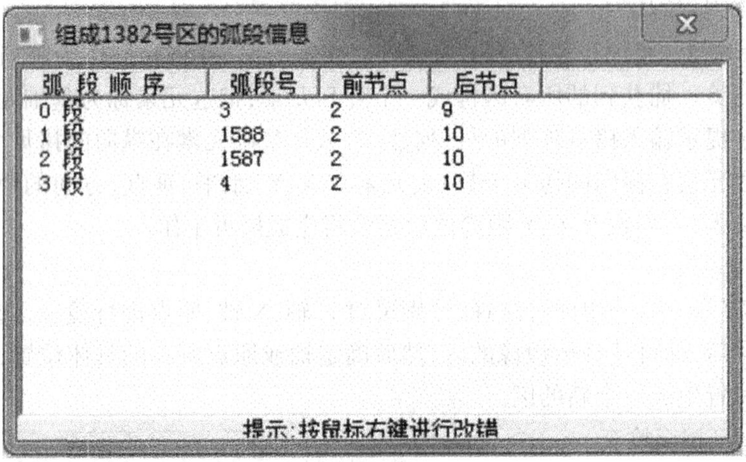

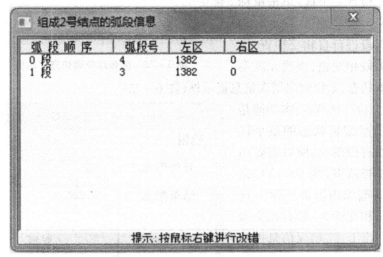

图6-74　组成区的弧段信息框

12. 查组成结点信息

选择功能后,移动光标至目标范围,单击鼠标左键捕获一个结点,系统自动弹出组成该结点的所有弧段信息(见图6-75),由此可知该结点处联接哪几条弧段,如果弧段存在问题,也可通过单击弧段顺序号进行查找改错。

图6-75　组成结点的弧段信息框

13. 图形造区

由曲线(无论封闭与否)组成的区域范围也可以生成面图元。选择此功能后移动光标至目标线图元,然后单击鼠标左键捕获该线,再单击鼠标左键输入参数即可。通过此操作系统既可以生成生成一条封闭的弧段,又可生成一个待定义参数的区。

6.5.4 参数编辑

MapGIS 编辑子系统中面图元参数编辑功能包括"修改参数"和"统改参数"两项,而的菜单项中都包括区和弧段两部分,本文仅对区的相关项操作进行说明,弧段的参数编辑与区操作类同,不再重复。

1. 修改参数

在 MapGIS 编辑子系统中菜单栏"区编辑"下拉菜单中单击"修改参数",并在系统弹出的右侧展开菜单中用鼠标左键"点选"相应功能菜单(图6-76),该编辑功能就开始启用。

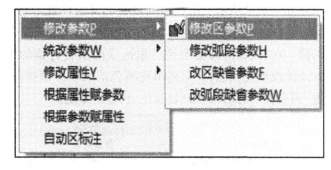

图 6-76 面元参数修改菜单

用鼠标移动光标捕获某一个区后,系统就将该区的参数显示出来供用户进行修改(图6-64)。修改参数后,该区域立即按重新定义的参数显示在图屏上。区参数板上的"填充图案"、"填充颜色""图案颜色"以按钮形式出现,可供用户选择"填充图案"、"填充颜色"及"图案颜色"。透明输出的选项允许用户选择图案填充时是否以透明方式进行。

2. 统改参数

在 MapGIS 编辑子系统中菜单栏"区编辑"下拉菜单中单击"统改参数",并在系统弹出的右侧展开菜单中,单击相应功能菜单命令(图6-77),该编辑功能就开始启用。

统改区参数功能是将满足条件的参数的区统改为用户设定的参数,若所列的替换条件都没有选择,则为无条件替换,即将所有区域参数统一改为用户设定的参数;相反,若所列的替换结果都没有选择,则不进行替换。各选项前的小方框内若打钩为选择,否则为不选择。

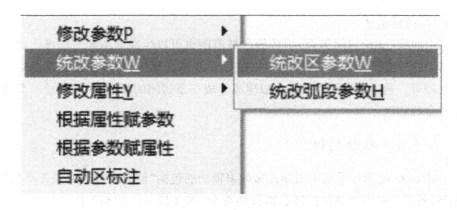

图 6 – 77　面元参数统改菜单

选中该功能项后,编辑器弹出区参数统改面板(图 6 – 78),供用户输入统改条件与替换结果。用户根据自己的要求设置好替换条件和替换结果的参数后,按"OK"按钮系统即自动搜索满足条件的区域参数,并将其替换为结果设定的值。在替换时,凡是替换结果选项前没有打钩的项,都保持原先的值不变。如要统改填充颜色,只需将填充颜色前的小方框按鼠标左键打钩,其他项不设置,那么替换的结果就只是颜色,其他值不变。

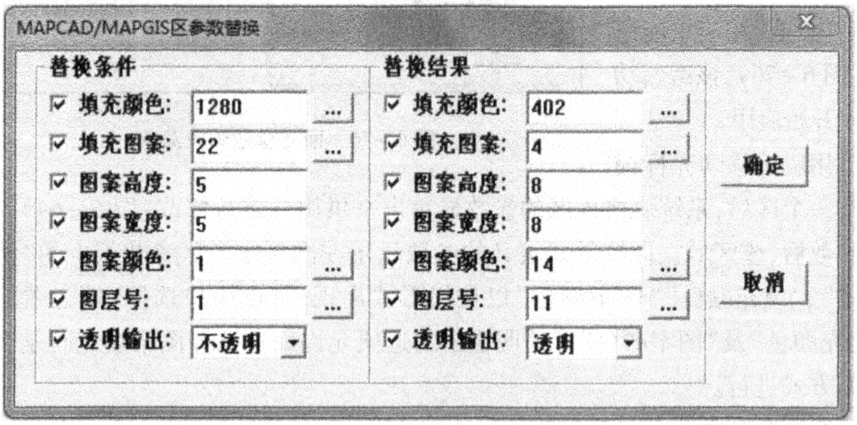

图 6 – 78　"区参数统改"对话框

　　注:在以上替换中的条件和结果中有关于图层号的选择,利用此功能可以将符合某种条件的图元放到某一层中,然后对该层进行处理,如删除等。

第 7 章　图元数据处理

通过数据输入系统将图形信息导入 MapGIS 系统,经过图形编辑系统对图形矢量化输入编辑,用户所需要的图件形式上已经基本成形。为了提高制图效率与图件质量、提升图元的信息化程度,确保图元数据顺利建库,还需进行图元属性编辑、图形裁剪、图件拓扑处理等后期数据处理操作。

7.1　图元属性编辑

为提升图元的信息化程度,便于图形后期修改、输出与应用管理,在 Map-GIS 图形处理阶段需要对图元进行属性编辑。图元属性编辑包括修改图元属性、编辑图元属性结构、根据属性赋参数、根据参数赋属性、根据属性标注释、注释赋为属性,这里所说的图元包括点、线、弧段、区四类图元。

在 MapGIS 图形编辑子系统主界面菜单栏中,通过选择的"图元编辑"下拉菜单项来启动相应属性编辑功能。各图元属性编辑菜单见下图(图 7 − 1、图 7 − 2)。

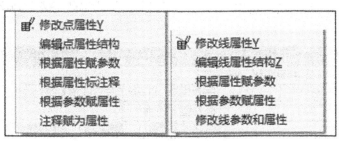

图 7 − 1　点、线属性编辑菜单

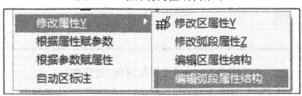

图 7 − 2　弧段、区属性编辑菜单

7.1.1 点属性编辑

1. 修改点属性

该功能用于编辑修改点图元的专业属性信息,主要用在地理信息系统中。

例如在空间坐标点图元的"子图"属性修改中,通过鼠标左键"点选"点图元后,指定点图元呈闪烁状态,同时系统弹出"点图元属性编辑"对话框(图7-3),移动光标到各属性项,直接键入属性项内容,修改完成后按"Yes"按钮即可。

2. 编辑点属性结构

编辑点属性结构是进行点属性编辑的基础工作,只有将点属性结构中的字段名称、类型、长度、小数位数编辑得易懂、合理、无误,才能正确进行点属性的编辑。点属性结构编辑针对的是当前处于编辑状态下的整个点图元文件,而不是针对一种点类型图元,也不是针对图元文件下的一个图层。

(1)在"点编辑"下拉菜单栏中单击"编辑点属性结构"命令,系统弹出"属性结构编辑"对话框(图7-4)。

图7-3 "点属性修改"对话框

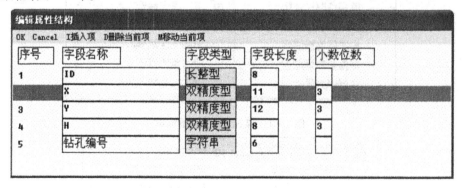

图7-4 "点属性编辑"对话框

(2)在属性库的结构框上移动光标到行中的"字段名称",用户根据属性项目名称,利用键盘输入或修改后,用回车键进行"确认"并进入下一列输入框。

（3）属性结构编辑操作进入"字段类型"列时,系统弹出"字段类型选择"对话框(图7-5),根据属性要求选取相应的字段"类型名称",按"OK"按钮保存。

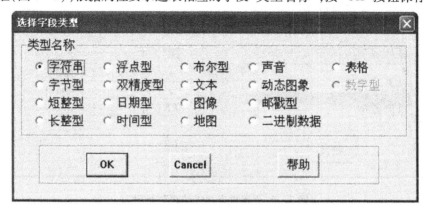

图7-5　"字段类型选择"对话框

（4）如果对"字段类型"命令不熟练时,在上述对话框中按"帮助"按钮,系统弹出字段类型说明(图7-6),用于解释各字段类型及字段长度合理值。

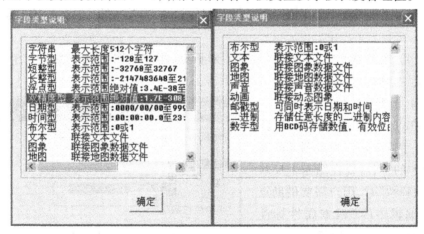

图7-6　字段类型说明

（5）使用"属性结构编辑"对话框菜单栏中的"插入项""删除当前项""移动当前项"命令,对点图元属性结构插入、移动和删除操作。

（6）编辑完成后在"属性结构编辑"对话框菜单栏中单击"OK"命令进行保存。

3. 根据属性赋参数

就是根据输入的点属性条件,将满足条件的点图元参数自动更新为新设置的参数。

（1）在"点编辑"下拉菜单栏中单击"根据属性赋参数"命令,系统弹出"表达式输入"对话框(图7－7)。

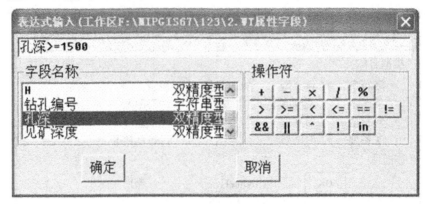

图7－7 "属性表达式编辑"对话框

(2) 在"表达式输入"对话框输入栏内容编辑时,先用鼠标左键选取"字段名称",再用鼠标左键选取"操作符",用键盘键入"条件值"(数据类型不加双引号,非数据类型要加引号,且为英文状态下的引号),最后按"确定"按钮。

(3) 系统弹出"点参数类型选择"对话框,用户选择图元类型后按"确定"按钮。

(4) 系统弹出"点图元参数替换"对话框,用户选取项目并填入内容后按"确定"按钮即可。

4. 根据属性标注释

在点图元文件中有很多"注释性"字符串是作为点图元的属性存贮的,当需要在图面上反映其"注释性"时,用户需要借助点属性编辑中的"根据属性标注释"功能来完成此项任务。

(1) 在图形编辑子系统"点编辑"下拉菜单中,单击"根据属性标注释"命令,系统弹出"标注属性选择"对话框(图7－8)。

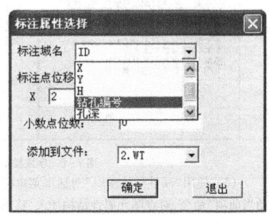

图7－8 "属性选择"对话框

(2) 在"标注域名"下拉项目中选择属性的字段名称,在"标注点位移"选项中输入要注释的字符串左下角与该点图元相对位移的X值与Y值。

(3) 如果注释为含小数的"双精度型"数值,还需键入"小数点位数",如果需要另存这个注释到别的点图元文件时,在"添加到文件"中选择存放位置。

（4）属性选择后按"确定"按钮,系统弹出"点参数编辑"对话框,用户键入注释参数后按"确定"按钮即可完成。

（5）系统自动将该属性字段的内容在其相应的位置上生成指定参数的注释串。

5. 根据参数赋属性

该功能根据两个条件:图形参数条件和属性条件,属性条件表达式为空时,只根据图形参数条件;图形参数条件没设置时,只根据属性条件;两项条件都已设置时,将同时要满足两项条件。满足条件后欲改的属性项必须确认(打√),将满足条件的图元性更新为用户设置的值。

（1）在图形编辑子系统"点编辑"下拉菜单中,单击"根据参数赋属性"命令,系统弹出"根据参数修改属性"对话框(图7-9)。

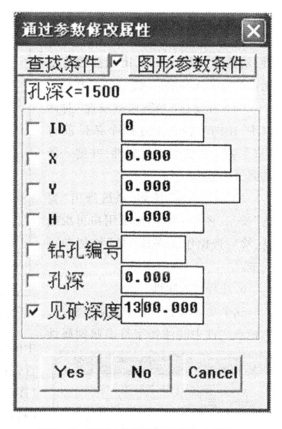

图7-9 "通过参数修改属性"对话框

（2）按"查找条件"按钮,系统弹出"表达式输入"对话框(图7-10),编辑属性条件后,按"确定"按钮。

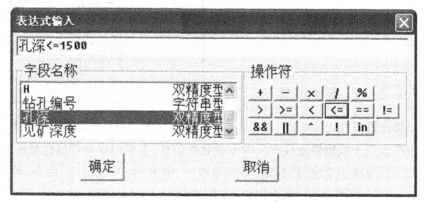

图7-10 "表达式输入"对话框

（3）按"图形参数

条件"按钮，系统弹出"点参数条件"对话框（图 7 - 11），确认需要改变属性的点图元参数后，按"确定"按钮。

（4）在通过"参数修改属性"对话框中，在同时符合上述两个条件前打"√"，需要改变的图元属性，并键入新的属性内容。

（5）按"Yes"按钮，系统弹出"警告"提示（图 7 - 12），要求用户再次确认，检后查操作无误按"是"按钮即可完成。

6.注释赋为属性

这个功能与上一个功能刚好相反，它把点文件中的注释字符串赋到属性

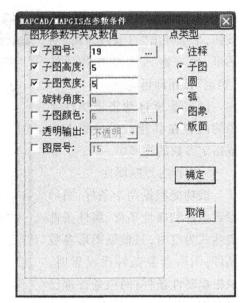

图 7 - 11　"点参数条件"对话框

中的某一个字段。执行该功能时，系统首先让用户选择一个字符串型的字段（图 7 - 13），系统自动将注释字符串的内容写到指定名称字段中。如果在属性中没有字符串型的字段，系统会提示用户在修改属性结构功能中建立一个字段。

图 7 - 12　属性更改警告

7.1.2　线属性编辑

1.修改线属性

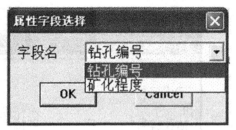

图 7 - 13　"属性字段选择"对话框

该功能用于编辑修改线图元的专业属性信息，主要用在地理信息系统中。

在图形编辑子系统"线编辑"下拉菜单中，单击"修改线属性"命令，再用鼠标左键"点选"线图元后，指定线图元呈闪烁状态，同时系统弹出"线图元属性编辑"对话框（图 7 - 14），移动光标到各属性项，直接键入属性项内容，修改完成

后按"Yes"按钮即可

2. 编辑线属性结构

编辑线属性结构是进行线属性编辑的基础工作,只有将线属性结构中的字段编辑正确才能进行线属性的编辑。

(1)在"线编辑"下拉菜单栏中单击"编辑线属性结构"命令,系统弹出"属性结构编辑"对话框(图 7-15)。

(2)在属性库的结构框上移动光标到的"字段名称"列时,用户根据属性项目名称,利用键盘输入或修改后,用回车键进行确认并进入下一列输入框。

(3)属性结构编辑操作进入"字段类型"列时,系统弹出"选择字段类型"对话框(图 7-5),根据属性要求选取相应的字段"类型名称",按"OK"按钮保存。

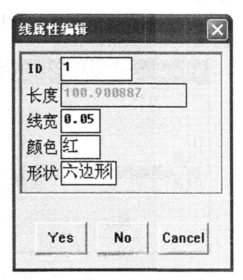

图 7-14 "线属性"对话框

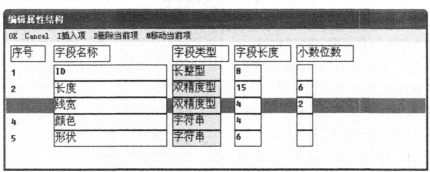

图 7-15 "线属性编辑"对话框

(4)如果对"字段类型"选项不熟练时,在上述对话框中按"帮助"按钮,系统弹出"字段类型说明"(参见图 7-6)。

(5)使用"属性结构编辑"对话框菜单栏中的"插入项""删除当前项""移动当前项"命令,对线图元属性结构插入、移动和删除操作。

(6)编辑完成后在"属性结构编辑"对话框菜单栏中,单击"OK"命令进行保存。

3. 根据属性赋参数

就是根据输入的线属性条件,将满足条件的线图元参数自动更新为新设置的参数。

（1）在"线编辑"下拉菜单栏中单击"根据属性赋参数"命令，系统弹出"表达式输入"对话框(图7－16)。

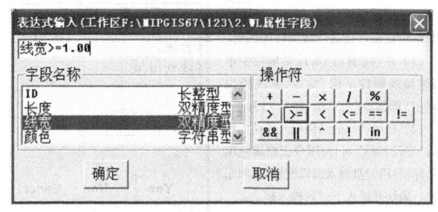

图7－16　"属性表达式编辑"对话框

（2）在"表达式输入"对话框输入栏内容编辑时，先用鼠标左键选取"字段名称"，再用鼠标左键选取"操作符"，用键盘键入用键盘键入"条件值"，最后按"确定"按钮。

（3）系统弹出"线参数类型选择"对话框，用户在项目前打"√"，并填入内容后，最后按"确定"按钮。

4.根据参数赋属性

（1）在图形编辑子系统"线编辑"下拉菜单中，单击"根据参数赋属性"命令，系统弹出"通过参数修改属性"对话框(图7－17)。

（2）按"查找条件"按钮，系统弹出"表达式输入"对话框(图7－18)，用户编辑属性条件后，按"确定"按钮。

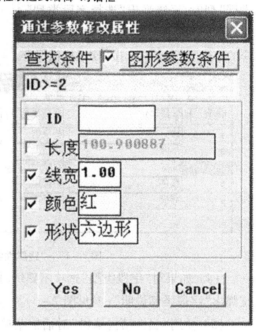

图7－17　"通过参数修改属性"对话框

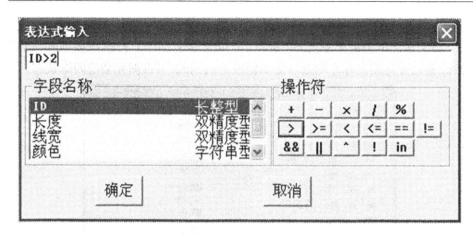

图 7-18 "表达式输入"对话框

（3）按"图形参数条件"按钮，系统弹出"线参数条件"对话框（图 7-19），确认需要改变属性的线图元参数后，按"确定"按钮。

（4）在通过"参数修改属性"对话框中，在同时符合上述两个条件需要改变的图元属性前打"√"，并键入新的属性内容。

（5）按"Yes"按钮，系统弹出"警告"提示（图 7-12），要求再次确认，用户检后查操作无误后按"是"按钮即可。

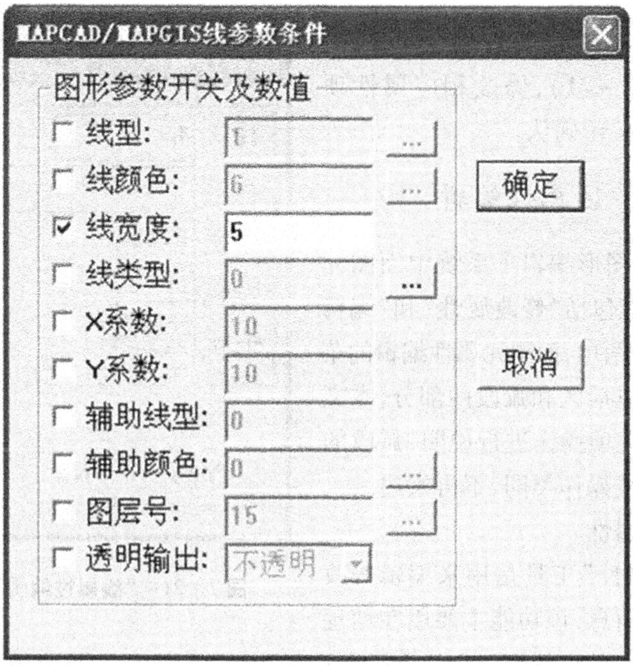

图 7-19 "线参数条件"对话框

5. 修改线参数和属性

（1）在图形编辑子系统"线编辑"下拉菜单中,单击"修改线参数和属性"命令,移动光标用鼠标左键选取需要修改的线图元,所选图元会呈闪烁状态。

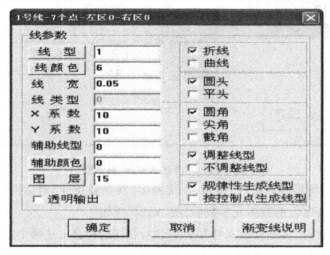

图 7 – 20 "指定线参数修改"对话框

（2）系统首先弹出"线参数编辑"对话框(图 7 – 20),修改相应参数后按"确定"按钮。

（3）系统接着弹出"线属性编辑"对话框(图 7 – 21),修改相应属性项后,按"Yes"按钮确认。

7.1.3 区属性编辑

MapGIS 图形编辑子系统中面图元属性编辑功能包括"修改属性"和"编辑区属性结构"两项,面图元属性编辑的菜单项中都又包括区和弧段两部分,本文仅对区的相关项操作进行说明,弧段的属性编辑与线操作类同,不再重述。

1. 修改属性

"修改属性"工具是用来编辑修改图元的属性信息,该功能主要用在地理

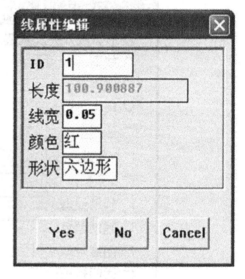

图 7 – 21 "线属性编辑"对话框

信息系统进行信息分析、查询。选中"修改属性"右侧展开菜单中的"修改区属性"命令,移动光标捕获某一个区图元,指定图元呈闪烁状态,系统将该区的属

性信息显示出来(图7－22),供用户作修改。

2.编辑属性结构

编辑区属性结构是进行区属性编辑的基础,只有将区属性结构中的字段编辑正确才能进行区属性的编辑。

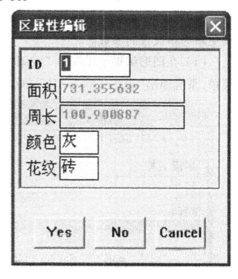

(1)单击编辑子系统"区编辑"下拉菜单"修改属性",在右侧展开菜单中单击"编辑线属性结构"命令,系统弹出"属性结构编辑"对话框(图7－23)。

(2)在属性库的结构框上移动光标到"字段名称"列,用户根据属性项目名称,使用键盘输入或修改字段名称后,用回车键进行"确认",并进入下一列输入框。

图7－22 "区属性编辑"对话框

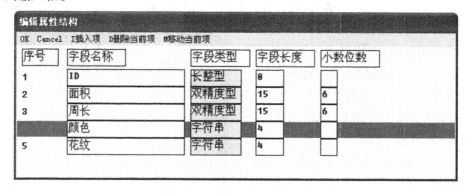

图7－23 "区属性编辑"对话框

(3)属性结构编辑操作进入"字段类型"列时,系统弹出"字段类型选择"对话框(参见图7－5),根据属性要求选取相应的字段"类型名称",按"OK"按钮保存。

(4)如果对"字段类型"选项不熟练时,在上述对话框中按"帮助"按钮,系统弹出"字段类型说明"(参见图7－6)。

(5)使用"属性结构编辑"对话框菜单栏中的"插入项""删除当前项""移动当前项"命令,对线图元属性结构插入、移动和删除操作。

(6)编辑完成后,在"属性结构编辑"对话框菜单栏中单击"OK"命令进行保存。

3.根据属性赋参数

根据属性赋参数就是根据输入的区属性条件,将满足条件的区图元参数自动更新为新设置的参数。

(1)在图形编辑子系统中"线编辑"下拉菜单栏中单击"根据属性赋参数"菜单,系统弹出"表达式输入"对话框(图7-24)。

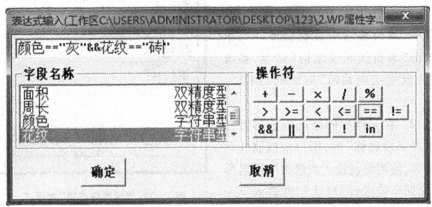

图7-24 "属性表达式编辑"对话框

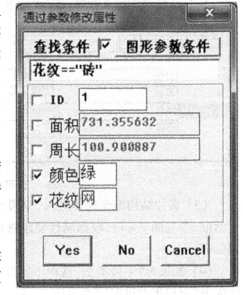

图7-25 "通过参数修改属性"对话框

(2)在"表达式输入"对话框输入栏内容编辑时,先用鼠标左键选取"字段名称",再用鼠标左键选取"操作符",用键盘键入用键盘键入"条件值"(多个条件时中间加上"&&"操作符),最后按"确定"按钮。

(3)系统弹出"区参数类型选择"对话框,用户输入新的图元参数后按"确定"按钮,系统自动搜索满足条件的图元并进行修改。

4.根据参数赋属性

该功能根据图形参数条件和属性条件,将同时满足两项条件图元属性更新为用户设置的值。(1)在图形编辑系统区编辑下拉菜单中,单击"根据参数赋属性"菜单,系统弹出通过"参数修改属性"对话框(图7-25)。

(2)按"查找条件"按钮,系统弹出"表达式输入"对话框(图7-26),编辑属性条件后按"确定"按钮。

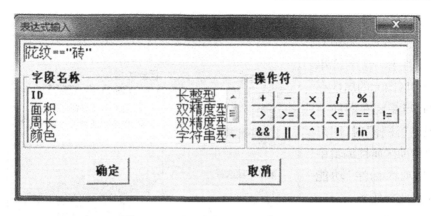

图 7-26 "属性表达式输入"对话框

（3）按"图形参数条件"按钮，系统弹出"区参数条件"对话框（图 7-27），确认需要改变属性的区图元参数后，按"确定"按钮。

（4）在通过"参数修改属性"对话框中同时符合上述两个条件前打"√"，需要改变的图元属性，并键入新的属性内容。

（5）按"Yes"按钮系统弹出"警告"提示（图 7-28），要求用户再次确认，检后查操作无误按"是"按钮即可完成。

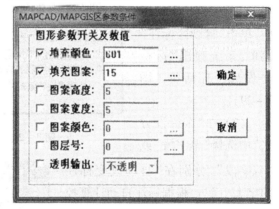

图 7-27 "区参数条件"对话框

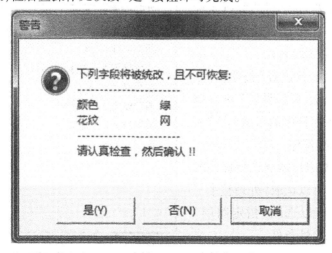

图 7-28 修改确认提示框

5. 自动区标注

在区图元文件中有很多"注释"性字符串是作为区图元的属性存贮的,当需要在图面上反映其"注释"时,用户需要借助区属性编辑中的"自动区标注"功能来完成此项任务。

（1）在图形编辑系统区编辑下拉菜单中,单击"自动区标注"菜单,系统弹出"区标注设置"对话框（图7-29）。

（2）在"区标注方法"中选择"单字段"或"双字段",分别在"自动改变标注的字大小"与"根据标注自动计算控制点"前面方框内"√"。

（3）在"字段选择"与"第二字段选择"下拉框中分别选取所要标注的字段名（区标注方法为单字段时仅选前一个字段名）。

（4）按"参数设置"按钮,在系统弹出的"标注参数设置"对话框中,选取标注字符串的参数（图7-30）,按"确定"按钮。

（5）根据用户需要选择标注的区图元范围,可以选取"处理整个工作区"时,也可以选取"指定图层"和"指定图元属性条件"。

（6）区图元范围选择完成后按

图7-29 "区注释设置"对话框

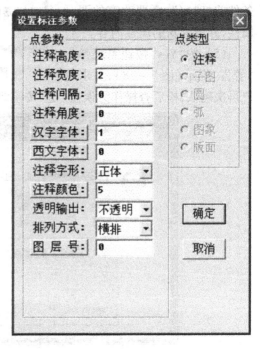

图7-30 "标注参数设置"对话框

"确定"按钮,系统弹出标注文件保存对话框,用户根据实际情况选择。

(7) 标注文件保存后,系统自动将该属性字段的内容在其相应的位置上生成指定参数的标注字符串。

7.2 工程裁剪

用户在实际工作中常常会遇到只需要图幅中的一部分的内容,这就需要对图幅进行选择性裁减,工程裁剪实用程序为图元(点、线、区)文件进行任意裁剪提供了编辑手段。工程裁剪类型有内裁剪和外裁剪,内裁剪即裁剪后保留裁剪框里面的部分,外裁剪则是裁剪后保留裁剪框外面的图元内容。

7.2.1 定义裁剪框

在图幅裁剪之前,首先通过定义裁剪框来确定图幅裁剪范围,定义裁剪框可以直接用弧段生成裁剪框区文件;也可用拐点图元连线、提取弧段后再生成裁剪框区文件,下面分别详细介绍。

1. 弧段定义裁剪框

(1) 用 MapGIS 编辑系统打开需要被裁剪的图元文件,在左侧工程管理窗口中,用鼠标右键弹出菜单中"新建区"创建裁剪框区文件,并且在其处于可输入编辑状态(图 7 – 31)。

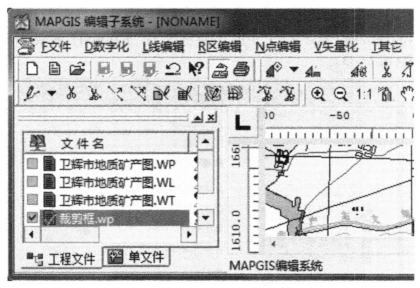

图 7 – 31 裁剪框区文件建立

(2) 选取区编辑下拉菜单中的"输入弧段"功能,在编辑系统右侧图元编辑窗口下根据图幅裁剪范围,用鼠标生成弧段并使其封闭。

（3）通过区编辑下拉菜单中的"弧段上移点""弧段上加点""弧段上删点"功能,将弧段上的"联接点"移至相对正确位置。

（4）用区编辑下拉菜单中的"输入区"功能,在上述封闭弧段内生成裁剪框区图元(图7-32)。

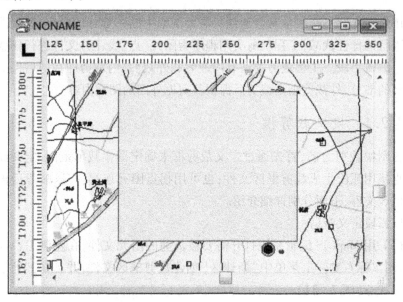

图 7-32　裁剪框区图元生成

（5）在左侧工程管理窗口中用"保存项目"或"另存项目",将裁剪框区文件存盘(图7-33)。

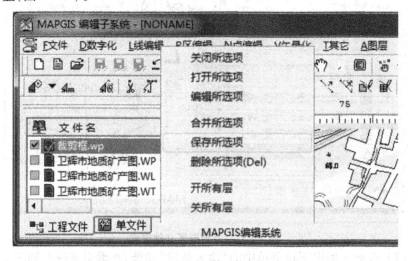

图 7-33　裁剪框区图元生成

（6）在左侧工程管理窗口中,用鼠标右键弹出菜单中"删除项目"将裁剪框区文件从工程管理窗口中删除。

2. 拐点定义裁剪框

（1）用 MapGIS 编辑系统打开需要被裁剪的图元文件,在左侧工程管理窗口中,单击鼠标右键弹出菜单中"新建点""新建线""新建区"创建裁剪框文件,并且让三个文件处于可输入的编辑状态。

（2）选取点编辑下拉菜单中的"输入点图元"功能,在编辑系统右侧工程编辑窗口中根据图幅裁剪范围,用鼠标左建在拐点大致位置生成点图元。

（3）选取点编辑下拉菜单中的"定位点"命令,在系统弹出的"点定位参数输入"对话框中输入相应坐标值,按"OK"按钮,重复操作将所有拐点图元纠正到指定位置上(图7-34)。

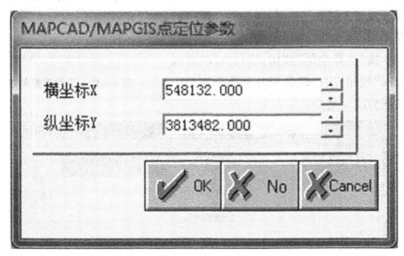

图7-34 "点定位参数输入"对话框

（4）选取线编辑下拉菜单中的"点连线"功能,将上述的拐点连接成封闭线。

（5）通过区编辑下拉菜单中的"线工作区提弧"功能,将线段另存为弧段,并自动存放于裁剪框区文件中。

（6）用区编辑下拉菜单中的"输入区"功能,在上述提取的弧段内生成裁剪框区图元。

（7）在左侧工程管理窗口中用"保存所选项"命令将裁剪框点、线、区区文件存盘。

（8）在左侧工程管理窗口中单击鼠标右键,在弹出菜单中"删除项目"将裁剪框点、线、区文件从工程管理窗口中删除。

7.2.2　定义裁剪工程

在定义好裁剪框后,就可以定义裁剪工程了,这是在进行裁剪工程编辑前必须进行的一系列设置工作。

用 MapGIS 编辑系统打开需要裁剪的图元文件,在菜单栏中的"其它"下拉菜单选取"工程裁剪"命令(图7-35),系统弹出"工程裁剪"对话框(图7-36)。

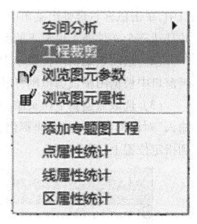

1.选择要裁剪的文件

(1)通过"添加"或"添加全部"选项增加需要进行裁剪的图元文件。

(2)通过"删除"或"删除全部"选项清除已经添加进行裁剪的图元文件。

(3)按"选择全部"按钮,然后再按"生成被裁剪框"按钮,用户就会在左下部小窗口中看到被裁剪图元文件。

图7-35　工程裁剪菜单

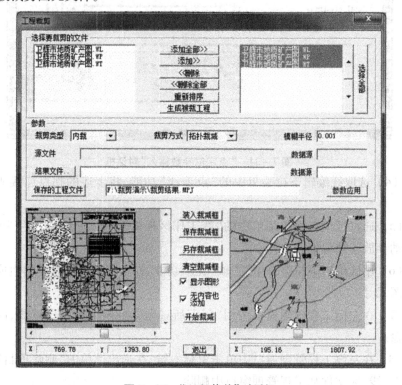

图7-36　"工程裁剪"对话框

2.参数设置

（1）在"裁剪类型"选择框中选取"内裁"或"外裁"，内裁是指结果文件的内容全部在裁剪框以内，外裁恰恰相反。

（2）在"裁剪方式"选择框中选取"制图裁剪"或"拓扑裁剪"。制图裁剪和拓扑裁剪区别在于对区文件的裁剪，制图裁剪方式是当裁剪两个相邻的区时，将它们共同的弧段一分为二，使两个区相互独立，并且拓扑关系发生了变化，而拓扑裁剪方式将它们共同的弧段继续保持着原有的拓扑关系。

（3）在"模糊半径"中键入数值。模糊半径是指在裁剪时能进行平差的平差半径，系统会将小于这个距离的点自动平差，线自动剪断。

（4）按"保存的工程文件"按钮，在系统弹出的"裁剪后文件的存放目录选择"对话框中，选择文件存放位置，并键入工程名（图7－37、图7－38）。

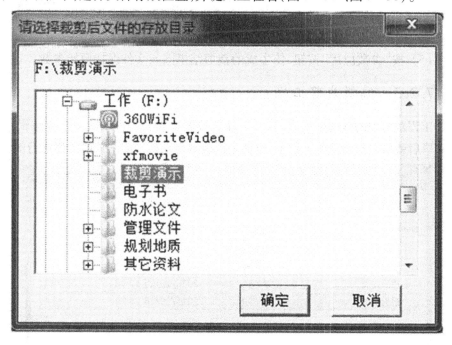

图7－37　"裁剪结果文件目录选择"对话框

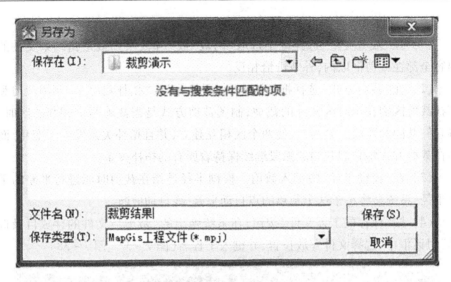

图 7 - 38　"裁剪结果文件名称输入"对话框

（5）按"参数应用"按钮,使生成的裁剪结果图元文件保持原始参数。

7.2.3　编辑裁剪工程

工程裁剪中的裁剪框生成、裁剪工程参数设置完成后进入裁剪工程编辑,该项完毕后就可以开始裁剪工程了,也就是说裁剪是根据当前的裁剪工程进行的。

图 7 - 39　"裁剪框区文件选择"对话框

1. 装入裁剪框

按下"装入裁剪框"按钮,系统弹出"装入区文件"对话框(图 7 - 39),通过查找范围,找到前面定义的"裁剪框区文件",并打开它。

2.编辑裁剪框

(1)在"工程裁剪"对话框左下部小窗口中单击鼠标右键,在弹出的"快捷菜单"中单击"打开工具箱"命令,系统就会在编辑窗口下弹出图元编辑"工具箱"。

(2)按"区"编辑中的工具,对编辑小窗口下的裁剪框区图元进行修改,完成后按"保存裁剪框"或"另存裁剪框"存盘。

(3)用户也可以通过"清空裁剪框"删除装入的裁剪框文件,重新编辑裁剪框文件。

(4)按"退出"按钮,系统关闭"工程裁剪"对话框,用户完成工程裁剪操作。

7.2.4 裁剪

编辑好裁剪工程后,用户就可以开始进行工程裁剪了,裁剪程序根据裁剪工程中的内容逐项进行,并将裁剪结果存到裁剪结果文件中。如果没指定裁剪结果文件名,系统将不进行任何操作。

1.用户在"工程裁剪"对话框下面按"开始裁剪"按钮,系统就会自动进行工作,并将裁剪结果存放在指定的目录下。

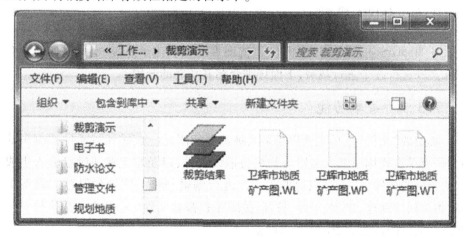

图 7-40　裁剪工程结果文件

2.在"工程裁剪"对话框中右下部小窗口,用鼠标右键弹出菜单中单击"复位窗口",工程裁剪结果图形就会展现出来(图 7-36)。

3.查找到裁剪结果目录,就会发现指定的目录下新增了一个工程管理文件与一些图元文件(图 7-40)。

4. 打开裁剪结果目录中的工程文件,展示在系统工程编辑窗口中的图形就是裁剪后的剩余部分(图7-41)。

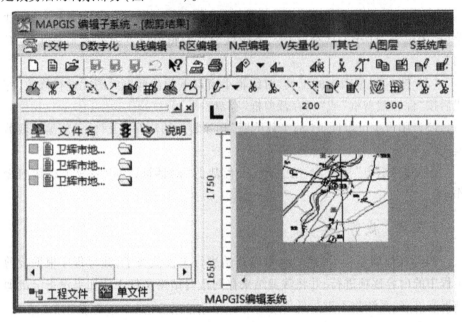

图7-41 裁剪后的图形变化情况

7.3 图形裁剪

在 MapGIS 主系统"实用服务"下的图形裁剪功能子系统,也可以方便地对图元文件进行逐个进行裁剪,下面详细介绍其功能的合用。

7.3.1 菜单功能

其中的"文件"菜单主要用于装入被裁剪的图元(点、线、区)文件;"编辑裁剪框"菜单主要用于装入编辑好的裁剪框线文件,以及用光标或键盘输入生成的裁剪框线文件,还能对裁剪框线文件进行编辑、修改、删除和保存;"裁剪工程"菜单用于新建、修改、保存、打开、关闭工程裁剪文件(∗.CLP),并执行对工程裁剪文件的裁剪命令(图7-42)。

图 7-42　图形裁剪功能菜命令

7.3.2　操作流程

1.打开 MapGIS 系统主菜单,单击"实用服务"中的"图形裁剪"选项,系统弹出的图形裁剪程序窗口。

2.单击"文件"菜单中的"装入点/线/区文件"命令,选取被裁剪的图形文件后,按"打开"按钮,被裁剪的图元文件图形就会展现在裁剪程序窗口中。

3.编辑裁剪框。

(1) 如果用户有裁剪框文件,直接单击"编辑裁剪框"菜单中的"装入裁剪

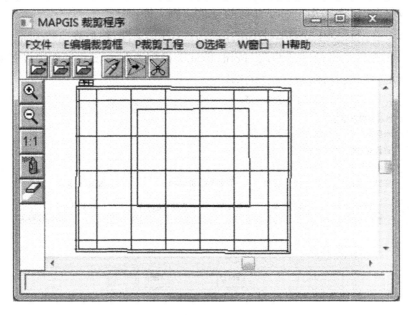

图 7-43　图形裁剪功能菜单栏及工具栏

框"命令,选取裁剪框线文件后,按"打开"按钮,裁剪框线图元与被裁剪的图元文件图形同时展现在裁剪程序窗口中(图7-43);

(2)如果用户没有裁剪框文件,单击"编辑裁剪框"菜单中的"造点"或"键盘输入裁剪框"命令,通过移动光标或键盘键入方法选取裁剪框范围(图7-44);

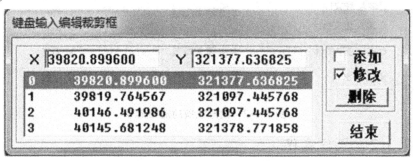

图7-44 键盘输入编辑裁剪框

(3)单击"编辑裁剪框"菜单中的"存盘裁剪框"或"另存裁剪框",进行裁剪框文件的保存。

4.编辑裁剪文件。

(1)单击"裁剪工程"菜单中的"新建"命令,在系统弹出"编辑裁剪工程"对话框中(图7-45),对话框分为上下两部分,上面是裁剪文件和结果文件的路径及名称,下面是用户所要裁剪的点/线/面文件;

(2)在对话框中先选择下面的被裁剪点图元文件,然后在上面对话框中输入结果文件名及路径,按"修改"按钮,依此类推把线和面图元文件也设置好,最后按"OK"按钮,完成裁剪文件的编辑;

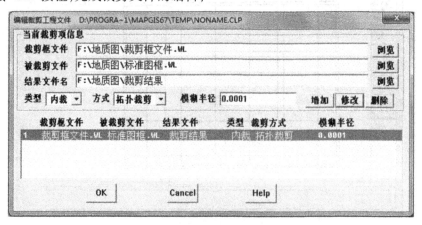

图7-45 "编辑裁剪工程文件"对话

（3）单击"裁剪工程"菜单中的"保存"命令,对前面编辑的工程裁剪文件
（ * .CLP)进行存盘。

5.图形裁剪设置好后,单击"裁剪工程"菜单中的"裁剪"命令,系统会自动
按照用户设置进行裁剪。

6.在编辑子系统中打开裁剪结果文件,浏览裁剪结果形成的图元文件。

7.4　拓扑处理

MapGIS 拓扑处理子系统,作为图形编辑系统的一部分,改变了人工建立拓扑
关系的方法,使得区域输入,子区输入等这些原来比较繁琐的工作变得相当容易。
同时也使得搜区、检查、造区更加快速、方便、简捷,系统提供自动生成、检查和校
止拓扑关系的工具,大大提高了图形的数据质量与录入编辑工作效率。

通过对图形中的位置结构建立起拓扑关系的数据所形成的数据库也称为
拓扑数据库,只有建立了拓扑关系的拓扑数据库才能在进行"空间分析"时进行
数据分析据。

7.4.1　拓扑处理工作流程

1 数据准备

将原始数据中那些与拓扑无关的线(如构造
线、交通线、管网线等)放到其他层,而将有关的
线放到一层中,并将该层保存为一新文件,以便
进行拓扑处理。

2 预处理

用户用数字化仪或矢量化工具得到的原始数
据是线数据(* .wl),进行拓扑处理前,须进行预
处理,其核心工作是将线数据转为弧段数据(* .
wp)(这时还没有区),存入某一文件名下,然后
将其装入。此后就可以做拓扑处理的工作了。

为了纠正数据的数字化误差或错误,在执行
线转弧的前后可以选择执行编辑线、自动剪断、
自动平差等功能项(图 7 - 46)。运用"自动剪
断"功能,应在线转弧段前执行,或将弧段转换为
线后再执行。在执行这些功能时,可按如此顺序
依次进行:［自动剪断线］→［清除微短线］→［清

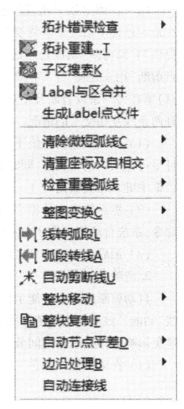

图 7 - 46　拓扑处理菜单命令

除线重叠坐标]→[自动线结点平差]→[线转弧段]→[装入转换后的弧段文件]→[拓扑查错]。

注意: 自动结点平差时应正确设置"结点搜索半经",半经过大会使相邻结点掇合一起造成乱线的现象。反之半经过小就起不到结点平差作用。

3 拓扑查错

可以执行查错操作,根据查错系统的提示改正相应错误。

4 重建拓扑

所有的预处理工作完成后执行"重建拓扑"功能项,系统随即自动构造生成区,并建立拓扑关系。拓扑处理时,没有必要注意那些母子关系,当所有的区检完后,执行子区检索,系统自动建立区母子关系。拓扑建立后人工手动建立的区,且有区域套合关系,就可执行"子区检索"功能。

7.4.2 拓扑处理操作

1. 自动剪断线

用户在图形数字化或矢量化时,难免会存在一些线应该断开处没有断开,在造区过程中系统要求线交接处剪断线后才能继续造区,MapGIS 系统为用户提供"自动剪断"功能处理这类问题。"自动剪断"有端点剪断和相交剪断,"端点剪断"用来处理"丁"字型线相交的问题,即一条或数条线的端点(也就是结点)落在另一条没有断开结点的线上,需要将线在端点处截断;"相交剪断"是处理两条线互相交叉的情况。

(1)在图形编辑系统下,将准备好的线图元文件装入系统,打开并设置文件呈可输入的编辑状态,同时需要在"设置"菜单下的"结点/裁剪搜索半径"对话框中键入相应数据。

(2)然后单击菜单栏中"其它",在弹出的下拉菜单中单击"自动剪断线"命令,系统自动将工作区中的线文件剪断,并生成相应结点。

(3)最后在工程管理窗口下保存线图元文件。

2. 清除微短线

自动剪断线后有可能生成许多无用短线头,此后可执行下边的"清除微短线"功能。该功能用来清除线工作区中的短线头,将其从线图元文件中删除掉,避免影响拓扑处理和空间分析。

(1)在菜单栏"其它"下拉菜单项中选择"清除微短弧线",在弹出的菜单命令项中,单击"清除微短线"命令(图7-47)。

（2）在系统弹出的"最小线长"输入窗口（图7-48），由用户键入最小线的长度值,输入完毕系统弹出微短线"拓扑错误信息"显示框(7-49)。

（3）用鼠标右键选择错误项,在系统弹出的错误处理方式中选择"删除当前线"或"删除所有微短线",系统会自动删除工作区中当前或所有线长小于该"最小线长"值的线图元。

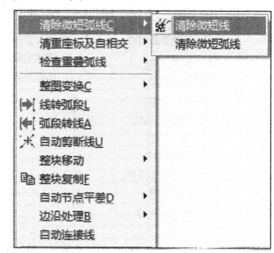

图7-47　清除微短线菜单命令

图7-48　最小线长度输入框

图7-49　拓扑错误信息显示框

（4）处理完成后,用户可以关闭信息显示窗口。

3.清除重叠坐标点及自相交

该功能用来清除某条线上重叠在一起的多余的坐标点,这些重叠的点有可能是用户重复输入或采集的,也可能是由线自相交造成的。

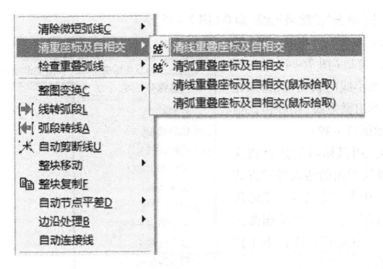

图 7 – 50 清重坐标及自相交菜单命令

（1）在菜单栏"其它"下拉菜单项中选择"清重坐标及自相交"，在系统弹出的右侧展开菜单命令中，单击"清线重叠坐标及自相交"命令（图 7 – 50）。

（2）系统弹出坐标点重叠"拓扑错误信息"显示框（图 7 – 51），用鼠标右键选择错误项，在系统弹出的错误处理方式中选择"清除当前（所有）重叠坐标点"或"剪断当前（所有）自相交线"。

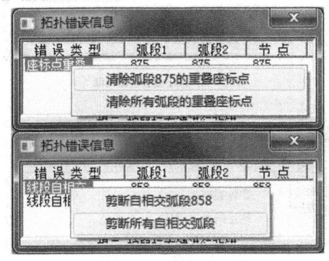

图 7 – 51 拓扑错误信息显示框

（3）系统会自动清除坐标点或剪断自相交的线图元。

5.清除重叠线

（1）在菜单栏"其它"下拉菜单项中选择"检查重叠弧线"，在系统弹出的右侧展开菜单命令中，单击"重叠线检查"命令。

图 7 - 52　拓扑错误信息显示框

（2）系统弹出线重叠"拓扑错误信息"显示框（图 7 - 52），用鼠标右键选择错误项，在系统弹出的错误处理方式中，单击"删除当前线"或"删除所有重叠线"命令。

6. 自动节点平差

有线结点和弧段结节平差两种，可对线和弧段进行。有关定义如前所，区别的是这里对所有的线（或弧段）图元自动进行平差。

（1）运行本功能前，先在系统菜单栏"设置"下拉菜单项中选择"设置系统参数"命令，在系统弹出的"系统参数设置"对话框中键入"结点/裁剪搜索半径"。

（2）在菜单栏"其它"下拉菜单项中，单击"自动结点平差"子菜单，在系统弹出的右侧展开菜单命令中，单击"自动线/弧段结点平差"命令。

（3）在系统弹出的"清除数据"对话框（图 7 - 53）中，分别按"是（Y）"按钮进行确认。

图 7 - 53　"数据清除确认"对话框

（4）在图形编辑窗口单击鼠标右键,在弹出的"快捷菜单"中,单击"更新窗口"命令,用户就会看到相近线或弧段结点（端点）就会结合在一起。

5.线转弧段

将工作区中的线转换成弧段,并存入文件中,这样的文件只有弧段而没有区,在拓扑处理中需要这样的文件。

在菜单栏"其它"下拉菜单项中单击"线转弧段",在系统弹出的"文件保存"对话框（图7 – 54）中,键入文件名称后按"保存"按钮。

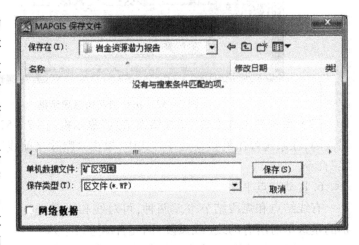

图7 – 54 "弧段文件保存"对话框

6.线转弧段

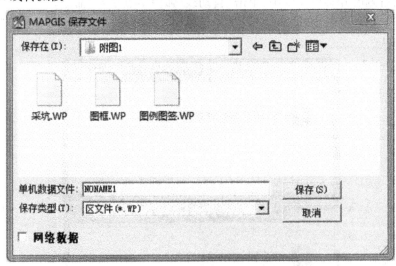

图7 – 55 "线转弧段文件保存"对话框

将工作区中的呈编辑状态的所有线转换成弧段,并存入文件中（图7 – 55）。把区域的轮廓线定义为弧段,它与曲线是两个不同的概念,前者属于面元轮廓边界,后者是属于线元。一个区域是由若干条弧段形成的封闭图形。线转换成弧段,就是把线元转换成面元的轮廓边界,但不改变其形态与坐标位置。

功能使用方法与上述的"线转弧段"类同。

注意：在输出面元时，只输出面色，不画弧段，面元边界靠与弧段吻合的线来画。因此，若线文件与弧段不吻合，在输出图中，区域的色块和边界就会不吻合。所以，当区域生成好后，可利用"弧段转线"功能重新生成线文件，这样可保证区域的色块和边界完全吻合。

7. 拓扑错误检查

该功能是拓扑处理的关键步骤，只有数据规范，无错误后，才能建立正确的拓扑关系。这些错误用户用眼睛是很难发现的，利用此功能可以很方便的找到错误，并指出错误的类型及出错的位置。

用户在执行"拓扑重建"功能前，应先进行查错处理，提高数据的准确性，进而提高拓扑建立的效率。查错可以检查重叠坐标、悬挂弧段、弧段相交、重叠弧段，结点不封闭等严重影响拓扑关系建立的错误。

（1）在系统中执行"拓扑错误检查"功能后，所有的查错工作都是自动进行，查错系统弹出"拓扑错误信息"提示框（图 7 - 56），显示所有拓扑错误类型等信息。

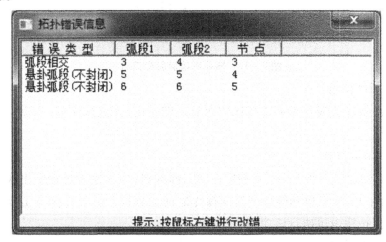

图 7 - 56　拓扑错误信息提示框

（2）在提示框中移动光条到相应的信息提示上，双击鼠标左键，系统自动将出错位置显示出来，并将出错的弧段用亮色显示，同时在错误点上有一个小黑方框不停的闪烁。

（3）在提示框中移动光条到相应的信息提示上，按鼠标右键，在弹出的错误修改方法中选择适当处理方式，即可自行修改相应错误。

8. 拓扑重建

拓扑关系的处理是本系统的核心，只有建立了拓扑关系，才能进行空间分析和统计等系统功能。用户从数字化得到的线数据,再通过"线转弧段"转为弧段数据,然而这些数据仍是一条条的孤立弧段,毫无拓扑关系可言。"拓扑重建"就是要建立结点和弧段间的拓扑关系以及弧段所构成的区域之间的拓扑关系,并赋予它们相应的属性。

该功能的操作相当简单,当经"拓扑查错"没有发现错误后就可以执行这项功能。选中"拓扑重建"功能后,系统自动建立结点和弧段间的拓扑关系以及弧段所构成的区域之间的拓扑关系,同时给每个区域赋予属性,并自动为区域填充颜色(图7-57)。拓扑关系建立后,用户就可以修改"区参数"与"区属性"了。

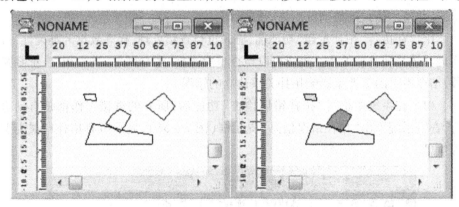

图7-57　拓扑重建前后窗口对比

9.子区搜索

编辑器自动搜索当前工作区中所有区的子区,完成挑子区,并重建拓扑关系。

10.Undo 操作

编辑器提供多级 Undo,来响应点、线、面编辑,当在编辑过程中出现误操作时,可执行 Undo 菜单功能来恢复误操作之前的数据。另外在标准工具栏上按下"恢复"按钮也可执行该功能。

11.整图变换

该功能有键盘输入参数与光标定义参数两种情况(图7-58):键盘输入参数是选择键盘输入参数编辑器弹出变换输入板,如下图,用户可选择变换文件类型。特别的,对于点类型文件可选择"参数是否变化",即在坐标变换的同时,点的本身大小和角度是否变化。用户根据需要输入相应的平移、比例、旋转参数。光标定义参数是选择光标定义参数,系统需要用户用光标先定义平移原点、旋转角度后弹出变换输入板,并将这些参数放入对话框中,用户可进行修改。

整图变换包括线文件、点文件和区文件的变换,选取时表示对相应类型的图元文件进行变换。整图变换包括整幅图形的平移、比例和旋转三种变换方式。另外在图元变换中有一个"参数比例变化"选择项,当选择时,表示在进行点图元变换时除位置坐标跟着变换外,其对应的点、线、弧图元参数也跟着变化,如注释高宽、宽度,线与弧的宽度等(图7－59)。

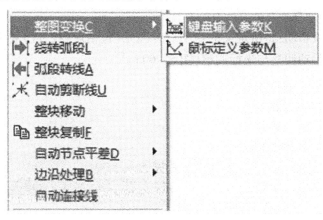

图7－58 整图变换菜单

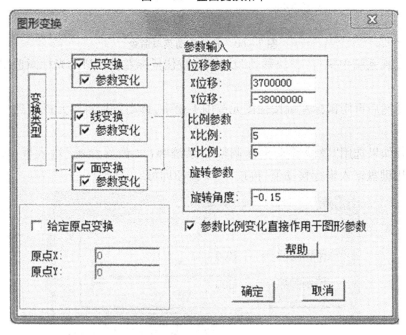

图7－59 "图形变换"对话框

（1）平移参数:按系统提示从键盘上输入相应的相对位移量后,即将图形移到了相应的位置。

（2）比例参数:利用这个变换可以将图形放大或缩小。在 X、Y 两个方向的比例可以相同也可以不同。当您输入 x、y 方向的比例系数后,系统就按您输入的系数对图形进行变换。

(3)旋转参数:将整幅图绕坐标原点(0,0),按您输入的旋转角度旋转,当旋转角为正时,逆时针旋转,为负时顺时针旋转。

12. 整块处理

(1)整块移动:将所定义的块中所有图元(包括点、线、区)移动到新位置。该功能包括手动调整与坐标调整(图 5-60)。

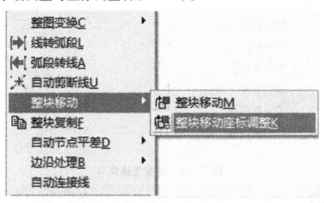

图 7-60   整块移动菜单命令

①在系统中执行"整块移动"功能后,按住鼠标左键并移动光标圈选图元范围;

②然后再用鼠标左键按住图元范围不松手,移动鼠标将图元抓放到相应位置;

③如果选用"整块移动坐标调整",系统弹出"位移参数"输入框(图 7-61),用键盘键入坐标移动值,再按"OK"按钮即可。

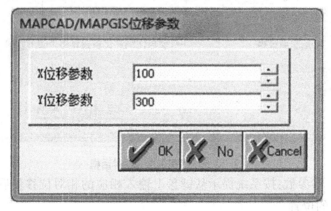

图 7-61   位移参数输入框

（2）整块复制：将所定义的块中所有图元（包括点、线、区）拷贝到新位置。

在系统中执行"整块复制"功能后，按住鼠标左键并移动光标圈选图元范围，然后再用鼠标左键按住图元范围不松手，移动鼠标将图元"抓印"到相应位置即可。

（3）边沿处理：包括线边沿处理和弧边沿处理。靠近某一条线 X 的几条线，由于数字化误差，这几条线在与 X 线交叉或连接处的端点没有落在 X 上，利用本功能可使这些端点集体落在 X 线上。具体使用时应给出适当的结点搜索半径，系统将根据此值决定将哪些端点调整使其落在 X 线上。该功能包括手动调整与坐标调整（图 5 – 62）。

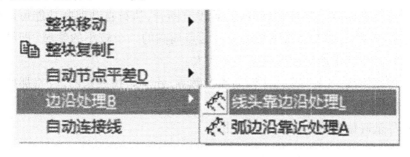

图 7 – 62　边缘处理菜单命令

①首先在设置系统参数菜单下给出适当的结点搜索半径（参见相关章节内容）；

②然后在系统中执行"边沿处理"功能，用鼠标左键选取线头集体所要靠近的母线；

③松鼠标左键即可完成本菜单功能（图 7 – 63）。

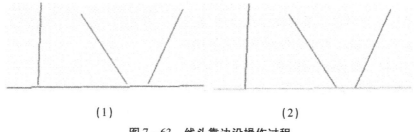

（1）　　　　　　　　　（2）

图 7 – 63　线头靠边沿操作过程

7.4.3　拓扑处理系统对数据的要求

拓扑处理系统的最大特点是自动化程度高，系统中的绝大部分功能不需要人工干预。建立拓扑关系是拓扑处理系统的核心功能，它由拓扑查错、拓扑处理、子区检索等功能组成。

拓扑处理系统从总体来说对数据没有特别的要求,系统提供了几种预处理功能:弧段编辑工具、自动剪断、自动平差,将进入系统的原始数据中的错误或误差纠正过来,易于拓扑关系建立的自动生成。当然,如果前期工作做得比较好,后期的许多工作(如弧段编辑、自动剪断等)就可以省掉,建立拓扑也得心应手,基于这个原因,在这里向用户提一些建议:

1.数字化或矢量化时,对结点处(即几个弧段的相交处)应多加小心,第一使其断开,第二尽量采用抓线头或节点融合的功能使其吻合,避免产生较大的误差,使结点处尽量与实际相符,尽量避免端点回折,也尽量不要产生过1毫米长短的无用线段。

2.弧段在结点处最好是断开的,若没有断开,执行自动剪断功能可以将弧段在结点处截断,条件是弧段必须经过结点周围的一个较小的领域(即结点搜索半径),这也要求原始数据误差不能太大。

3.将原始数据(即线数据)转为弧段数据,建立拓扑关系前,应将那些与拓扑无关的弧段(如航线、铁路)删掉。

4.尽量避免多条重合的弧段产生。

7.5 文件间图元拷贝

在 MapGIS 主系统"图形处理"下的图形编辑子系统,可以方便地在图元文件间进行图元拷贝,下面详细介绍其功能的合用。

7.5.1 菜单功能

在图形编辑系统中单击菜单栏中的"其它",系统就会弹出一系列操作命令项,在上面的 8 项命令就可用于文件间图元拷贝操作(图 7-64)。这包括实体(源文件下图元群)的"选择"、操作方式"剪切"或"拷贝"的选取与拷贝实体的定位等。

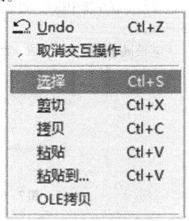

7.5.2 操作流程

1.源文件与实体选择

图 7-64 拷贝处理菜单命令

(1)在编辑系统中,将工程管理窗口中需要进行图元拷贝的源文件设置为"编辑状态";

(2)单击"其它"菜单中的"选择"命令,然后移动鼠标将光标移至图形编

辑窗口下,按住左键圈选需要进行拷贝的所有图元,选好后松开左键用户就会看到被选取图元处于闪烁状态;

(3) 如果用户发现选择有误,单击"其它"菜单中的"取消交互操作"命令,重新进行图元实体的选择。

2. 拷贝方式选择

(1) 如果用户需要将源文件中的图元转存到目的文件中时,单击"其它"菜单中的"剪切"命令,就会发现图形编辑窗口中的图元因被转至"粘贴板"上而消失;

(2) 如果用户需要将源文件中的图元另存到目的文件中时,单击"其它"菜单中的"拷贝"命令,就会发现图形编辑窗口中的图元虽被保存在"粘贴板"上,仍存在于源文件中;

3. 拷贝实体的定位

(1) 在编辑系统中,将工程管理窗口中进行图元拷贝的目的文件设置为"输入状态";

(2) 如果源文件与目的文件属性结构、图形参数相同时,用户单击"其它"菜单中的"粘贴"命令,系统就会自动将"选择"的图元全部存放到目的文件中,用户在图形编辑窗口下"更新窗口"就会将拷贝结果显示出来;

(3) 如果源文件与目的文件属性结构、图形参数不同时,单击"其它"菜单中的"粘贴到"命令,系统弹将"拷贝实体到……"对话框(图 7-65),用户根据需要"修改属性字段内容"与"修改图形参数"后,按"确定"按钮(参见相关章节内容)。

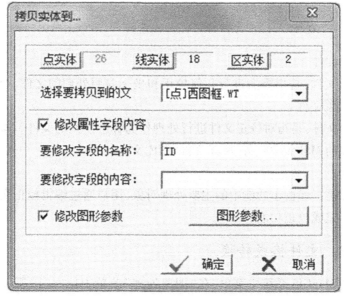

图 7-65　"实体拷贝"对话框

第8章 影像校正与误差校正

工程图件数字化输入时,变形的原始图纸造成后期图形编辑无法满足实际要求精度。通过 MapGIS 系统中的影像校正与矢量化图误差校正子系统即可实现图形的配准和校正,以消除图纸变形等造成的矢量误差。

8.1 影像校正

在"数据输入"章节中的"图象矢量化输入"时,通过扫描仪直接扫描形成影像资料的纸介质原始图件,由于这些图件受存放环境、搬运移动、使用不当等原因影响,原始图件往往会受损变形、比例失真、局部偏移,为了保证影像资料矢量化后能够正确反映图件原始信息,必须对这些影像资料进行图象文件格式转换、镶嵌配准、文件保存等处理。影像校正是影像图处理中重要组成部分,利用 MapGIS 系统中的象分析子系统中的影像图镶嵌配准功能,可以完成图形输入编辑前的影像几何校正。

8.1.1 概念

1.两类文件

①校正文件:是指需要进行几何校正和坐标参照处理的文件,校正文件仅包括 MSI 图象文件。

②参照文件:是指对校正文件进行处理作为标准参照的文件。参照文件包括作为参照的 MSI 图象文件、图元文件、图库文件。

2.控制点

控制点是影像校正功能中的主要处理对象,用户通过编辑校正文件中的控制点信息来完成校正功能。

8.1.2 文件格式转换

1. 打开 MapGIS 系统主菜单,在"图象处理"菜单中选中"图象分析"按钮,按下后进入图象处理系统(图 8 – 1)。

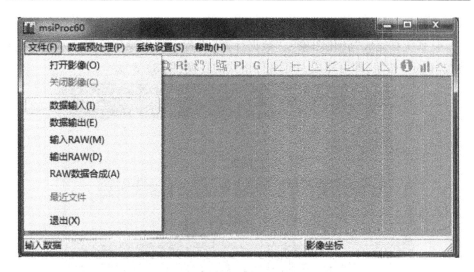

图 8-1 图象处理系统

2. 打开图象处理系统菜单栏中的"文件"菜单,在下拉菜单中单击"数据输入"命令,系统弹出"数据转换"对话框(图 8-2)。

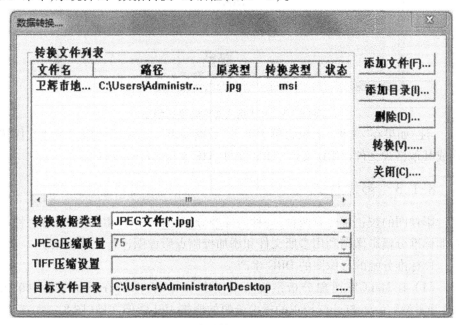

图 8-2 "转换文件添加"对话框

3. 在对话框中,首先在"转换数据类型"下拉菜单中选择影像文件格式(如TIF 文件、JPEG 文件),然后在按下"添加文件"按钮,确定扫描的影像文件存储路径,查找到需要转换的格式文件后,用鼠标双击该文件完成添加,选择目标文件存放路径,最后按"转换"按钮。

4. 系统在完成"转化图象"、"数据计算"进程后弹出操作完成提示,用户直接按"确定"按钮,即可完成 MSI 文件格式的转换(图 8 - 3)。

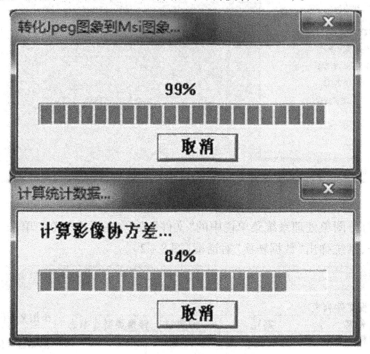

图 8 - 3　MSI 格式文件转换过程图

注:如果在"文件"下拉菜单中单击"数据输出",也可以将格式 MSI 文件转换成其他格式文件(GRD 文件、RBM 文件、TIF 文件、JPEG 文件)。

8.1.3　影像校正

影像图的校正主要有两种,一种是标准分幅影像图的 DRG 生产,另一种是对非标准分幅影像图利用参照文件和添加控制点影像图进行配准校正。

1. 标准分幅的影像图的 DRG 生产

(1)在 MapGIS 图象分析系统菜单栏中单击"文件",在下拉菜单中单击"打开影像"命令,打开待校正的标准分幅的栅格 MSI 影像文件(图 8 - 4)。

(2)单击菜单栏中"镶嵌融合"的下拉菜单"DRG 生产",在右侧展开项中单击"图幅生成控制点"命令(图 8 - 5),系统弹出"图幅生成控制点"对话框(图 8 - 6)。

①输入图幅信息:单击"输入图幅信息"命令,在弹出"图幅信息"对话框中输入图幅号、坐标系、图框类型,按"确定"按钮(图 8 - 7);

图 8-4 MSI 格式文件转换过程图

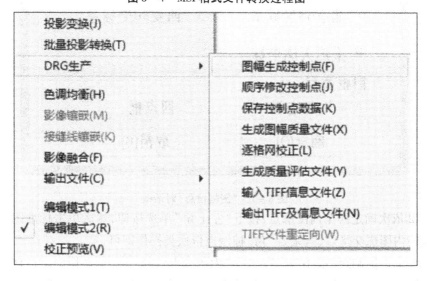

图 8-5 图幅生成控制点莱单命令

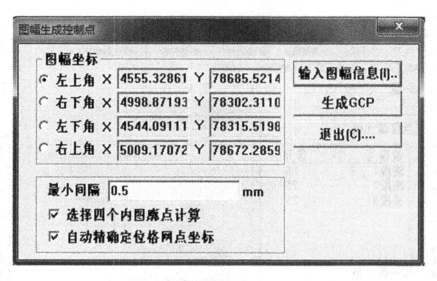

图 8-6 "图幅生成控制点"对话框

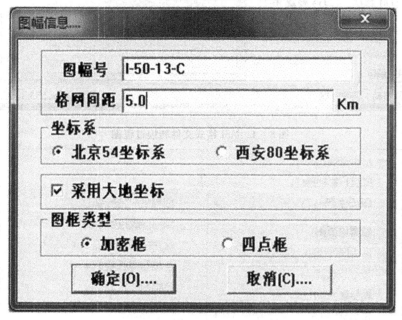

图 8-7 "图幅信息"对话框

②依次确定四个内图廓点:按下"左上角"单选按钮,然后单击标准图幅中相应的内图廓交叉点,其余各"角"控制点依次类操作即可;

③输入控制点"最小"间隔、选择"内图廓点计算"与"自动精确定位格网点坐标",然后按下"生成 GCP"按钮,在系统弹出的"删除原有控制点"对话框中,按"确定"按钮(图 8-8)。

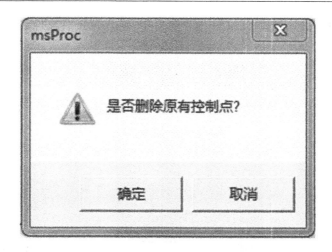

图 8-8 "原有控制点删除"对话框

（3）单击"镶嵌融合/DRG 生产"菜单下拉的"顺序修改控制点"菜单，依次调整每个控制点的位置，并用鼠标右键弹出的"快捷菜单"中的"指针"按钮选取控制点位置，并按"空格键"确认修改（图 8-9）。

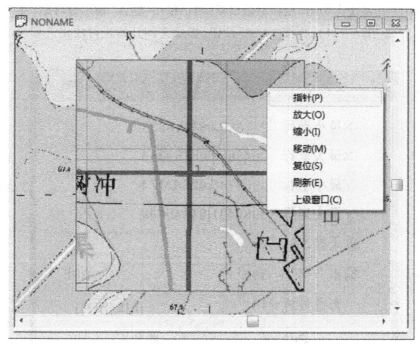

图 8-9 控制点修改窗口

（4）单击"镶嵌融合/DRG 生产"菜单下拉的"逐格网校正"命令，保存校正后的结果文件，按"确定"按钮即可。

（5）在系统弹出的校正文件另存窗口中，输入校正后文件名，按"保存"按钮（图8-10）。

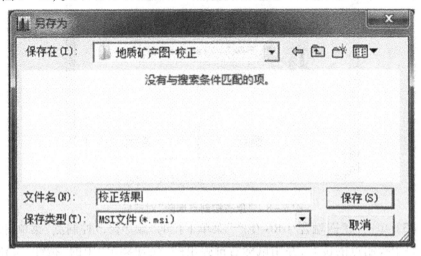

图8-10　另存校正结果文件

（6）在系统会弹出"变换参数设置"对话框中，输入"输出分辨率"及"影像外廓"参数（图8-11），再按"确定"按钮，影像文件开始进行校正进程（图8-12）。

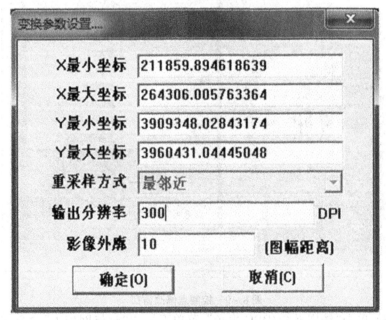

图8-11　"变换参数设置"对话框

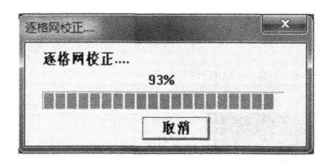

图 8 - 12　影像文件变换进程图

2.非标准分幅影像图的校正配准

（1）在 MapGIS 图象分析系统菜单栏中单击"文件"，在下拉菜单中单击"打开影像"命令，打开待校正的非标准分幅的栅格 MSI 影像文件（图 8 - 13）。

图 8 - 13　"打开影像文件"对话框

（2）单击菜单栏中"镶嵌融合"的下拉的菜单"打开参照文件"，在右侧展开下一级菜单中单击"参照线文件"菜单（图 8 - 14），选择线文件（图框线的编辑生成见相关章节内容），系统弹出影像配准参考窗口（图 8 - 15）。

图 8 - 14　参照文件选择菜单命令

图 8 – 15　影像配准参考窗口

（3）单击"镶嵌融合"菜单下"删除所有控制点"命令。

（4）先将系统自动生成的控制点全部删除,然后再单击"镶嵌融合"菜单下"添加控制点"命令,依次并用鼠标右键弹出的"快捷菜单"中的"指针"按钮选取控制点位置,并按"空格键"确认修改,以添加至少四个控制点。

添加方法如下:

分别单击左边窗口下影像内一点和右边窗口中线文件中相应的点（可通过放大小窗口精确定位）,并分别按"空格键"进行确认,在系统会弹出提示对话框,按"是"按钮,系统会自动添加下一个控制点（图 8 – 16）;

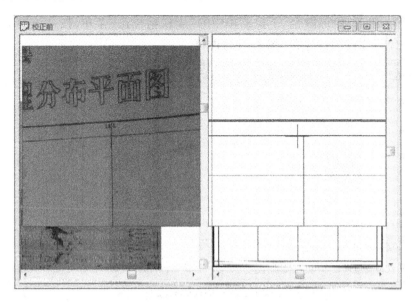

图 8 – 16   控制点添加窗口

（5）单击"镶嵌融合"下拉菜单中的"校正预览"，并选择"校正点浏览"，原始影像就会套合在右侧窗口下的坐标线上，用户就能通过"窗口放大"浏览到配准结果（图 8 – 17）。

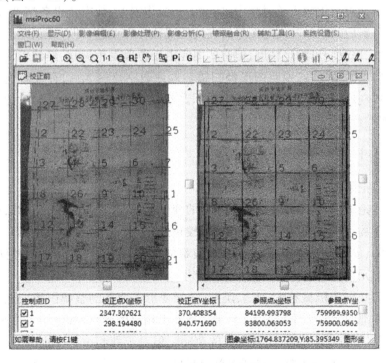

图 8 – 17   影像配准预览窗口

（6）单击"镶嵌融合"下拉菜单中的"影像精校正"菜单,按系统提示对影像校正结果文件另行保存(图8-18)即可。

图8-18 "配准结果文件另存"对话框

8.2 误差校正

在图件数字化输入的过程中,通常由于操作误差,数字化设备精度等因素,使输入编辑后的图形与实际图形所在的位置往往有偏差,即存在误差。个别图元经编辑、修改后可满足精度,但有些图元由于位置发生偏移,经编辑仍无法达到实际要求的精度,这说明图形经扫描输入或数字化输入后,存在着变形或畸变。出现变形的图形必须经过后期数据误差校正,以清除输入编辑后图形的变形,才能进行应用或入库。

8.2.1 概述

1.校正范畴

从理论上讲,误差校正是根据图形的变形情况,计算出其校正系数,然后根据校正系数,校正变形图形。但在实际校正过程中,由于造成变形的因素很多,有机械的、也有人工的,因此校正系数很难估算。如是局部变形还是整体变形,是某些图元与实际不符还是整个图形都发生了畸变等等。

对那些由于机械精度、人工误差、图纸变形等造成的整幅图形或图形中的一块或局部图元发生位置偏差,与实际精度不相符的图形,如整图发生平移、旋变、交错、缩放等等,都属误差校正的范畴。但对于那些由于个别因素,造成的少量的点、边线接合不好等局部误差或明显差错,只需经移动、调整等编辑即可得到数据纠正的,则不属于误差校正范畴。也就是说误差校正是对整幅图的全体图元或局部图元块,而非对个别图元而言。

2.误差的分类

图形数据误差可分为源误差、处理误差和应用误差3种类型。

(1)源误差:是指数据采集和录入过程中产生的误差,如制图过程中展绘控制点、编绘或清绘地图、制图综合、制印和套色等引入的误差,数字化过程中因纸张变形、变换比例尺、数字化仪的精度(定点误差、重复误差和分辨率)、操作员的技能和采样点的密度等引起的误差。

(2)处理误差:指数据录入后进行数据处理过程中产生的误差,包括几何变换、数据编辑、图形化简、数据格式转换、计算机截断误差等。

(3)应用误差:指空间数据被使用过程中出现的误差。

其中数据处理误差远远小于数据源的误差,应用误差不属于数据本身的误差,因此误差校正主要是来校正数据源误差。由于各种误差的存在,使地图各要素的数字化数据转换成图形时不能套合,使不同时间数字化的成果不能精确联结,使相邻图幅不能拼接。

3.误差校正需要三类文件:

(1)实际控制点文件:用点型或线型矢量化图象上的"＋"字格网得到。

(2)理论控制点文件:根据文件的投影参数、比例尺、坐标系等在"投影变化"模块中所建立的一个相同大小的标准图框。

(3)待校正的点、线、面图元文件。

注意:①图形控制点是指能代表图形某块位置坐标的变形情况,其实际值和理论值都已知或可求得的点。②校正的精度关键在于选择适当的控制点,控制点的选取应尽量能覆盖全图,而且均匀,控制点的多少根据图件大小及精度要求定。③一般控制点为三角点、水准点和经纬点,控制点越多,控制越精确。

8.2.2 基本操作

在 MapGIS 主程序界面上按"实用服务"中的"误差校正"按钮,系统弹出误差校正子系统操作窗口,在"显示"菜单中点击"新窗口",所有的主菜单都会显示出来,"文件"与"显示"下的菜单选项也发生变化(图8-19)。

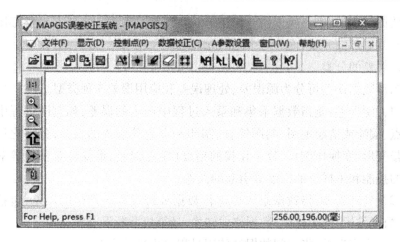

图 8 - 19　误差校正子系统操作窗口

1. 文件菜单

菜单栏中的"文件"菜单主要用来装入校正前的图元源文件或者用来采集控制点的文件及保存变换后的校正图元文件(图 8 - 20)。在输入文件名窗口中,按着 Shift 键或 Ctrl 键可以选择多个文件同时打开。

2. 显示菜单

菜单栏中的"显示"菜单主要用来显示图元文件,其中选择复位窗口时,可自由地选择工作区中的文件,进行显示(图 8 - 21)。为了比较校正前后的文件,可分别选择校正前后的文件名。在"显示"菜单下有"还原显示开关"和"控制点显示开关"两个开关命令项,用鼠标点按对应菜单项进行打开和关闭。若菜单项前有"√",则表示打开。

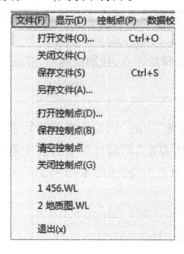

图 8 - 20　文件菜命令

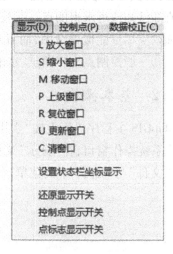

8 - 21　显示菜命令

3.控制点菜单

菜单栏中的"控制点"菜单主要用来为控制点的添加进行参数设置、文件指定,提取方式选择,并对控制点进行显示、浏览、编辑等,同时还能够对控制点进行修改与清除等功能操作。

4.数据校正菜单

图 8 – 22　文件菜命令项　　　　　8 – 23　　显示菜命令

8.2.3　误差校正方法

对于不同的因素引起的误差,其校正方法也不同,具体采用何种方法应根据实际情况而定,因此在设计系统时,应根据图形误差情况及制图精度要求采用最便捷的校正方法。通常对精度要求不高的小范围图形及其参数进行校正时常用到"整图变换"来处理,就是将所选图元文件进行比例、平移和旋转的等变换(参见相关章节内容);而对于高精度要求的大区域性图形则需要进行"校正转换",即通过设置校正控制点来完成校正转换换操作。常用的误差校正转换方法有交互式误差校正、全自动误差校正两种方法。

1.交互式误差校正

交互式误差校正适用于所选控制点较少,误差校正精度要求不高的图形,现在介绍交互式误差校正的具体操作步骤。

(1)在误差校正子系统操作窗口下,单击"文件"菜单中的"打开文件"命令,打开需要校正的点文件、线文件和面文件(图 8 – 24)。

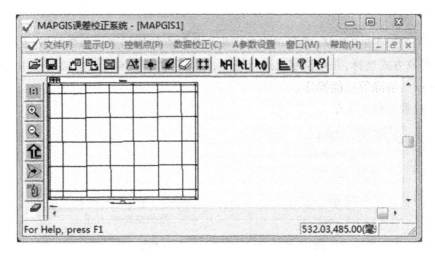

8-24　校正文件装入显示窗口

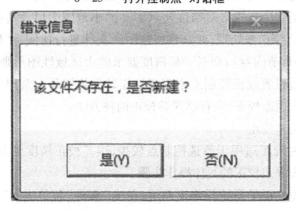

8-25　"打开控制点"对话框

8-26　"错误信息"对话框

（2）单击"文件"菜单中的"打开控制点"命令,键入文件名为"校正.pnt",然后按"打开"按钮,并在系统弹出的"错误信息"对话框中,按"是"按钮(图8-25、图8-26),即新建控制点成功。

注意:该文件是一个文本文件,主要用于记录误差校正过程中所采集的实际控制点和理论控制点的坐标信息。

（3）实际控制点的添加

①单击"控制点"菜单中的"设置控制点参数"命令,系统弹出"控制点参数设置"对话框(图8-27),将"设置数据值类型"调整到"实际值"选项,不要选取"采集实际值时是否同时输入理论值",然后按"确定"按钮;

②单击"控制点"菜单中的"选择采集文件"命令,系统将弹出"实际控制点采集文件选择"对话框

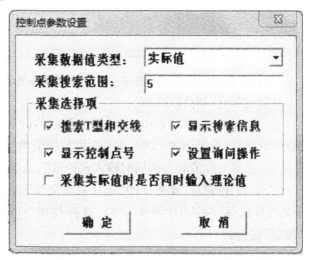

图8-27 "控制点参数设置"对话框

(图8-28),用"Ctrl+"键与鼠标左键选择控制点所采集的文件;

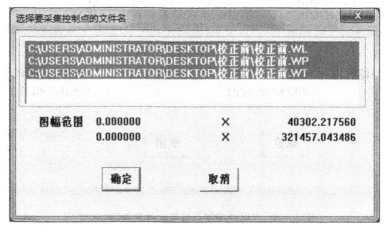

图8-28 "实际控制点采集文件选择"对话框

③单击"控制点"菜单中的"添加校正控制点"命令,添加校正控制点。如添加实际值中公里网中四个角上的控制点,通过移动鼠标使光标"+"按顺时

针依次点击要添加的四个点(图 8 - 29)。

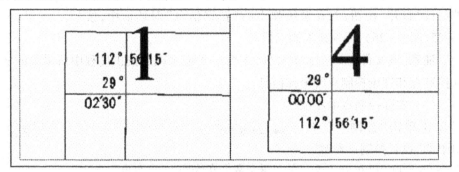

图 8 - 29　控制点添加顺序

(4) 理论控制点的添加

①单击"控制点"菜单中的"设置控制点参数"命令,系统弹出"控制点参数设置"对话框(参见图 8 - 24),将"设置数据值类型"调整到"理论值"选项,不要选取"采集实际值时是否同时输入理论值",然后按"确定"按钮;

②单击"控制点"菜单中的"选择采集文件"命令,系统将弹出"理论控制点采集文件选择"对话框(图 8 - 30),选择与理论值相对应的图元文件,然后按"确定"按钮;

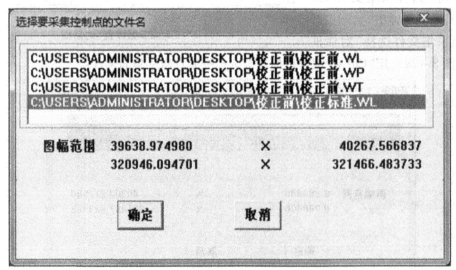

图 8 - 30　"理论控制点采集文件选择"对话框

③单击"控制点"菜单中的"添加校正控制点"命令,按实际值顺序点依次添加四个理论控制点,这次添加的是理论值即图框坐标线中的"十"字位置(图 8 - 31)。

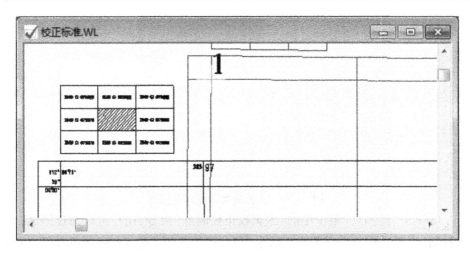

图 8 - 31　理论与实际控制点位置关系

（5）控制点的操作

①单击"文件"菜单中的"保存控制点"命令,在系统弹出的"控制点保存"对话框中,键入控制点名称后,按"保存"按钮即可(图 8 - 32);

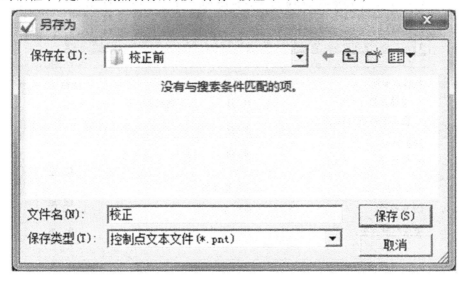

图 8 - 32　理论与实际控制点位置关系

②单击"控制点"菜单中的"浏览控制点文本"命令,该功能可查看误差校正所采集到的理论数据值与实际数据值(图 8 - 33);

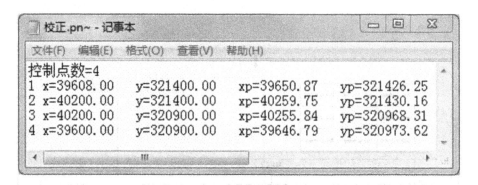

图 8 – 33　理论与实际控制点数据

③单击"控制点"菜单中的"编辑校正控制点"命令,用户可以通过浏览"编辑控制点"对话框查看误差校正所采集到的数据的精度(图 8 – 34),同时也可以根据实际工作要求对所提取的控制点进行数据编辑工作。

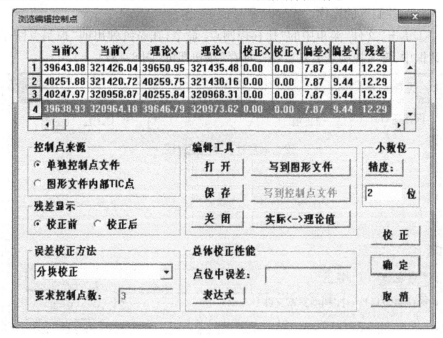

图 8 – 34　"控制点浏览编辑"对话框

(6)图形误差校正

①用户在确认校正控制点编辑符合工作要求后,单击"浏览编辑控制点"对话框中的"校正"按钮,在系统弹出的"图形文件选择"对话框中选取待校正的图元文件,然后按"确定"按钮(图 8 – 35);

②最后按下"浏览编辑控制点"对话框中的"确定"按钮,完成图形校正工

作。

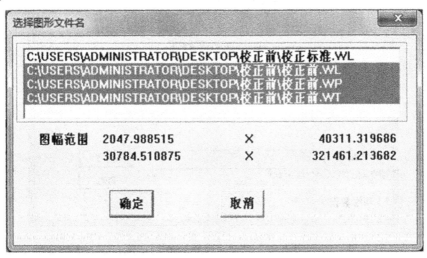

图 8 – 35 "图形文件选择"对话框

(7) 校正文件保存与比对

①单击"文件"菜单中的"另存文件"命令,在系统弹出的对话框中选择需要保存的源文件名称(图 8 – 36),然后按"确定"按钮;

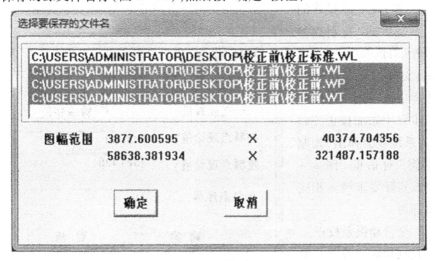

图 8 – 36 "源文件名选择"对话框

②在系统弹出的"文件保存"对话框中修改校正结果存储位置,并键入校正后的图元文件名,然后按"保存"按钮,依次将点、线、区图元文件保存(图 8 – 37);

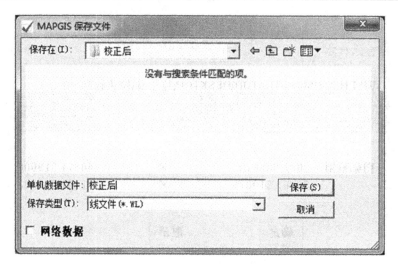

图 8-37 "校正结果保存"对话框

③最后将校正后所保存的图元文件与标准框文件装入图形编辑子系统做比较,检查校正效果,若未能达到要求的精度,请检查控制点的质量和精度。在本文例图操作中可以看到,只有四个角的理论标准框坐标"十"字线与实际公里网的"十"字相吻合的,其他的仍会有误差的。

注意: 在上述操作的第三步骤中的"控制点参数设置"对话框中,若选取"采集实际值时是否同时输入理论值",用户在操作第五步骤中添加校正控制点时,系统就会弹出"控制点编辑"对话框(图 8-38),按实际要求键入相应数据即可。

图 8-38 "控制点编辑"对话框

2. 全自动误差校正

是利用误差校正子系统,自动采集实际控制点和理论控制点的坐标值,并计算出实际控制点的误差系数,根据所得到的误差系数来依次校正点、线、面图元文件。

(1)在误差校正子系统操作窗口下,单击"文件"菜单中的"打开文件"命令,将"全自动误差校正"所需的点文件、线文件和面三类文件打开(参见图 8-24)。

(2)实际控制点的添加

①单击"控制点"菜单中的"设置控制点参数"命令,系统弹出"控制点参数设置"对话框(参见图 8-27),将"设置数据值类型"调整到"实际值"选项,不要选取"采集实际值时是否同时输入理论值",然后按"确定"按钮;

②单击"控制点"菜单中的"选择采集文件"命令,系统将弹出"实际控制点采集文件选择"对话框(参见图 8-28),用鼠标左键选择控制点所采集的文件;

③单击"控制点"菜单下"自动采集控制点"命令,系统会提示"是否新建控制点文件"(图 8-39),按下"是"按钮后实际控制点的采集结果就会显现在误差校正子系统操作窗口中(图 8-40)。

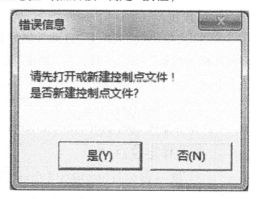

图 8-39 "控制点文件建立确认"对话框

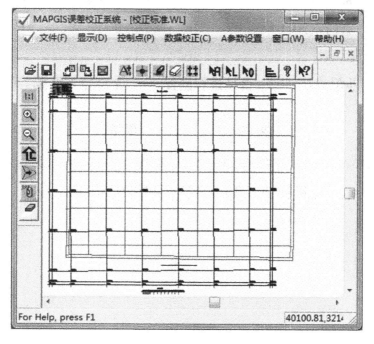

图 8-40 实际控制点显示效果

（3）理论控制点的添加

①单击"控制点"菜单中的"设置控制点参数"命令，系统弹出"控制点参数设置"对话框（参见图8－27），将"设置数据值类型"调整到"理论值"选项，不要选取"采集实际值时是否同时输入理论值"，然后按"确定"按钮；

②单击"控制点"菜单中的"选择采集文件"命令，系统将弹出"理论控制点采集文件选择"对话框（参见图8－30），选择与理论值相对应的图元文件，然后按"确定"按钮；

③单击"控制点"菜单下"自动采集控制点"命令，系统会弹出"理论值和实际值匹配定位框"（图8－41），按"确定"按钮后，理论控制点的采集结果就会显现在误差校正子系统操作窗口中（图8－42）。

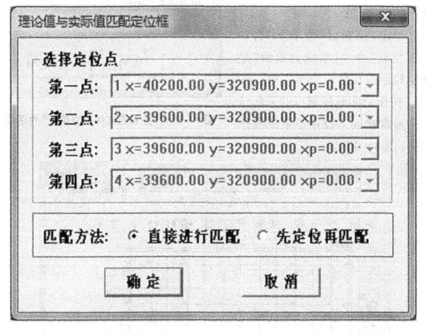

图8－41　"理论值和实际值匹配定位"对话框

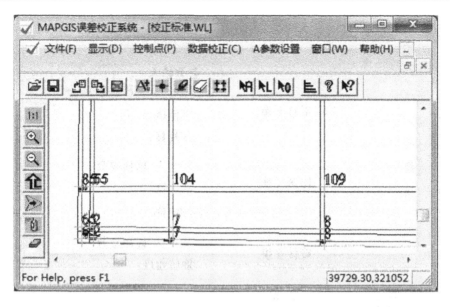

图 8－42　理论控制点显示效果

（4）控制点的操作

①单击"文件"菜单中的"保存控制点"命令,在系统弹出的"控制点保存"对话框中键入控制点名称后,按"保存"按钮即可(参见图 8－32);

②单击"控制点"菜单中的"浏览控制点文本"命令,该功能可查看误差校正所采集到的理论数据值与实际数据值(参见图 8－33);

③单击"控制点"菜单中的"编辑校正控制点"命令,用户可以通过"浏览编辑控制点"对话框查看误差校正所采集到的数据的精度(参见图 8－34),同时也可以根据实际工作要求对所提取的控制点进行数据编辑工作。

（5）图形误差校正

①单击"数据校正"菜单下"图形参数参与校正"命令,以确定图形参数是否在误差校正过程中进行比例缩放,本命令是一个功能开关选项。

②简单图形整体变换:单击"数据校正"菜单下"整图变换"命令,在系统弹出的"整图变换参数输入"对话框中,选取并键入相应参数值,最后按"确认"按钮(图 8－43)。

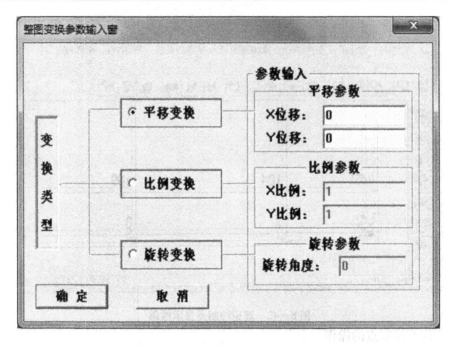

图 8 - 43　"整图变换参数输入"对话框

③复杂图形转换校正:单击"数据校正"菜单下"线文件校正转换"命令,系统弹出"校正转换文件选择"对话框(图 8 - 44),选择需要进行校正转换的文件,然后按"确定"按钮,依次校正点、线、面三类文件。

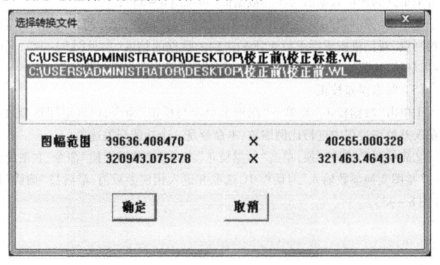

图 8 - 44　校正转换文件选择对话框

(7) 校正文件保存与比对

①校正完成后,在当前的窗口中单击鼠标右键,在弹出的"快捷菜单"中,单

击"复位"命令,系统弹出"校正文件选择"对话框(图 8 – 45);

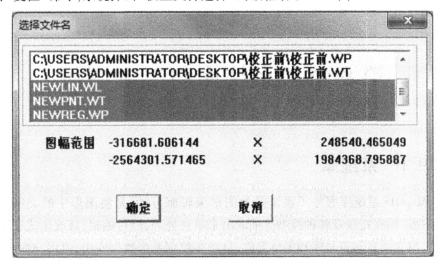

图 8 – 45 "校正转换文选择"对话框

②选中校正后的三个新建文件,以及"标准图框. WL"文件,按"确定"按钮,即可看到校正后源文件与标准图框线的重合复位结果(图 8 – 46);

③最后单击"文件"菜单中的"另存文件"命令,保存校正后的结果文件。

图 8 – 46 校正后控制点的重合结果

第9章　系统库与工程图例

9.1　系统库

MapGIS 系统库服务子系统是为图形编辑服务的,是将图形中的文字、注记、图形、填充花纹及各种线型等抽取出来单独处理,经过编辑、修改生成子图、线型、填充图案等符号库和矢量字库,自动存放到系统数据库中,供用户在图形编辑时随时调用。

9.1.1　主要功能

1. 形状多样的子图库编辑功能

提供一个可随时在屏幕上编辑、修改、删除、无限量增加的子图库。供各种图件的专业图例、符号的快速重复绘制等使用。

2. 各种线元的线型库编辑功能

提供了一个产生各种线型的线型库,用户可根据需要随时在屏幕上浏览、建立、修改、生成一种线型。线型库主要用于绘制公路、铁路、省界、国界、点划线、虚线或任意形状的线图元。

3. 花纹美丽的图案库编辑功能

系统提供了一个填充面元花纹图案库,用户可随时在屏幕上编辑、修改、生成任一种类型的图案,并可以随时进行浏览、查询。

4. 专用符号库的生成功能

内容丰富、功能完善的系统服务库子系统,使用户可以根据自己的应用而建立专用的系统库。如地质符号库、旅游图符号库等。

9.1.2　系统库编辑

MapGIS 系统库目录下有子图库、填充图案库、线型库和颜色色谱库。系统库的编辑可通过 MapGIS"编辑子系统"中菜单栏中的"系统库"菜单(图9－1)实现,同时可借助"编辑子系统"的强大编辑功能对系统库中的子图、图案、线型的图元进行有效的编辑与修改。

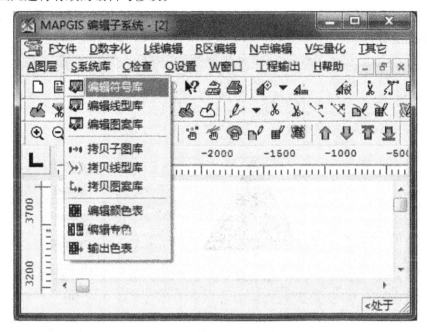

图 9 - 1　系统库编辑功能菜单命令

　　系统库编辑主要提供了对子图库、填充图案库、线型库和颜色库的编辑功能。对系统库中已有的子图、图案、线型,用户只要给出相应的代号和参数,该编辑系统就可以从库中调出;若库中没有用户需要的子图、图案、线型,那么就要编辑生成新的,然后存到库中。利用"符号库拷贝"功能您可以实现不同符号库之间符号的拷贝、增删、重组,从而为用户实现不同符号库间的符号交换和组合优化提供了方便。

　　1. 系统库编辑步骤

　　(1)若是修改库中已有的库符号,则直接在"编辑子系统"中的"系统库"菜单下拉项中选择"编辑符号库"功能,将需要编辑的子图提取出来,运用符号编辑窗口下的菜单栏下拉若能项进行修改(图 9 - 2),图案、线型库修改类同;

　　(2)若是编辑新的子图、图案或线型,则在下选择装入点、线、面文件进行编辑,或直接在屏幕上编辑生成;

　　(3)在系统库编辑对话框中,用"移动编辑框"按钮将编辑框移动到合适的位置,用"自动定位编辑框"按钮来改变编辑框的大小,编辑框的中心线和中间的十字点分别控制着符号的基线(如线型的基线)和符号的中心点(如子图的中心点);

　　(4)通过系统库编辑对话框中的"点/线/区编辑"菜单下拉编辑命令对点、

线、面进行相应的编辑;

(5)编辑完毕,将编辑好的图元保存到相应的库中,成为系统库中的子图、图案或线型。

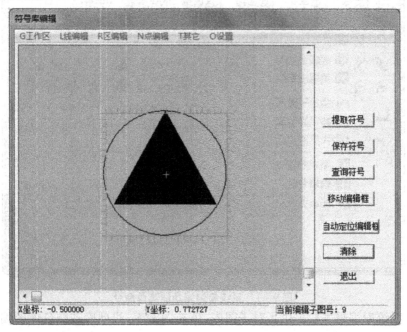

图 9 - 2　系统库编辑窗口

2.图元处理

(1)子图处理

①提取原有子图

从子图符号库中选择或浏览已有的符号,其选择窗口如同点编辑系统中的子图选择对话框(图 9 - 3)。被选中的子图符号在编辑窗口中显示,其子图符号的各个单元被展开成 MapGIS 标准内部格式,存于编辑系统当前的点、线、面工作区中,可在编辑子系统中进行处理。

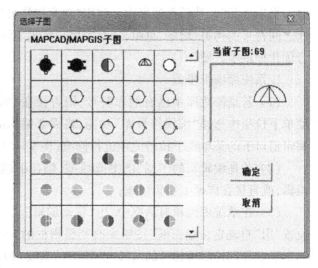

图 9 - 3　"子图选择"对话框

②查询子图参数

从符号库中选择一个子图。被选中的子图在编辑窗口中展开成 MapGIS 标准格式显示的同时,系统弹出信息窗口逐项显示子图中各个单元的参数,此时同时完成符号的展开工作。

注意:在提取和查询子图时,都先清除编辑系统当前的点、线、面工作区中,因此在这之前必须做好存盘工作。

③ 保存子图

是将编辑好的点、线、区文件其作为子图保存到子图库中。保存符号时,系统弹出"子图保存参数输入"对话框(图 9 - 4),供用户检查确认符号的保存参数。其中缺省颜色所对应的颜色号在即将保存的符号中将变为可变色,可变色在用户编辑时,可通过相应图元颜色参数来重新指定显示颜色。用户确认后,系统将点、线、区文件转换成符号库格式保存到子图库中,其中可变色在库中将以白色显示。

注意:①子图的控制点固定在"子图编辑框"的中心,保存符号时以"符号编辑框"为准,将子图规整为一个单位大小。②在"子图保存参数"输入窗

图 9 - 4 "子图参数保存"对话框

中,"子图编号"是用户将要保存到库中的符号序号。在可变色窗口中,用户可以指定颜色号,在存库时该颜色号将被转换成可变色,其它色都为固定色。可变色是在用户使用该符号时,可通过相应图元颜色参数来重新指定显示颜色,而固定色则用户在使用中不能变化或重新设置。图案参数输入时也满足此项规定。所以符号有了可变色用户可在使用该子图时随时指定相应的颜色。③目前由于每个子图最多只能包含 64K 的信息,若您所选图元太多,系统将提示错误信息。

(2)线型处理

①提取原有线型

从线型库中选择或浏览已有的线型,其选择窗口如同线编辑系统中的"线型选择"对话框(图 9 - 5),被选中的线型在编辑窗口中显示,其各个单元被展开成 MapGIS 标准内部格式,存于编辑系统当前的点、线、面工作区中,可在编辑

子系统中处理。

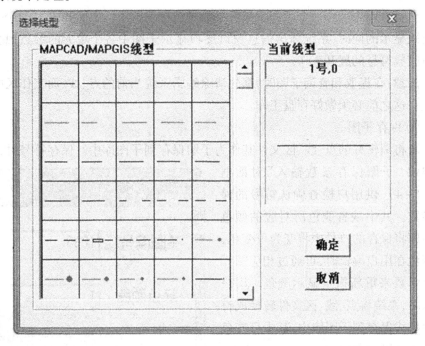

图9－5 "选择线型"对话框

②查询线型参数

从线型库中选择一个线型。被选中的线型在编辑窗口中展开成 MapGIS 标准格式并显示的同时,系统会弹出信息窗口显示线型中各个图元的参数。各图元同时被展开成 MapGIS 标准格式。

注意:在提取和查询线型时,都先清除编辑系统当前的点、线、面工作区中,因此在这之前必须做好存盘工作。

③保存线型

是将编辑好的点、线、区文件其作为线型保存到线型库中。保存线型时,系统弹出"线型参数保存"对话框(图9－6),供用户检查确认线型的保存参数。用户确认后,系统将点、线、区文件转换成线型库格式保存到线型库中,各参数的意义与子图保存参数类似。

注意:在主色替换窗口中,用户

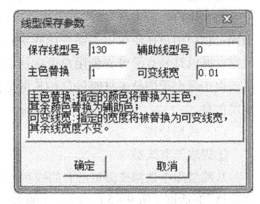

图9－6 "线型参数保存"对话框

可以指定颜色号,在存库时该颜色被转换成线的主颜色,其它色都成为辅助色。在用户使用时,可通过相应图元参数来重新指定线的颜色和辅助颜色。在可变线宽窗口中,用户可以指定线宽号,在存库时该线宽号被转换成线的可变线宽,其它都为固定线宽。在用户使用时,可通过相应图元参数来重新指定可变线宽的线的宽度。

（3）图案处理

①提取原有图案

从图案库中选择或浏览已有的图案,其选择对话框如同区编辑系统中的"选择填充图案"对话框（图 9 - 7）。被选中的图案在编辑窗口中显示,其图案的各个单元被展开成 MapGIS 标准内部格式,存于编辑系统当前的点、线、面工作区中,可在编辑子系统中处理。

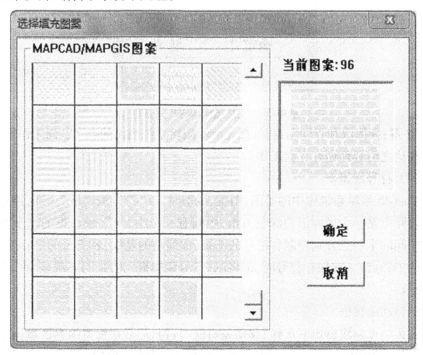

图 9 - 7 "填充图案选择"对话框

②查询图案参数

从图案库中选择一个图案。被选中的图案在编辑窗口中展开成 MapGIS 标准格式并显示的同时,系统会弹出信息窗口显示图案中各个图元的参数。此时同时完成图元的展开工作。

③保存图案

将编辑好的点、线、区文件将其作为图案保存到图案库中。保存图案时,系统弹出"图案参数保存"对话框(图 9 - 8),供用户检查确认图案的保存参数。用户确认后,系统将点、线、区文件转换成图案库格式保存到图案库中。图案保存的参数与子图保存相似,所不同的是:图案的原点位置固定为左下角。

图案保存参数

图案编号 125

缺省颜色 1

确定　　取消

图 9 - 8　"图案参数保存"对话框

注意:在提取和查询图案时,都先清除编辑系统当前的点、线、面工作区中,因此在这之前必须做好存盘工作。

(4) 符号编辑框

MapGIS 编辑系统库中的子图、图案、线型时,以"符号编辑框"为准,符号编辑框实际上是一个带标记的绿色方框,中间有一个小"+",编辑框的水平中心线和中间的十字点分别控制着符号的基线(如线型的基线)和符号的中心点(如子图的中心点)。在保存符号时,都将以"符号编辑框"为准,将其规整为一个单位大小。

①移动编辑框

在系统库编辑窗口下选择"移动编辑框"按钮,然后在窗口编辑区域用鼠标左键点住"编辑框"不松手,将"编辑框"拖动位移到指定位置。

当该选项被选中后,系统在屏幕中央显示符号编辑框,被编辑或装入的符号,都将被显示在该方框内。

②自动定位编辑框

为了使符号编辑框满足符号的大小及修改中心点的位置,可选择该功能。选择该功能后,系统会自动将编辑框移位与缩放到适当的位置与大小,把编辑好的子图、线型或图案圈闭在编辑框内(图 9 - 9)。

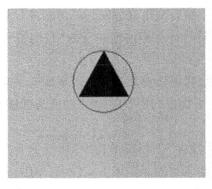
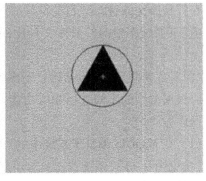

<table>
<tr><td>（1）</td><td>（2）</td></tr>
</table>

图9－9　自动定位编辑框过程

9.1.3　符号库拷贝

1.基本系统库

MapGIS 系统本身就带有一套基本的系统库（包括符号库、颜色库），不过这些库比较简单，用户在一般情况下做图是远远不够用的。由于系统在运行时只允许有一套符号与颜色处于当前运行状态，同时这些库位于用户指定的系统库目录下，其名字都是系统约定固定不变的，子图库为"SUBGRAPH.LIB"、线型库为"LINESTY.LIB"、图案库为"FILLGRPH.LIB"。

2.衍生符号系统库

当用户在做旅游图、地质图、土地规划等不同的地图时，所用的子图、线型与图案都是不同的，所用的系统库一般情况下也是不同的。一套系统库中不可能包括各种符号、线型和图案，如果系统库中包含的内容太多，也会给用户的查找等带来不便。因此，用户在做不同类型的工程图件时，常积累生成不同类型的系统库，如旅游系统库、地质系统库、规划设计系统库等。

用户在重新建立或生成另一套不同的符号库时，一般情况下，应重新建立一个目录，将其以如上的文件存贮，然后在系统环境设置中，将"系统库目录"设置指向该目录，系统即可使用该目录下的符号。

那么，在改变新库后，原先库中的符号随即不能使用。为此，MapGIS 编辑子系统的"符号库拷贝"功能提供了不同系统库间符号的浏览、插入、删除、交换等功能，为用户实现在不同系统库间拷贝符号提供了极大的方便。从而解决了不同系统库间符号的重新组合问题。

3.符号库拷贝

如果用户是需要建立新的符号库，需先建立一个新库文件夹，先为其中拷贝一套符号库文件,作为"目的符号库"。然后利用符号库拷贝功能将"当前目录环境"下系统库中的符号库文件中的符号拷贝到前面建立的"目的符号库"中。

"符号库拷贝"功能包括拷贝子图库、拷贝线型库和拷贝图案库三项功能,用户应根据类型的不同选择相应功能。下面以"拷贝子图库"功能为例详细介绍该操作方法。

(1)在 MapGIS 编辑子系统中的"系统库"下拉菜单选中"拷贝子图库"功能项(参见图9-1),系统首先要求用户输入目的子图库的文件名,即用户欲新建的符号库文件夹下的相应子图库文件名,选取子图库文件后按"打开"按钮(图9-10)。

图9-10 目的子图库文件选择

(2)系统库编辑系统弹出"子图库拷贝"对话框(图9-11),在左侧的窗口为当前目录环境下的子图库文件中子图集,称为源子图窗口;右侧窗口即为用户建立或拷贝来的目的子图库文件中子图集,称为目的子图窗口,其对应的系统库文件名在窗口底部显示出来。

(3)在进行相应的操作时,都需要选择当前位置。只要用鼠标点按相应的位置,系统即显示一个黄色方框,此框即表示当前位置,所有的操作都是相对于当前位置的。

(4)用户通过选择"拷贝""插入"或"删除"按钮进行功能操作。

（5）所有操作完毕后，按"确定"按钮予以确认，或按"退出"按钮来取消。

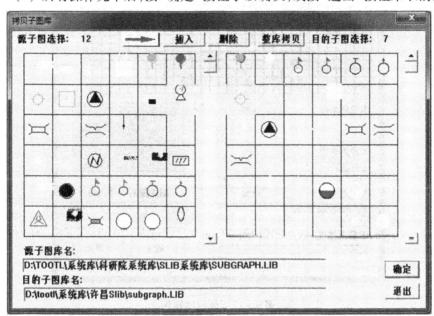

图 9 - 11 "子图库拷贝"对话框

"拷贝线型库"、"拷贝图案库"功能操作与"拷贝子图库"类似，不再累述。

9.1.4 颜色库编辑

1. 编辑颜色

编辑颜色分为"编辑颜色表"和"编辑专色"两种，下面分别介绍。

（1）编辑颜色表

在"系统库"下拉菜单选中"编辑颜色表"，系统弹出色标编辑板（图 9 - 12），用户选择要编辑的某一颜色（颜色号必须是大于 500），编辑器将此色标的 CMYK 和专色的浓度形象化的显示出来，这时用户可用滚动条来调整 CMYK 和专色的浓度，直到满意为止，按"保存当前色标"按钮存盘即可。若用户需增加一新色标，可在颜色表最尾处按鼠标左键，然后调整新色标的 CMYK 和专色的浓度，满意后存盘。

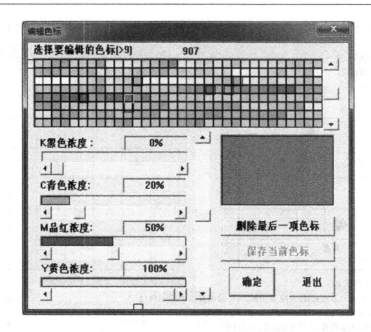

图 9 – 12　色标编辑板

（2）编辑专色

进入"编辑专色"，系统弹出专色编辑板（图 9 – 13），用户选择要编辑的某

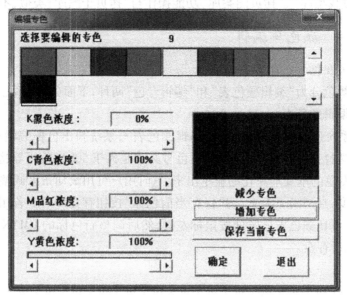

图 9 – 13　专色编辑板

专色，编辑器将此专色的 CMYK 浓度形象化的显示出来，这时用户可用滚动条来调整 CMYK，直到满意为止，按"保存专色"按钮存盘。若用户需增加一新专

色,按"增加专色"按钮,然后调整新专色的 CMYK,满意后存盘,若用户需删除一专色,按"减少专色"按钮。

2.输出颜色表

根据系统当前使用的颜色表自动生成点、线、面文件,即"色标文件"。用户可将它打印输出,用以作为制图时的直观参考依据标准。

在"系统库"下拉菜单选中"输出色表"功能项,按系统要求将生成的点、线、面文件保存在相应文件下,然后将这些文件组建成工程文件即可输出。

9.2　工程图例

MapGIS 编辑子系统为图形编辑服务的,同时也为工程编辑过程中的图元重复编辑提供了快捷方式,这就是通过工程图例设计生成的图例板为图形编辑工作提供高效与便捷。

9.2.1　主要作用

工程图例具有两方面作用,一是在数据录入时,当输入另一类图元之前,图例板可以直接提供该类图元的的固定参数,从而避免进入菜单重新修改此类图元的缺省参数,大大提高了制图工作效率;另一个就是为制作图例提供图元及其参数。进行图形编辑前,先根据图纸的内容建立完备的工程图例,并将其保存在图例板中,在数据输入时直接拾取图例板中某一图元的固定参数,就可以灵活编辑工程文件了。

MapGIS 编辑子系统为用户提供了工程编辑功能,同时也为用户提供了工程图例设计应用功能。在编辑子系统的工程管理窗口,单击鼠标右键,系统就会弹出工程图例设计快捷菜单(图9－14),用户就可以进行工程图例的设计与应用了。

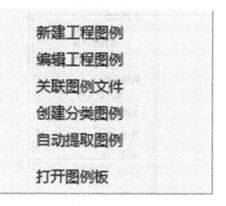

9.2.2　工程图例创建

创建工程图例是利用 MapGIS 编辑子系统中工程图例快捷菜单功能进

图 9－14　工程图例设计快捷菜单

行工程图例的建立、提取,生成工程图例文件 ＊.CLN(又称图例板)。

1. 新建工程图例

（1）在 MapGIS 编辑子系统中工程管理窗口新建点、线、面图元文件，并保存工程（见图 9 – 15），工程名称不要选默认，需另起名称。

注意：工程要保存到与点、线、面图元文件同一个文件夹中，且路径不要太深。

图 9 – 15　工程建立窗口

（2）在工程管理窗口下单击鼠标右建，在弹出的"快捷菜单"中，单击"新建工程图例"命令，系统就会打开"工程图例编辑器"（图 9 – 16）。

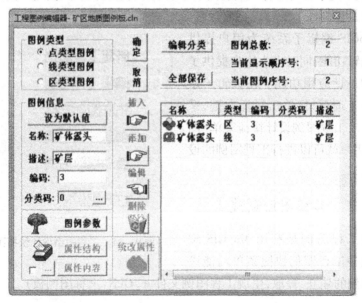

图 9 – 16　"工程图例编辑"对话框

①图例类型：根据图例中的图元类型，进行点、线、区类型选取；

②图例信息：设计图元名称，进行细节描述，为图元编码；

注意：分类码暂时不要设置，最后统一归类设计。

③图例参数：对图例中的图元参数进行设置，这是最重要的内容，简化了图形编辑中的参数重复设置工作；

④图例加入：在"工程图例编辑器"对话框中按下"添加"或"插入"按钮，将图例放置于右侧的图例板中相应位置。

（3）在工程图例编辑器中单击"编辑分类"，系统弹出"分类码编辑"对话框（图9－17），分别设置分类码与分类名称，然后按"添加类型"按钮进行分类类型的添加，最后按"确定"按钮保存分类类型。

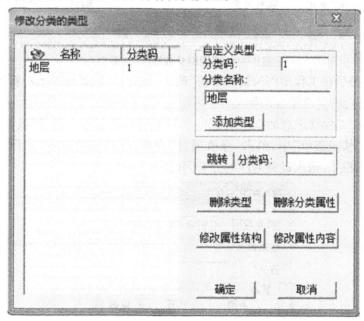

图9－17 "分类码编辑"对话框

注意：分类码很关键，每一种图形对应的分类码是不同的。

（4）在工程图例编辑器中按下"编辑"按钮，打开"图例参数修改"对话框（图9－18），在图例信息中的"分类码"项目中设置其分类码，可以直接输入对应的分类码号或单击扩展符号按钮进行设置（也可通过该对话框下的"编辑分类"进行分类码设置），最后按"确定"按钮完成。

在"图例参数修改"对话框下，也可以对"属性结构"和"属性内容"进行修改编辑，工程图例中的属性结构和属性内容与点、线、区菜单下的有所不同，当对图例中的属性结构和属性内容进行修改时，并不影响文件中图元的属性结构和属性内容。

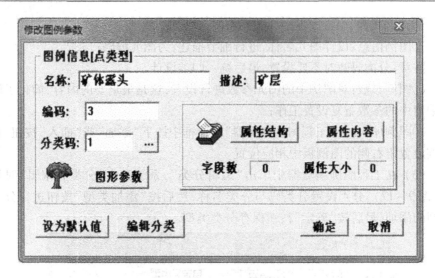

图 9-18 "图例参数修改"对话框

（5）最后在工程图例编辑器中按"确定"按钮，按照系统提示对新建的工程图例进行存盘，生成工程图例文件。

（6）在工程管理对话框中选择一个处于编辑状态的文件，用鼠标击右建，在弹出的"快捷菜单"中，单击"修改项目"命令，在系统弹出的"工程文件项目编辑"对话框中，依次设置对应的分类码（图 9-19）。

图 9-19 "工程文件项目编辑"对话框

2. 自动提取图例

（1）首先打开一个完成了的工程文件,按前节操作程序新建一个工程图例文件,并对所要提取工程图例的图元文件依次设置对应的"分类码"。

（2）在工程管理窗口下单击鼠标右建,在弹出的"快捷菜单"中,单击"自动提取图例"命令,系统弹出"工程图例自动提取"对话框(图9-20)。

图9-20 "工程图例自动提取"对话框

（3）按下对话框中的"高级设置"按钮,对话框就会向下展开"选取提取的源文件"选项(图9-21)。

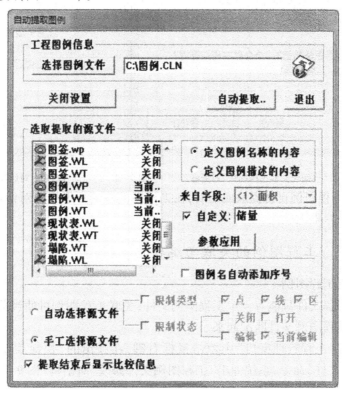

图9-21 "工程图例自动提取展开"对话框

①自动选择源文件：对点、线、区图元文件类型设置限制条件，对图元文件所处编辑状态类型设置限制条件；

②手动选择源文件：先用鼠标在对话框左侧文件列表中依次选取需要提取的图元文件，同时在对话框右侧"来自字段"选择需要作为图例名称的属性字段，或选取"自定义"重新择图例命名，每次选择完成都要按动"参数应用"按钮；

（4）然后单击"自动提取……"按钮，按系统提示操作，选择"是""确定"，（图9-22、9-23）。

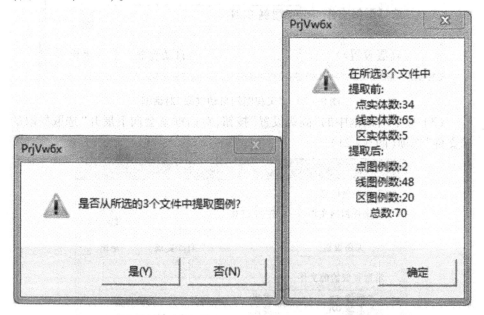

图9-22 "图元文件选择确认"对话框　　　　图9-23 "自动提取前后对比确认"对话框

（5）工程图例自动提取成功后，在工程图例自动提取展开对话框中按"退出"按钮。

9.2.3 工程图例的关联与编辑

1.关联工程图例

一个工程文件只能有一个工程图例文件，关联工程图例可使当前工程文件与指定的工程图例文件匹配起来。

（1）在"工程管理窗口"中单击鼠标右键，在弹出的"快捷菜单"中，单击"关联图例文件"命令，系统弹出"工程图例文件修改"对话框（图9-24）。

图 9 – 24　"工程图例文件修改"对话框

（2）在"工程图例文件修改"对话框中，按"修改图例文件"按钮，系统弹出的"文件选择"对话框，选择已往生成的工程图例文件，按"打开"按钮（图 9 – 25）。

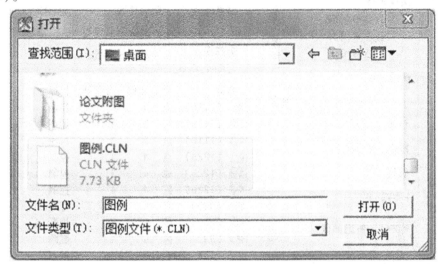

图 9 – 25　"工程图例文件选择"对话框

（3）最后在"工程图例文件修改"对话框中按"确定"按钮，则将工程图例文件与工程文件关联起来。

2. 编辑工程图例

在进行图形编辑前，首先对工程文件所关联的工程图例进行整理与系统编辑，使工程图例文件中的的图元内容形成一套纲目清晰构架关系，下面介绍工程图例的编辑工作。

（1）在工程管理窗口中单击鼠标右建，弹出的"快捷菜单"中，单击"编辑工程图例"命令，系统弹出"工程图例编辑器"对话框（参见图 9 – 16）。

（2）在"工程图例编辑器"对话框中，按下对话框中的"插入"与"添加"按钮增加工程图例中的图元，按下对话框中的"删除"按钮，删掉工程图例中的图元，单击对话框中的"编辑"按钮对工程图例中的图元进行编辑。

（3）在工程图例编辑器右侧窗口中，用鼠标左键双击工程图例中的一个图元，系统弹出"参数修改"对话框（参见图 9 – 18），按照前述操作程序进行编辑。

注意：在工程图例中的"分类码"应以图形类型文件分开编制，"编码"则以该类型图形文件中的图元符号分别编制，也就是说同一类图形文件中的点、线、区图元的工程图例要编制为一个"分类码"，不同类型的图元在设计工程图例时应分别进行"编码"。如在矿区资源储量计算图的工程图例设计时，可以将所有储量类型的图形编制为一个"分类码"，将同一储量类型的点、线、区图元设计为同一个"编码"，不同储量类型的点、线、区图元则分别"编码"（如图 9 – 26）。

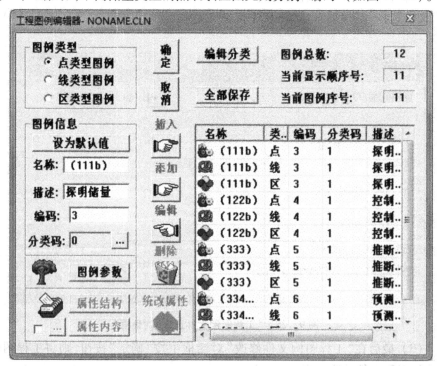

图 9 – 26 分类码与编码设计效果图

9.2.4 工程图例应用

工程图例应用是指利用工程图例生成的图例板编辑工程中的图元文件，以及利用工程图例创建工程中的图例文件。

1．图例板应用

（1）打开图例板：在工程管理窗口中单击鼠标右建，在弹出的"快捷菜单"中，单击"打开图例板"命令，在图形编辑窗口中系统弹出"图例板"（图9－27）。

（2）图例板操作：将光标移动到图例板上，单击鼠标右键，系统弹出图例板快捷菜单（图9－28），在此可以对图例板中的每个图元参数"编辑"、类型"显示"、内容"提示"、名称"标题"，以及工程图例文件的另行保存。

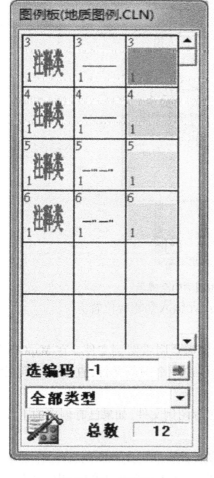

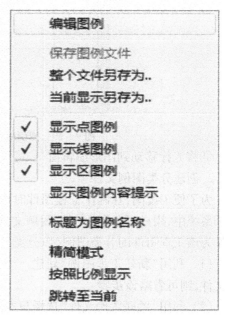

图9－27　图例板　　　　　9－28　图例板快捷菜单

（3）图例板使用：在图形输入编辑时，为了输入方便、快捷，可以直接在图例板中选取所要输入的图元，下面以线图元输入编辑介绍图例板的使用方法，点图元与区图元输入编辑类同。

①先用鼠标左键在"标准工具栏"中选取"输入线"菜单，在系统弹出的"参

数设置"对话框中选取系统默认项；

②将光标移动到"图例板"上,用鼠标左键单击选取的线元图例(图9 - 29);

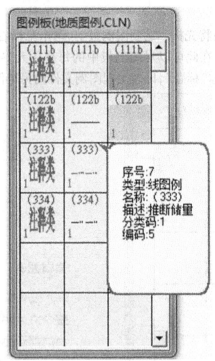

图9 - 29　图例板中图例内空提示

③将光标移动到图形编辑窗口,将线图元输入到相应位置。

2.创建分类图例文件

为了便于读图,在制作工程图件时常常需要附带图例文件。在 MapGIS 编辑子系统中,用户可以利用工程图例文件创建一个图例文件,直接添加到工程中作为该工程图件的分类图例(以分类号)。

(1)利用"新建工程图例"新建一个工程图例文件,如果已有创建的工程图例文件,则可省略该步骤。

(2)利用"关联图例文件"选择与本图件相关联的工程图例文件。

(3)在工程管理窗口中单击鼠标右建,在弹出的"快捷菜单"中,单击"创建分类图例"命令,系统弹出"创建分类图例文件"对话框(图9 - 30)。

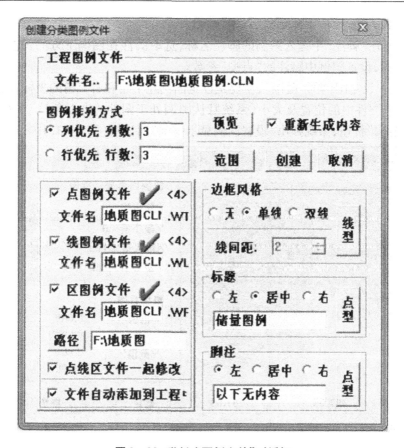

图 9-30 "创建图例文件"对话框

（4）在工程图例文件框内单击"文件名"，选择需要创建分类图例的工程图例源文件。

（5）在"图例排列方式"中，选择以"行优先"是指图例中的图元按"编号"顺序首先从左到右排列，同一"编号"时按点、线、区类型从左到右排列；以"列优先"是指图例中的图元按"编号"顺序首先从上到下排列，同一"编号"时按点、线、区类型从从上到下排列。

（6）图例文件存储形式

①在对话框中图例文件保存类型前打"√"，并键入图例文件名称（也可使用系统默认的文件名）；

②在"路径"中选择所创建的图例文件存放位置；

③在"自动添加到工程中"中选择是否将图例文件保存在工程指令中。

（7）在"边框风格"中选择图例边框线有无及单双，设置图例边框线"线型"及双线间的"间距"。

（8）在"标题"中键入图例的标题名称，选取标题在图例上方的"左""中"

"右"位置,设置图例中标题的"点型"参数。

(9)在"脚注"中键入图例的脚注名称,选取脚注在图例下方的"左""中""右"位置,设置图例中脚注的"点型"参数。

(10)设定图例的"范围",主要是设定图例左下角和右上角的坐标,以便确定图例在图件中的位置及大小(系统默认图例处于图件的左下角)。在对话框中按"范围"按钮,系统弹出"设置图例显示范围"对话框(图9-31)。

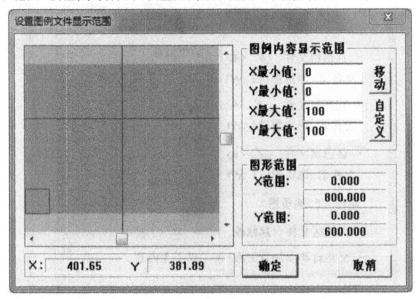

图9-31　设置图例显示范围

①在对话框中先用鼠标按下"移动"按钮,然后将光标移至图例显示窗口的位置上,用鼠标左键点往"位置框"进行移动,最后松开左键即可;

②在对话框中先按"自定义"按钮,然后将光标移至图例显示窗口,用鼠标左键圈定图例显示范围及位置;

③完成图例"范围"设定后,在对话框中按"确定"按钮进行保存。

(10)在对话框中先用鼠标按"预览"按钮,系统弹出"浏览分类图例文件内容"对话框(图9-32)。

①在对话框右侧的设置框中通过单击"移动范围"和"自定义范围",用来确定图例在图件中的位置及大小,与设定图例的"范围"方法一致。

②通过"范围比例"调整图例外围区域的占比大小,"标题比例"调整标题字的大小,"脚注比例"调整脚注字体的大小;

③通过"行距比例"与"列距比例"调整行列区域的占比大小,"图例/文本比例"调整图例中的图元符号与图元名称字符相对比例关系。

④所有的参数设置后,按"参数应用"按钮才能在窗口更新显示内容,最后

按"关闭"按钮。

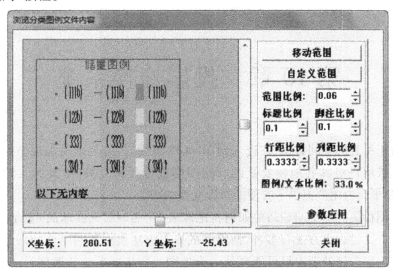

图 9-32　"分类图例文件预览"对话框

（11）通过"预览"满意后，按下"创建"按钮就会将图例文件添加到工程中，通过编辑子系统工程管理窗口中的快捷菜单，对创建的分类图例进行"项目保存"与"工程保存"（图 9-33）。

图 9-33　分类图例创建效果

第 10 章 投影变换系统

对于所有的空间数据,在进入到 MapGIS 系统时,都要求是大地坐标,也就是说要求用户对其各地物要素的空间图形进行投影变换,使其为大地坐标,MapGIS 平台为用户提供了方便的投影变换的功能。

地图投影的基本问题乃是如何将地球表面(椭球面或圆球面)表示在地图平面上。这种表示方法有多种,而不同的投影方法实现不同图件的需要,因此在进行图形数据处理中很可能要从一个地图投影坐标系统转换到另一个投影坐标系统,该系统就是为实现这一功能服务的,本系统共提供了 20 种不同投影间的相互转换及经纬网生成功能。通过图框生成功能可自动生成不同比例尺的标准图框。

10.1 投影变换

地图投影的基本问题乃是如何将地球表面(椭球面或圆球面)表示在地图平面上。这种表示方法有多种,而不同的投影方法实现不同图件的需要,因此在进行图形数据处理中很可能要从一个地图投影坐标系统转换到另一个投影坐标系统,MapGIS 地图投影变换子系统为实现这一功能提供服务,子系统共提供了 20 种不同投影间的相互转换及经纬网生成功能。通过图框生成功能可自动生成不同比例尺的标准图框。

10.1.1 系统启动与窗口显示

MapGIS 投影变换子系统的文件名为"W32_proj. exe",在 MapGIS 安装目标目录下执行相应的文件名,或从 MapGIS 主菜单界面调用"实用服务"中的"投影变换"按钮,即可启动投影变换子系统,系统窗口组成部分详见下图(图 10 - 1)。

10.1.2 文件与显示的操作

"文件"菜单项操作用于装入源投影的数据文件及保存投影转换后的数据文件,"显示"菜单项操作主要用来显示工作区中的文件,并进行缩放操作。

在"显示"菜单下有"显示 TIC 点"和"还原显示"两个功能。其中,"还原显示功能"菜单若打开,即在菜单项前有"√"符号时,图形显示即以其图形参数规定的要求来实际显示。"显示 TIC 点"菜单若打开,即在菜单项前有"√"符号时,显示当前文件所对应的 TIC 点。

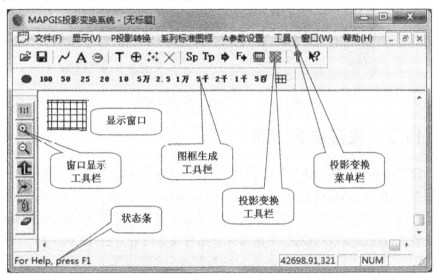

图 10 – 1　MapGIS 地图投影变换主菜单

10.1.3　参数设置

1.系统目录

在 MapGIS 投影变换子系统中,在投影变换前要求进行系统目录的设置,以保证转换文件存放位置能够方便找到,同时保障原图正常显示。其设置方法同第 2 章第 3 节"系统环境设置"相同,不再详述。

2.缺省参数

包括"缺省经纬线参数"与"缺省注释参数"设置,主要用于"绘制经纬网"时默认时参数调用。其设置方法同第 2 章第 3 节"系统环境设置"相同,不再详述。

3.TIC 点搜索半径

用于投影转换时搜索 TIC 控制点,搜索范围可通过设置匹配半径来实现。在"参数设置"下拉菜单中单击"TIC 点搜索半径"按钮,在系统弹出的"输入参数"对话框内键入半径数值,单位默认为"毫米"(图 10 – 2)。

图 10 - 2　TIC 点参数设置对话框

10.2　投影参数设置

投影参数设置功能是用来设置当前原图或目的图件的投影参数值,包括坐标系类型、椭球参数、投影类型、比例尺、坐标单位、高程、投影中心点经度、投影带及坐标平移值。在进行文件投影转换、屏幕输入单点转换、绘制标准图框时,都需要进行投影参数的设置,下面具体介绍各参数设置方法(图 10 - 3)。

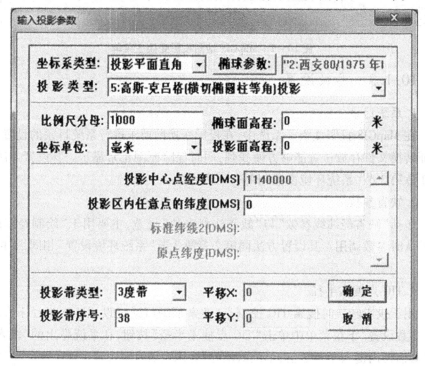

图 10 - 3　设置投影参数

10.2.1 投影坐标系设置

在进行投影变换之前,必须设置被转换的原图和转换后的结果图的坐标系类型、投影类型、比例尺、坐标单位、高程等参数。

1. 坐标系类型

坐标系类型的选取比较方便,在"坐标系类型"下拉菜单列表中的"地理坐标、大地坐标、投影平面直角、地心大地直角/空间直角"四种类型中,根据当前原图实际状况,用鼠标移至相应的坐标系类型上,按鼠标左键选取。

2. 投影类型

投影类型的选取窗也是个列表框,在下拉的菜单中会出 22 种坐标投影类型列表框,用鼠标键直接选取。

3. 投影坐标单位

对于不同的投影坐标系,可以选择不同的坐标值单位,如地理坐标系的坐标只能是经纬度,坐标值单位是角度单位,其它投影坐标系的坐标是平面坐标系,坐标值单位是长度单位。"坐标单位"输入窗也是列表框,可直接选取相应的坐标值单位。

(1) 长度单位:公里、米、分米、厘米、毫米、英尺、英寸、码、海里、英里。

(2) 角度单位:弧度、度、分、秒、DDMMSS.SS(压缩度分秒制)、梯度。

4. 比例尺

比例尺输入只需输入比例尺分母即可,值得注意的是本程序在进行投影转换时,输入的长度单位若为米,而 MapGIS 系统中绘出图形的长度单位是毫米,因此转换时,需将米转换成毫米,这样在输入比例尺分母时,需在原有比例的基础上,除以 1000,即生成 1:1000000 图时,输入的比例尺分母应为 1000,而非 1000000。对于毫米单位,则直接输入相应的比例尺倒数即可,即 1000000。若求高斯大地坐标,则设置单位为米,比例尺分母为 1 即可。

10.2.2 椭球参数设置

选中"输入投影参数"设置窗口下的"椭球参数"按钮,即可弹出"椭球参数设置"对话框,选择相应的椭球参数。

椭球参数设置功能主要用来设置原投影图的椭球参数和结果投影图的椭球参数。选中该功能后,屏幕弹出如下所示共 116 种标准椭球的参数设置显示窗(图 10 - 4)。

其中第 5 种新的椭球参数(自定义),是由用户自己输入的。将光标移到该处,然后用户在下边的输入窗依次输入新的长轴、短轴、扁率和等面积球体半径的值即可。其他的值是标准值,不允许修改,用户只要移动光条到相应的标准椭球处,参数值即自动显示出来。

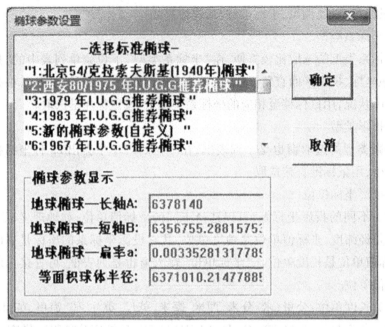

图 10 - 4 "椭球参数设置"对话框

10.2.3 地理坐标设置

对于不同的投影要求输入的投影坐标参数(如投影中心点经度、投影区内任意点纬度)不同,地理坐标系不需任何投影参数,其它投影都需根据实际所选的投影输入相应的投影参数。

10.2.4 投影带及平移值设置

1. 投影带类型

在"投影带类型"下拉菜单列表中的"6 度带、3 度带、任意"三种类型中,根据原图实际,将鼠标移至相应的类型上直接选取。

2. 投影带序号

根据"投影中心点经度"输入的经度值,按照上面选取的"投影带类型",计算出"投影带序号"后,将数值直接键盘输入即可。

3. 原点平移

一般投影参数要求输入位置偏移量,中央经线投影为 Y 轴,投影原点纬线投影为 X 轴,位移量 dx、dy 分别表示投影坐标轴的平移量。投影偏移量输入完毕后,选择"确定"。对于坐标偏移值,若不知道其具体值时,可根据"坐标平移值"公式进行计算。

10.3 图框的生成

在日常工作中经常常遇到图框的制作,MapGIS 系统也为图框生成提供了方便。生成图框主要有两种情况:标准分幅与任意分幅,标准分幅生成的图框包括三种情况,根据已知的图幅号系统自动生成的标准框、根据起始点大地坐标系统自动生成的标准框和自由生成的梯形框,均按国家地图分幅标准进行;任意分幅生成的图框包括梯形图框和矩形图框两种形式,均为用户任意分幅。

在投影变换子系统界面中单击标准工具栏中的"系列标准图框",就会显示图框生成的下拉菜单,选择图框生成方式进入相应的生成环节(图 10 - 5)。

10 - 5　图框生成方式菜单

10.3.1 标准分幅图框生成

标准分幅系统生成图框方法有三种,分别为根据图幅号自动生成标准框、根据起始点大地坐标自动生成的标准框和自由生成的梯形框。

1. 根据图幅号生成标准图框

在 1:5000 至 100 万的小比例尺生成标准图框时,可选用本生成方法。下面主要以 1:25 万的图框生成为例介绍:

(1)在"系列标准图框"中单击"根据图幅号生成图框",进入标准图框生成的"输入参数"对话框(图 10 - 6)。

图 10 - 6　"图幅号输入"对话框

215

（2）输入相应的标准图幅号（已经包含了范围与比例尺的信息），单击"确定"后，进入"投影参数设置"对话框（图10-7）。

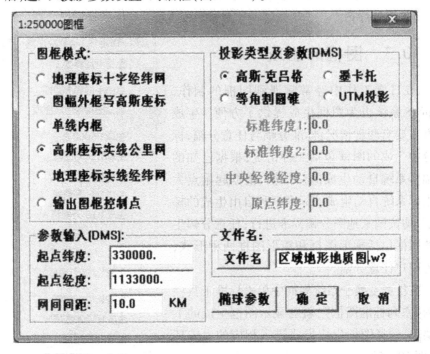

图10-7 "投影参数设置"对话框

（3）选择图框模式、投影类型、图框文件名，再设置"椭球参数"（参照本章第二节相关内容），然后按"确定"按钮。

①选择图框模式：在此选择系统默认的高斯坐标实线公里网。

②投影参数输入（DMS）：不需修改，使用默认参数即可。

③输入图框文件名：图框文件名可通过单击"图框文件名"按钮输入，也可直接在其后的空白框内输入。

④选择椭球参数：单击"椭球参数"按钮选择椭球参数，目前主要应用"西安80"的椭球体（参照本章相关内容）。

（4）在图框参数输入中，键入图框内容、选择图框参数，（图10-8），再按"确定"按钮。

（5）在"输入接图表内容"输入内容，最后按"确定"按钮，完成按国家标准分幅的根据图幅号生成图框（图10-9）。

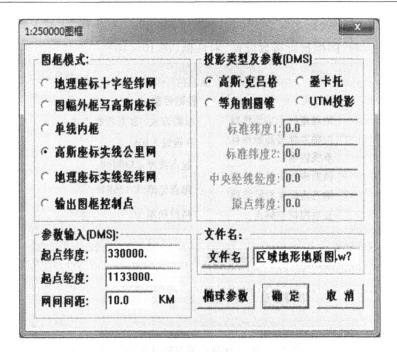

图 10 - 8 "图框参数输入"对话框

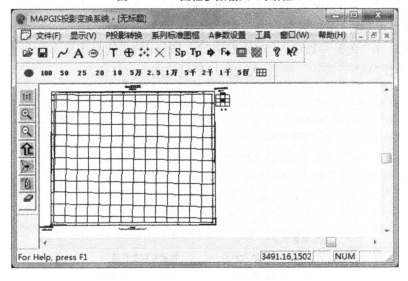

图 10 - 9 图框生成结果

2. 根据起点大地坐标生成标准图框

本生成方法适用于 1:5000 至 100 万的小比例尺的标准图框生成时。下面主要以 1:5000 的图框生成为例介绍：

（1）在"系列标准图框"中单击"生成 1:5000 图框"至"生成 1:100 万图

框"任一项,或在投影变换系统主窗口界面下单击"图框生成"菜单下拉命令,系统弹出相应的"图框投影参数设置"对话框(图 10 – 10)。

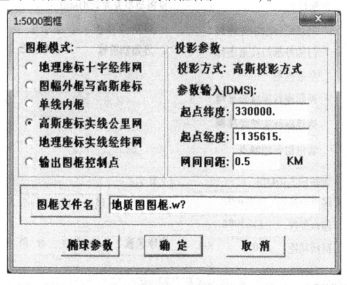

图 10 – 10 "图框投影参数设置"对话框

(2) 选择图框模式、投影参数(包括起始点大地坐标和网间距)、图框文件名,再设置"椭球参数"(参照本节相关内容),然后按"确定"按钮。

(3) 在"图框参数输入"对话框中键入图框内容、选择图框参数,(图 10 – 11),再按"确定"按钮。注意:大比例尺尽量使用 3 度分带。

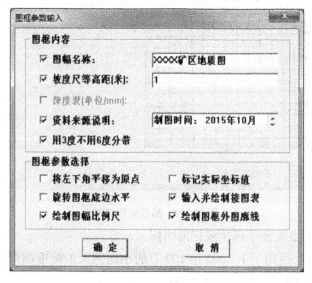

图 10 – 11 "图框参数输入"对话框

（4）在"输入接图表内容"输入内容（图 10 - 12），最后按"确定"按钮，完成按国家标准分幅的根据起点大地坐标生成图框（图 10 - 13）。

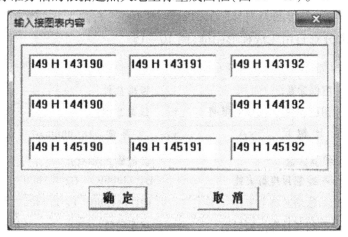

图 10 - 12　"接图表输入"对话框

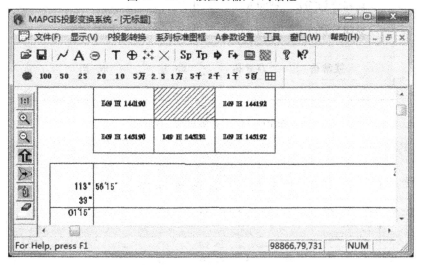

图 10 - 13　图框生成结果

3. 梯形图框生成

在 1:5 万至 100 万的小比例尺的自由图框生成时选用本生成方法。下面主要以 1:5 万的图框生成为例介绍：

（1）在"系列标准图框"中单击"自由生成梯形图框"，进入标准图框生成的"输入参数"对话框（图 10 - 14）。

（2）选择图框参数、投影参数、绘制参数、图幅参数，再设置"横向分化与纵向化"刻度、坐标线参数与坐标点参数（参照本节相关内容），然后按"确定"按钮。

（3）在"图框参数输入"对话框中,键入图框内容、选择图框参数（图10 -
7）,再按"确定"按钮。

（4）在"输入接图表内容"输入内容（图10-8）,最后按"确定"按钮,完成
按国家标准分幅自由生成梯形图框（图10-15）。

图10-14　"参数设置"对话框

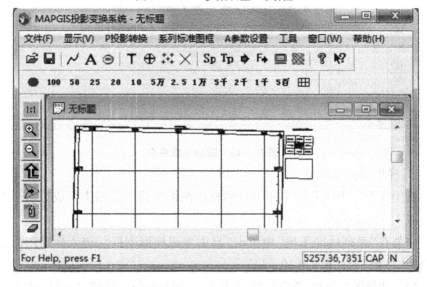

图10-15　图框生成结果

10.3.2　任意分幅图框生成

1. 梯形图框的生成

在 1:5 万至 100 万的小比例尺任意分幅的图框生成时,选用本生成方法,下面主要以 1:10 万的图框生成为例介绍:

任意分幅梯形图框的生成与前述标准分幅梯形图框的生成操作步骤基本一致,只是在"参数设置"对话框中,不要选取"绘制标准分幅图框"选项,在"参数输入"栏中输入图框范围的大地坐标值即可(图 10 - 16)。

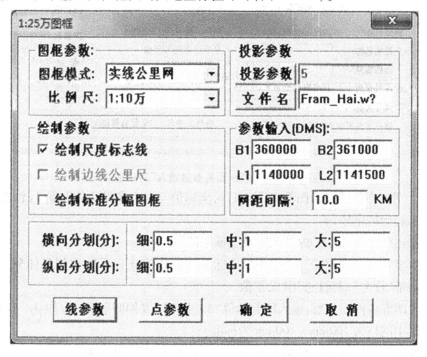

图 10 - 16　"**参数设置**"对话框

2. 矩形图框的生成

在 1:100 至 1:5000 的大比例尺任意分幅的图框生成时,可选用"键盘生成矩形图框"或"鼠标生成矩形图框"按钮来操作。下面以 1:1000 比例尺的图框生成为例做介绍:

(1) 打开 MapGIS 系统主菜单,选中"实用服务",在下拉菜单中单击"投影变换",进入投影变换子系统。

(2) 在投影变换子系统菜单栏"系列标准图框"下拉菜单中,选择"键盘生成矩形框"命令。

(3) 接着在系统弹出的"矩形图框参数输入"对话框中输入相应参数(图

10 – 17）：

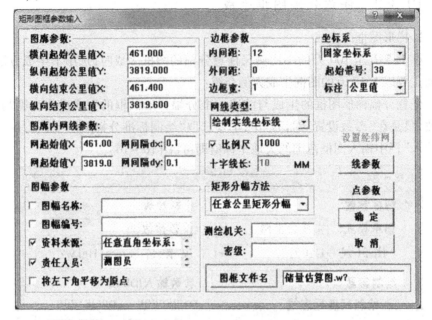

图 10 – 17　"矩形图框参数输入"对话框

①图廓参数：输入"图框左下角起始坐标值与右上角结束坐标值"（注意不要输入起始带序号）；

②边框参数：输入"内外间距及边框宽值"；

③坐标系：根据情况选用"用户坐标系"或"国家坐标系"，根据具体分带键入起始带"序号"，标注选用"公里值"；

④图廓内网线参数：输入网起始值"X1 和 Y1"及网间隔值"dx 和 dy"（以实际图纸中网格为 100mm × 100mm 为标准）；

⑤网线类型：输入"绘制实线坐标线"及比例尺值"如 1000"；

⑥矩形分幅方法：选用"任意公里矩形分幅"；

⑦点线参数设置：输入相应参数后分别按"确定"按钮；

⑧图框文件名：输入对应文件名称。

（4）参数输入结束后，按"确定"按钮，系统弹出生成的矩形图框（图 10 – 18），在空白处击鼠标右键，系统弹出"文件名选择"对话框，按下"Ctrl"键，逐一选择保存点、线、区图框文件。

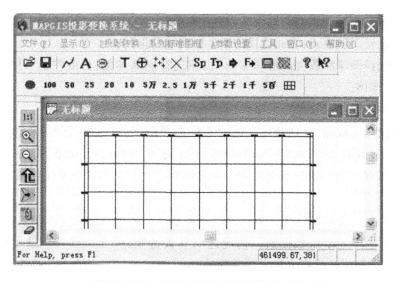

图 10 - 18　大比例尺任意分幅图框显示

10.3.3　土地利用图框生成

在土地管理工作中经常会遇到图框的生成,MapGIS 系统专门为土地管理工作中图框生成进行专题设计,可以生成1:5000 至1:100 万的标准分幅与任意分幅的图框。下面主要以1:1 万的图框为例进行分步讲解。

（1）在"系列标准图框"下拉菜单中单击"生成土地利用图框"命令,系统弹出"图框模式设置"对话框(图 10 - 19)。

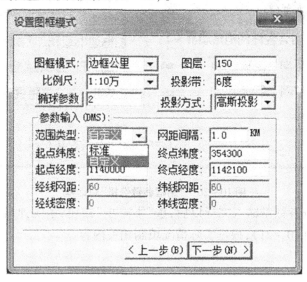

图 10 - 19　"图框模式设置"对话框

（2）在系统弹出的对话框中设置图框参数：

①选择图框模式：在此选择高斯坐标实线公里网；

②选择椭球参数：按"椭球参数"按钮选择椭球参数，目前主要应用"西安80"的椭球体；

③输入比例尺及投影带序号；

④投影参数输入（DMS）：在此输入框选择范围类型，键入经纬度和网距间隔值。在"范围类型"选项中有"标准"与"自定义"两种，选"标准"即为生成"标准分幅图框"，"自定义"为任意分贝幅；网间间距一般不需修改，使用默认参数即可；

（4）主要参数都输入完毕后，按"下一步"按钮，系统弹出"图框参数选择"对话框（图 10－20），根据实际情况选取有关选项，需要选择时在选项前面打"√"，若不需要选择则去掉选项前面的"√"。

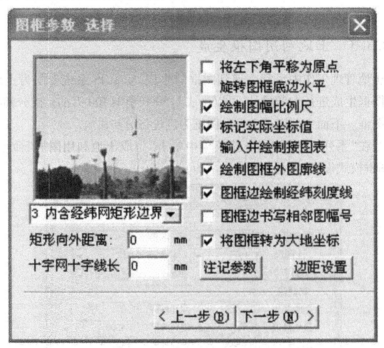

图 10－20 "图框参数选择"对话框

（5）图框参数都输入完毕以后，按"下一步"按钮，系统弹出"图框内容输入"对话框（图 10－21），根据实际情况填制相关内容。

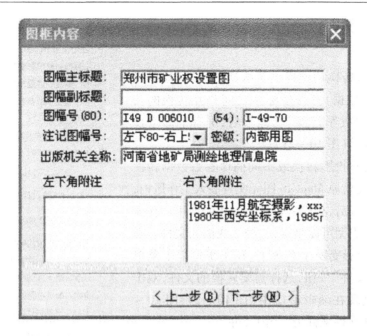

图 10 – 21　"图框内容输入"对话框

（6）图框内容输入完毕后，按"下一步"按钮，系统会弹出"接图表"对话框，输入文件名后按"完成"按钮，系统即自动绘制所要求的土地利用图框（图10 – 22）。

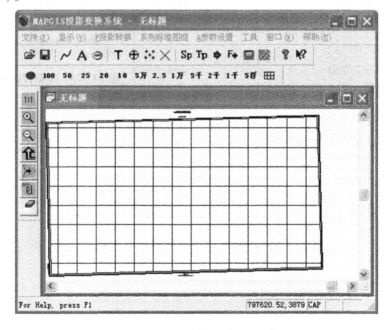

图 10 – 22　生成的土地利用图框

10.4　投影转换

投影转换功能提供了构造经纬网,提取经纬网明码数据,各种坐标系之间相互转换的功能。选择"投影转换"功能项后,屏幕上即下拉出功能菜单(图10－23)。

在进行投影转换或不同椭球参数数据转换时,都需先将原 MapGIS 图元文件装入工作区内,当文件装入后,相应的转换功能才能启用。转换的文件的类型可以是点元、线元或面元文件。在 MapGIS 投影变换子系统下,在系统窗口下菜单栏中按"文件"按钮,选择需要转换的文件,双击打开后呈现在编辑窗口中(图10－24、图10－25),被选文件又称为"当前文件"。

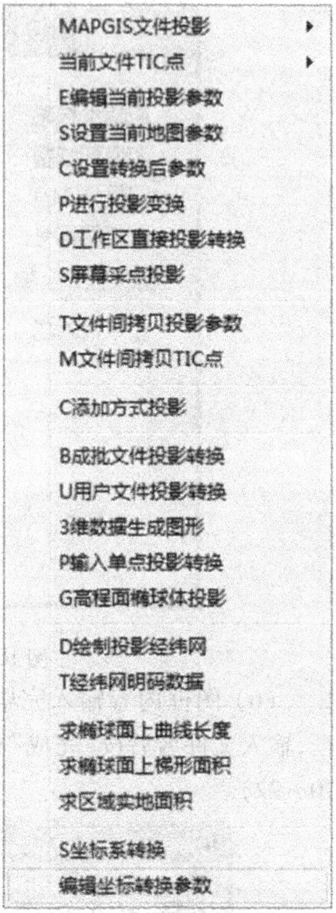

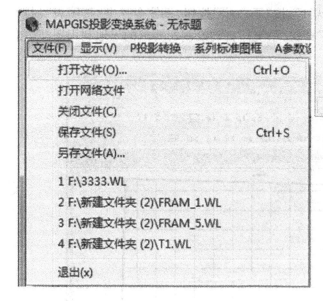

图 10－23　投影转换菜单

图 10－24　文件选择菜单

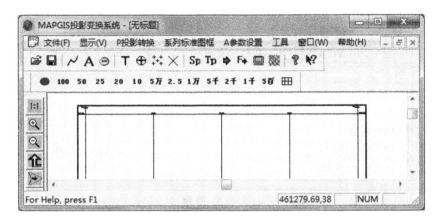

图 10 - 25　当前文件显示

10.4.1　单个文件投影转换

1.选择转换的文件

在进行投影转换前要选择装入工作区内"当前文件",选择需要转换的单个文件。单击菜单栏中"投影转换",在下拉菜单"MapGIS 文件投影"中单击文件类型选择命令(图 10 - 26),系统弹出"文件选择"对话框(图 10 - 27),选择要转换的单个文件后按"确定"按钮。

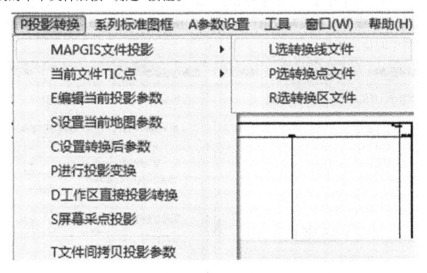

图 10 - 26　"选择文件类型"对话框

图 10 - 27 "文件选择"对话框

2. 编辑当前投影参数

用于设置或编辑投影转换前原图中已处打开状态"当前文件"的投影参数,操作方法参见本章相关内容。

3. 设置当前地图参数

该功能用来设置"当前文件"的坐标系、单位及比例尺、图幅范围。在"投影转换"下拉菜单中单击"屏幕采点投影"命令,系统弹出"地图参数设置"对话框,分别选取或键入相关参数值(图 10 - 28、图 10 - 29、图 10 - 30),这些参数在建立图库时也要用到。

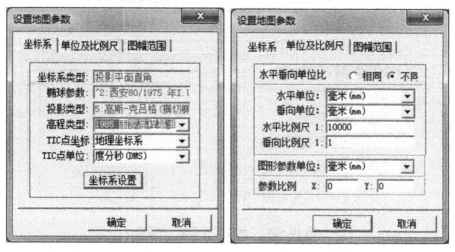

图 10 - 28 "地图坐标系参数设置"对话框   图 10 - 29 "地图单位及比例尺参数设置"对话框

图 10-30 "地图图幅范围参数设置"对话框

4. 输入文件的 TIC 点

该功能项是用来确定用户当前所选文件的坐标系与其在相应投影参数下的坐标系之间的转换关系。由于用户从数字化仪或扫描仪上采集进来的图形已经由用户指定了坐标原点,建立了相应的坐标系。而根据图形所对应的投影参数,如中央经线、标准纬线等又定义了一个大地坐标系,其坐标原点一般情况下与用户指定的坐标系不重合。在进行投影转换时,是以大地坐标系为准,因此,在进行文件投影时,必须将用户坐标系中的值转换为投影坐标系中的值才能进行正确转换。为了实现这个功能,MapGIS 中提供了 TIC 点操作功能,通过 TIC 点来确定用户坐标系和投影坐标系的转换关系。在进行文件投影变换时,至少得输入四个 TIC 点,否则将不进行投影转换。若用户在输入数据时已经通过 TIC 点转换到大地坐标系,则在转换时不需要 TIC 点。下面具体介绍 TIC 点操作功能(图 10-31)。

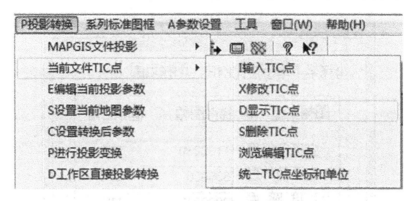

图 10-31 文件 TIC 点功能调用

（1）输入 TIC 点

刚开始输入 TIC 点的时候,用户得设置当前文件的投影参数,设置完毕即可开始输入。将文件显示在屏幕上,选中输入 TIC 点功能后,将鼠标指向控制点按左键,此时系统会自动搜索鼠标附近的点。若为线文件,则搜索线交点或线上点,在搜索范围内找不到则会提问是否用鼠标位置处的点;若为点文件,则找附近的点图元,在搜索范围内找不到则会提问是否用鼠标位置处的点。选中相应的点后,系统会弹出"TIC 点编辑"对话框(图 10-32)。理论值是由用户输入,输入理论值时,首先选择理论值的类型,若为地理经纬度,则只能选择角度单位;若为大地直角坐标,则只能选择长度单位。根据此步骤,输入各个 TIC 点。若图已校正,一般输入图框的四个角点即可。

注意:TIC 点直接保存于当前所编辑的文件中,若用户是第一次输入

图 10-32 "输入 TIC 点"对话框

TIC 点或 TIC 点已修改,则记着保存该文件。

（2）修改 TIC 点

将鼠标移动到已输入的 TIC 点附近按左键,即可选中该控制点,此时会弹出如上图的对话框,由用户来修改该 TIC 点的值。

(3)显示 TIC 点

将当前文件的 TIC 点以"＋"显示在屏幕上。显示长度可通过"参数设置"菜单下的"设置匹配半径"功能项来设置。其中实际值以红色"＋"显示,理论值以黄色的"＋"显示。

(4)删除 TIC 点

将鼠标移动到已输入的 TIC 点附近按左键,即可删除该控制点。

(5)浏览编辑 TIC 点

单击菜单中的"浏览编辑 TIC 点",系统就会弹出"浏览编辑 TIC 点"对话框(图 10－33),可以用来检查投影转换各控制点,确认无误后按"确定"按钮,如需保存叮在当前工作目录文件夹下形成 ＊.pnt 文件。

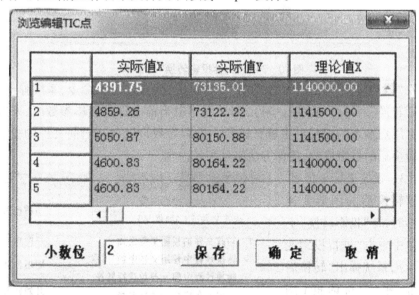

图 10－33 "浏览编辑 TIC 点"对话框

5.设置转换后的参数

该功能用于设置或编辑投影转换后结果图"目的文件"的投影参数,其操作方法参见相关内容。

6.进行投影转换

在投影转换的原图投影参数和结果图的投影转换参数设置好后,就可以开始投影转换了,下面具体介绍操作步骤。

(1)选择文件

在投影转换时,首先选择"选择文件"按钮,在系统列出的当前工作区中选择一个文件(所以每次只能选择一个),该功能如同前边介绍的"选择转换文件"。

(2)设置投影参数

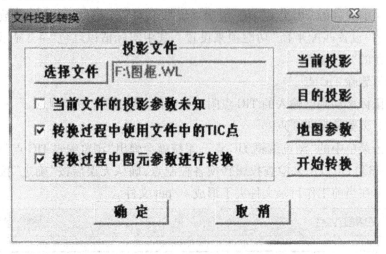

图10-34 "文件投影转换"对话框

在"投影转换"下拉菜单中单击"工作区直接投影转换"命令,系统弹出"文件投影转换"对话框(图10-34),如果不知道当前文件的投影参数时,系统将只根据用户输入的控制点来进行转换。投影参数设置包括当前文件的投影参数及转换后的投影参数,操作方法参见相关内容。

(3)设置坐标平移值

若转换后的图形要进行平移时,在"投影转换"下拉菜单中单击"进行投影变换"命令,系统弹出"转换后位移值输入"对话框(图10-35),输入相应的坐标平移值。若想将图形按照左下角的值进行平移,而用户又不知道具体输入何值时,可以按"取图形左下角值作为平移值"按钮,由系统自动获取该值。

(4)是否使用TIC点

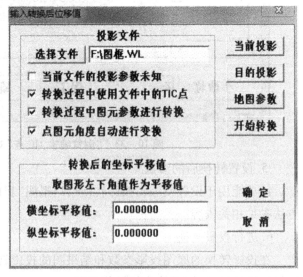

图10-35 "投影转换后位移值输入"对话框

若用户文件的坐标已经是大地坐标系,即TIC点的实际值和理论值一样,此时就没必要选"转换过程中使用文件中的 TIC 点"设置。否则必须设置该选项,不然转换的结果会有误。

(5)设置转换选项

投影转换后的文件有两种生成方式,一种是覆盖方式,另一种是添加方式。在"投影转换"下拉菜单中单击"添加方式投影"命令,在设置转换选项中的"添加"与"覆盖"中选择。

(6)投影转换

各项参数设置好后按"开始转换"按钮,系统根据设置的原图和结果图件的投影坐标系,自动进行不同投影或不同椭球参数之间的传换。若还需要转换当前工作区中其它文件,重复前边的步骤。转换完毕后按"确定"或"取消"按钮,退出投影转换窗口。接下来可以到显示菜单中显示转换后的图形,若想保存转换后的结果,可到文件菜单下选择相应的功能进行保存(图文并茂 10 - 36)。

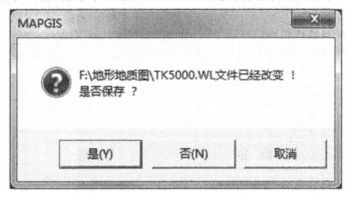

图 10 - 36　"保存转换结果"对话框

7.屏幕采点投影

投影转换前后的投影坐标系及参数都设置好后,并将当前文件显示在屏幕上,单击"投影转换"下拉菜单中的"屏幕采点投影"命令,再将鼠标指向需投影的点处按鼠标左键,则系统将该点当前值及转换后的值显示出来(见图 10 - 37)。

图 10 - 37　"屏幕采点投影"对话框

8. 文件间拷贝投影参数/TIC 点

若用户已设置好线文件的投影参数及 TIC 点,此时相应的点文件和区文件也需要进行同样的设置。单击"投影转换"下拉菜单中的"文件间拷贝投影参数/TIC 点",系统弹出"投影参数及 TIC 拷贝"对话框(图 10 – 38),在左边用来选择已经设置投影参数及 TIC 点的工作区文件,右边用来选择要拷贝这些参数的工作区文件,选好后按"拷贝"按钮可实现一次拷贝。重复该过程可以将一个工作区的投影参数及 TIC 点拷贝到多个文件中,拷贝完毕要保存文件。

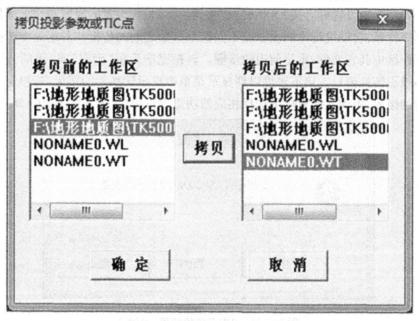

图 10 – 38 "投影参数及 TIC 拷贝"对话框

10.4.2   单点投影转换

输入单点投影转换是在对话框中逐点进行投影转换,这种方式不适宜于批量数据转换,但对个别数据进行投影转换或随时查看两种不同投影之间的数据转换时非常有用。在"投影转换"下拉菜单中按"输入单点投影转换"按钮,系统弹出"屏幕输入单点投影转换"对话框(图 10 – 39),即可使用逐点输入进行投影转换功能。

1. 编辑转换前的参数

"原始投影参数"功能用来输入转换前"当前文件"的投影类型及参数,操作方法参见相关内容。

2. 设置转换后的参数

"结果投影参数"功能用来输入转换后"目的投影文件"相应的投影类型及参数,操作方法参见相关内容。

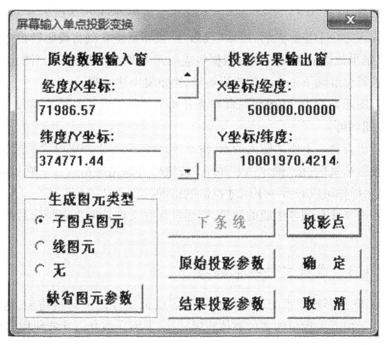

图 10 - 39 "屏幕输入单点投影转换"对话框

3. 设置生成图元类型

投影转换后的点既可以生成"子图点图元"放在点工作区中,也可以将点连成"线图元"放在线工作区中,工作区的文件名为"noname"。当然也可以只是看看转换的结果,转换图元类型为"无",结果并不放到任何工作区中。

(1)若生成图元类型设置为"子图点图元",则用户每投影一个点都生成一个子图,子图的缺省参数通过"缺省图元参数"功能来设置(此时"下条线"按钮变为灰色,不能使用)。

(2)若生成图元类型设置为"线图元",则用户输入的点将被联结成线,每按一次"下条线"按钮,则结束上一条线的生成并开始下一条线的生成。线图元的参数也是通过"缺省图元参数"功能来设置。若不生成图元,则"缺省图元参数"和"下条线"按钮将变为灰色,不起作用。

4. 输入单点转换

在原始投影和目的投影的投影参数、生成图元类型及图元参数设置好后,就可进行进行单点投影转换。

①在进行逐点投影转换时,在"原始数据输入窗"的文本显示条内逐点输入相应的坐标值,如果"原始投影坐标系"是地理坐标系,需逐点键入经纬度的值(注意:是 DDD 格式,而非 DMS 和 DMM 格式);如果是其他投影,则需要键入(X,Y)值。

②输入完一个坐标点后,按动"投影点"投钮系统立刻将投影转换后的数据显示到"结果数据显示窗",同时根据生成图元类型生成相应的"点图元"。

③若需要继续下一个点的投影转换,则重复上述步骤。

④若图元类型为"线图元",此时想开始下一条线的投影转换,那么按动"下一条线"按钮即可。

⑤若想查看一下刚才输入的点,滑动滚动条,即可以浏览已投影过的值。

⑥投影结束后,按"确定"或"取消"按钮即可退出屏幕点投影转换窗,退出后,用显示操作可以查看一下刚才投影的结果。

⑦若需要保存刚才生成的结果,则通过保存文件功能保存投影后的结果文件。

10.4.3　成批文件投影转换

MapGIS 投影转换系统还为用户提供了成批文件投影转换功能,这种方式适用于目录根下大批量的文件整体投影转换,下面详细介绍功能使用步骤。

1. 打开文件

首先打开文件夹内所有需要同类型转换的图元文件,并单击窗口显示工具栏中的"1∶1"装入工作区。

2. 编辑 TIC 点

在"投影转换"下拉菜单中点选"MapGIS 文件投影"中的投影文件类型(最好选择线文件),再点选"当前文件 TIC 点"相关项,操作方法见本节前述内容。

3. 编辑当前投影参数、设置当前地图参数及转换后参数

在"投影转换"下拉菜单中单击"编辑当前投影参数""设置当前地图参数"及"设置转换后参数",操作方法见本节前述内容。

4. 文件间拷贝投影参数/TIC 点

批量文件同时投影转换时要求必须采用统一的投影参数及 TIC 点,这就需要将"MapGIS 文件投影"选中的投影类型文件已经设置好的投影参数/TIC 点拷贝到其他需要转换的文件中。操作方法见本节前述内容(图 10 - 38),拷贝完毕要保存文件。

5.进行投影转换

在"投影转换"下拉菜单中单击"成批文件投影转换"命令,系统弹出"批文件投影转换"对话框(图 10 - 40),导入所有需要转换的文件,点选"按输入文件"或"按输入目录",选取"设置所选文件或目录的投影参数",单击"开始投影"再按"确定"按钮,并保存转换后的所有文件。

图 10 - 40　"成批文件投影转换"对话框

10.4.4　绘制投影经纬网

该功能绘制用户指定投影坐标系图框上的的经纬网,经纬度的间隔和范围由用户根据图幅输入。

1.打开 MapGIS 系统主菜单, 选中"实用服务", 在下拉菜单中单击"投影变换"进入投影变换子系统。

2.在投影变换子系统菜单栏中"投影转换"在下拉菜单中,单击"绘制投影经纬网"命令,系统弹出"投影经纬网生成经纬度参数输入"对话框(图 10 - 41)。

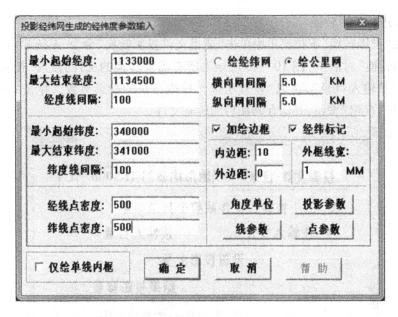

图 10 - 41   "投影经纬网参数输入"对话框

3. 在系统弹出的对话框中键入对应"最小起始经(纬)度、最大结束经(纬)度、经(纬)度间隔",选取"绘公里网",根据图幅比例尺键入"横(纵)向网间隔",并在"加绘边框"及"经纬标记"前打"√"。

4. 按"角度单位"按钮,在系统弹出的"角度输入投影参数"对话框中,坐标系类型必须选择"地理坐标系",设置"坐标单位"必须与"投影经纬网生成经纬度参数输入"对话框中经纬度格式保持一致(图 10 - 42),然后按"确定"按钮返回对话框。

5. 按"投影参数"按钮,在系统弹出的对话框中选取参数,方法参见相关内容。

6. 上述参数设

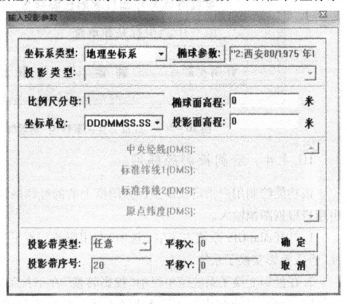

图 10 - 42   "角度单位参数输入"对话框

置好后,按下主对话框中的"确定"按钮进入"绘制参数设置"对话框(图 10 -
43),设置标尺参数、比例尺及图名,然后点"确定"。

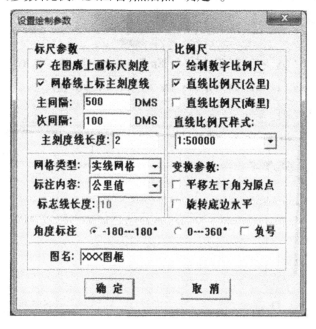

图 10 - 43　"绘制参数输入"对话框

7. 在系统弹出的投影变换的编辑窗口下,在任意位置单击右键,在下拉菜
单中选择"复位窗口"命令,系统弹出文件名选择窗口(图 10 - 44)。

图 10 - 44　投影显示文件选择窗口

8. 在文件名选择窗口中将所有显示的文件选为"蓝色",然后按"确定"按钮,在投影变换的编辑窗口下就会显示出投影绘制的经纬网(图 10-45)。

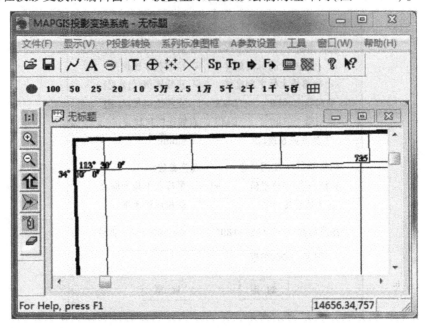

图 10-45 生成的经纬网窗口

9. 单击投影变换子系统菜单栏中的"文件",然后保存文件。

10.4.5 数据文件投影转换

前边介绍的是文件投影转换功能主要是针对的是 MapGIS 图元文件间的转换,现在介绍 MapGIS 图元文件与数据文件间的转换。

1. 数据文件转换图元文件

现在介绍用户有成批文本数据需投影转换形成图元(形)文件,需要通过 MapGIS 投影转换中的"用户文件投影转换"功能就是来实现,下面详细介绍转换过程。

(1)数据标准化处理

将 Excel 数据格式文件中的 Y 值去除投影带序号,并设置为数值格式,然后再另存为"文本文件(制表符分隔)"(图 10-46、图 10-47、图 10-48)。

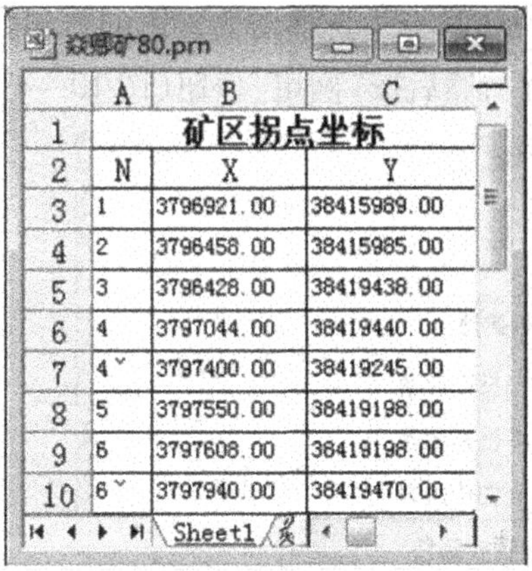

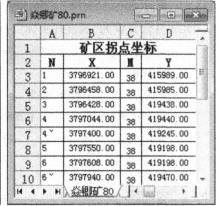

	A	B	C
1	矿区拐点坐标		
2	N	X	Y
3	1	3796921.00	38415989.00
4	2	3796458.00	38415985.00
5	3	3796428.00	38419438.00
6	4	3797044.00	38419440.00
7	4ˇ	3797400.00	38419245.00
8	5	3797550.00	38419198.00
9	6	3797608.00	38419198.00
10	6ˇ	3797940.00	38419470.00

图 10 – 46　**原始数据格式**

	A	B	C	D
1	矿区拐点坐标			
2	N	X	M	Y
3	1	3796921.00	38	415989.00
4	2	3796458.00	38	415985.00
5	3	3796428.00	38	419438.00
6	4	3797044.00	38	419440.00
7	4ˇ	3797400.00	38	419245.00
8	5	3797550.00	38	419198.00
9	6	3797608.00	38	419198.00
10	6ˇ	3797940.00	38	419470.00

图 10 – 47　**处理后数据格式**

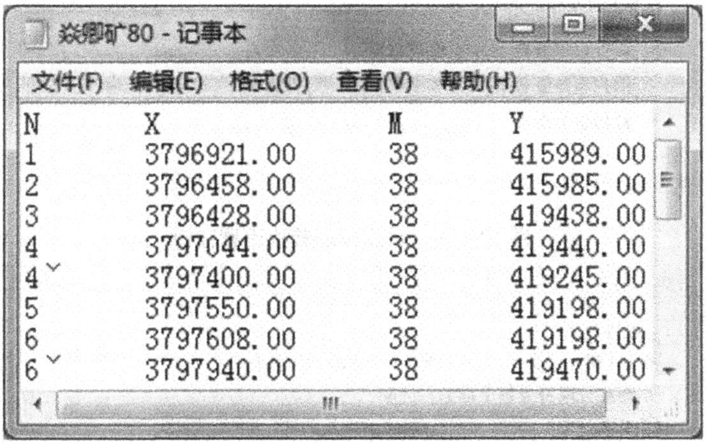

N	X	M	Y
1	3796921.00	38	415989.00
2	3796458.00	38	415985.00
3	3796428.00	38	419438.00
4	3797044.00	38	419440.00
4ˇ	3797400.00	38	419245.00
5	3797550.00	38	419198.00
6	3797608.00	38	419198.00
6ˇ	3797940.00	38	419470.00

图 10 – 47　**转换后数据格式**

（2）用户数据文件投影转换

单击“投影转换”下拉菜单“U 用户文件投影转换”命令，系统弹出下列对话框（图 10 – 48）。

①打开用户文件：通过按“打开文件”按钮来打开要转换的文本文件（该功能只能对纯文本文件进行转换，目前不支持其他类型的文件）；

②指定数据起始位置：打开文件后，在“指定数据起始位置”窗口中通过方向键移动列表中的光条来指示文件投影数据的起始位置，单击第一个数据值开始；

③设置用户文件选项：按指定分隔符，然后按“确定”按钮，如将 X 设置位于“4”列，Y 设置位于“2”列，设置生成相应的“点”或“线”；

④设置分隔符号：在“TAB 键”与“连续分隔符号每个都参与分隔”上打

"√",将"空格"上的"√"去掉,属性名称及所在行中选择需要投影的行码如"X、Y"行,图元属性位置设为"属性在坐标点行",然后按"确定"按钮(图 10 – 49);

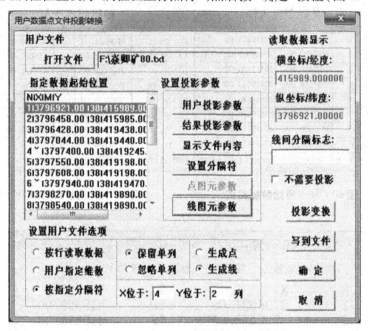

图 10 – 48　数据投影转换设置窗口

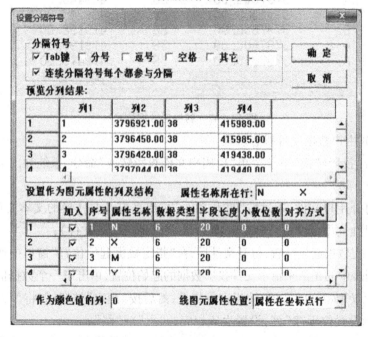

图 10 – 49　"设置分隔符号"对话框

⑤设置投影参数

用户投影参数、结果投影参数、点图元参数、线图元参数的设置请参考前面相关章节内容。

⑥投影变换/数据生成

所有选择项设置完毕,按"投影变换/数据生成"按钮,即可开始投影转换,投影结果生成相应的 MapGIS 图元文件。投影完毕可通过"复位窗口"来查看投影结果,单击"1∶1",就会在系统窗口内显示出投影后的图形(图 10 - 50),然后按"确定"按钮;

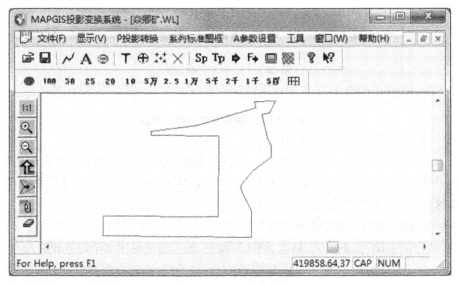

图 10 - 49 "设置分隔符号"对话框

⑦生成明码结果文件

若用户需将投影结果写到文本文件中,那么按"写到文件"按钮,此时系统提示用户输入投影结果文件名,输入完毕即开始转换,并将结果写到该文件中。

2. 图元文件转换成用户明码数据文件

在进行投影转换或不同椭球参数数据转换时,有时需要将原 MapGIS 图元文件中包含的数据信息提取出来,更加量化反映地理情况。MapGIS 图元文件投影转换成用户明码数据文件按如下步骤进行。

(1)MapGIS 图元文件参数查寻:打开要转换成明码数据文件的图元文件工程,在 MapGIS 编辑子系统下单击"设置",在下拉菜单选中"设置显示坐标",记录参数后按"确定"按钮。还可以利用生成的标准图框将"用户自定义"坐标系转换成已知的坐标系,采用直接导入方式进行转换。

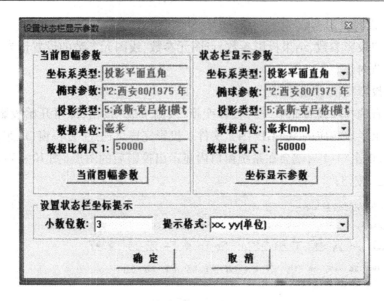

图 10 – 50　工程参数状态显示窗口

（2）打开图元文件编辑 TIC 点

①打开图元文件：投影转换前首先打开需要转换的文件，在 MapGIS 投影变换子系统下单击菜单栏中的"文件"，在下拉菜单选中单击"打开文件"命令，系统弹出相应工作区中的文件，用户选择后按"打开"按钮；

②编辑 TIC 点：通过菜单"选转换文件""文件间拷贝 TIC 点"及"当前文件 TIC 点"进行 TIC 点的输入、修改、删除等编辑，操作方法见本章第四节相关内容。

（3）生成数据文件

①图元文件投影转换：在 MapGIS 投影变换子系统下选中"投影变换"，在下拉菜单中单击"进行投影转换"命令（图 10 – 51），按"Ctrl"键后选择要转换的图元文件，输入"当前投影参数"与"目的投影参数"，分别按"确定"按钮；

②由于前面已经编辑 TIC 点，因此转换要使用原文件中的 TIC 点，转换

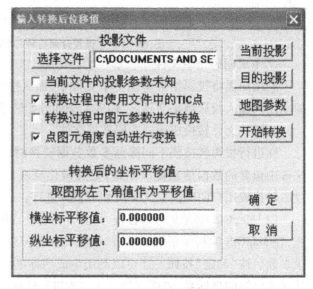

图 10 – 51　"文件投影转换位移"对话框

前选取"转换过程中使用文件中的 TIC 点";

③投影转换:各项参数设置好后按"开始转换"按钮(图 10 – 52),在信息提示框单击"确定",就会在当前工作目录下新建一个转换后的图元文件;

图 10 – 52　**"转换文件保存"对话框**

④完成转换后,在"转换后位移值输入"对话框中按"确定"按钮,在退出转换主窗口时弹出的对话框中按"确定"按钮,退出投影转换窗口。

(4)图元文件数据输出

①在 MapGIS 软件程序主菜单中单击"图形处理",在下拉菜单中选中"文件转换",系统弹出"文件转换"对话框,在"文件"菜单中选中的"装入点、线、区"命令(图 10 – 53),选择需要数据输出的图元文件;

②再选中"输出"菜单,在下拉菜单中单击"输出 SDTF(国土资源部)"命令,选择输出文件后按"确定"按钮(图 10 – 54、图 10 – 55);

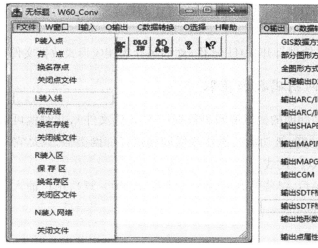

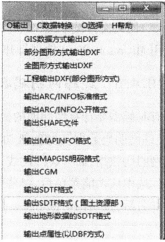

图 10 – 53　图元文件装入菜单　　　图 10 – 54　文件数据转出菜单

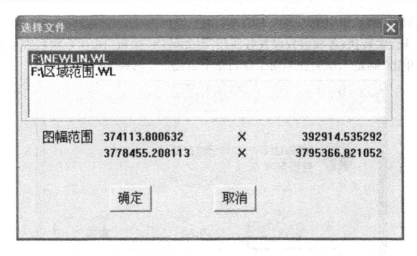

图 10 – 55　图元文件选择

③在系统弹出的"空间数据交换格式"对话框中键入数据文件名,按"保存"按钮(图 5 – 56)。

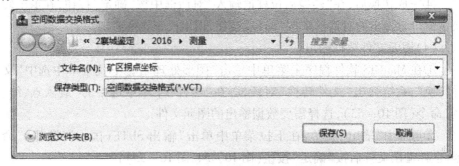

图 10 – 56　"空间数据交换格式"对话框

(5)明码文件读取

用 MiCrosoft Word 软件打开 SDTF 文件,然后另存为相应形式数据文件。

10.4.6　经纬网明码数据获取

有时候需要计算经纬网的坐标值明码数据(ASCII 码文件),此时就可以选择"经纬网明码数据"功能,该功能的操作步骤同构造经纬网类似,只是它生成经纬网明码数据,而非经纬网线。

1.选中该功能菜单后,屏幕即提示输入文件名(图 10 – 57),用户输入相应的文件名后,按"保存"按钮。

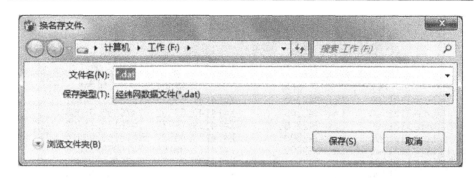

图 10-57　换文件名对话框

2. 接下来的操作同构造经纬网所述,在"投影经纬网生成的参数输入"对话框中键入相应数据,选择投影参数值(图 10-58)。

图 10-58　"投影经纬网生成的参数输入"对话框

3. 输入后按"确定"按钮后,就会生成明码数据文件,同样有添加方式和覆盖方式两种,生成的文件格式如图所示(图 10-59)。

地 理 坐 标		图上坐标(除比例)	
经度	纬度	横向X	纵向Y
Lon=1131500	Lat=342000	X=14141.39872	Y=76058.64387
Lon=1131500	Lat=342100	X=14140.57892	Y=76095.63053
Lon=1131500	Lat=342200	X=14139.75877	Y=76132.61727
Lon=1131500	Lat=342300	X=14138.93827	Y=76169.60410
Lon=1131600	Lat=342000	X=14172.08159	Y=76059.32633
Lon=1131600	Lat=342100	X=14171.25571	Y=76096.31314
Lon=1131600	Lat=342200	X=14170.42947	Y=76133.30004
Lon=1131600	Lat=342300	X=14169.60289	Y=76170.28702
Lon=1131700	Lat=342000	X=14202.76459	Y=76060.01382
Lon=1131700	Lat=342100	X=14201.93263	Y=76097.00079
Lon=1131700	Lat=342200	X=14201.10031	Y=76133.98785
Lon=1131700	Lat=342300	X=14200.26763	Y=76170.97498
Lon=1131800	Lat=342000	X=14233.44773	Y=76060.70637
Lon=1131800	Lat=342100	X=14232.60968	Y=76097.69349
Lon=1131800	Lat=342200	X=14231.77128	Y=76134.68070
Lon=1131800	Lat=342300	X=14230.93251	Y=76171.66800

图 10 – 59   生成的明码文件显示窗口

10.4.7 椭球面上面积与长度

1.椭球面上梯形面积计算

对于大比例尺地形图,图上对应的实地面积,范围较小,因此可以把椭球面近似看作为平面来计算面积。但是,当区域范围较大时,看作平面误差就会很大。一般地图都是经过投影转换为平面图,即从图上计算出的面积就是平面面积,而非地球面上真实面积。所以,在计算面积时,可以考虑是否用等积投影来计算。该功能用来计算用户给定的起始经纬度和结束经纬度范围面积,由于起始经纬度和结束经纬度所围区域经过高斯投影后是个梯形,所以称为球面梯形面积计算。

选中该功能后,系统弹出计算窗口(图 10 – 60)。首先选择范围是球面任意梯形还是标准比例尺地形图所对应的区域。若选择球面任意梯形,则通过左上角输入范围,数据单位从右边列表指定。若选择标准比例尺地形图所对应的区域,则只要选择比例尺,并输入图框内任一点即可,数据单位见右边设置。接下来通过“椭球体”按钮设置椭球类型。各项参数及数值设置好后,按“求面积”按钮,则计算结果随即显示在下边的实地面积窗口中,其中面积单位是平方米。

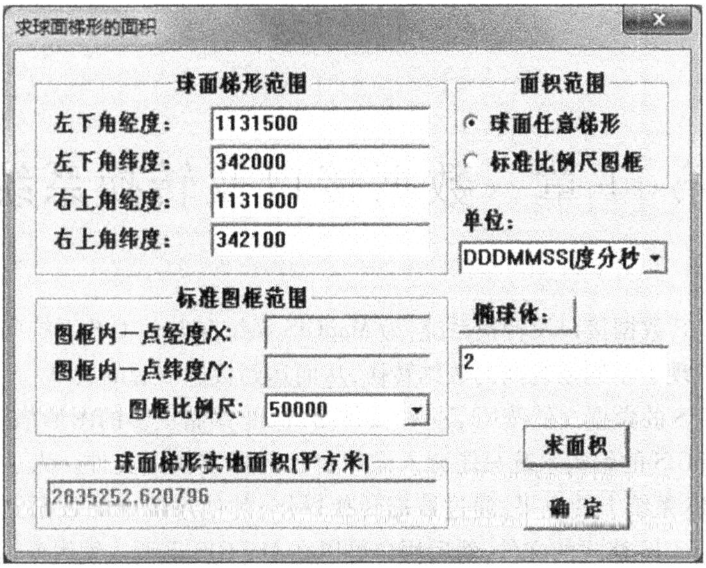

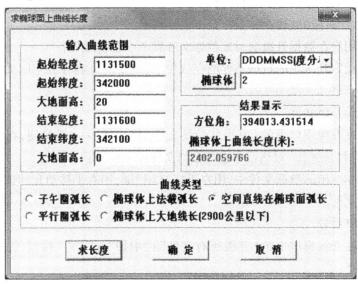

图 10 - 60   计算球面梯形面积

2. 椭球面上曲线长度计算

　　该功能用来求空间任意两点之间的距离,由于地球是椭球面,所以地球面上任意两点之间的距离是曲线长度。该功能要求用户输入球面上两点(B1,L1,H1)和(B2,L2,H2)的经纬度及地面高程,然后设置椭球及输入数据单位,按"求长度"按钮,系统随即计算这两点间的距离及方位角,并显示在对应的窗口中(图 10 - 61)。

图 10 - 61   计算球面曲线距离

第 11 章　数据接口及转换系统

　　MapGIS 数据接口及转换系统,为 MapGIS 系统和其他 GIS 系统间架设了一道桥梁,实现了不同系统间的数据转换,从而达到数据资源的共享。

　　MapGIS 的数据文件使用了新的文件格式,能存储更多的图形信息,功能更强,但 MapGIS 的编辑系统只能调入输出自己的标准格式文件。为了保护用户在其他 GIS 系统上的成果,通过数据转换操作,其他系统中的数据文件就可以转换为 MapGIS 格式的文件,然后用户可以在 MapGIS 上调入编辑或输出。

11.1　数据升级

　　MapGIS 系统可以对 MapCAD 系统编辑的文件,以及其他较低版本 MapGIS 系统编辑的文件进行升级改造,然后才可以在 MapGIS 系统中调用。

　　1.升级系统的启动

　　在 MapGIS 系统主菜单面板中,按"图形处理"中的"升级"按钮,系统会弹出"数据升级程序"窗口(图 11-1)。

　　2.升级文件预处理

　　(1)用户在数据升级前对原数据文件做一个备份处理;

　　(2)设定升级后的数据文件的存放位置,并要注意到存放空间大小是否适中。

　　3.调入升级文件

　　(1)在升级窗口下的"原始目录及文件"栏中按"……"按钮,在系统弹出的"源文件目录选择"对话框中选择数据文件或文件夹;

　　(2)在弹出的数据文件中,用左手按"Ctrl"键,用右手移动光标选择需要升级的数据文件。

　　4.升级设置

　　(1)在升级窗口下的"升级所有文件"栏中按"小三角"按钮,设置升级图元文件类型;

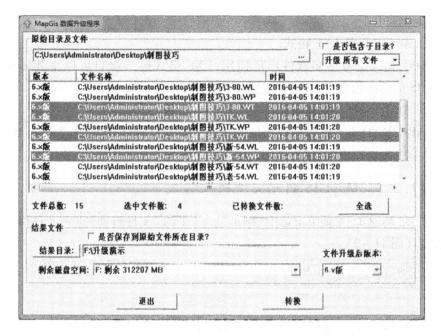

图 11 - 1   数据升级程序窗口

（2）在"结果目录"选择升级后的数据文件的存放目录,并查看存放结果目录存放空间大小;

（3）在"文件升级后版本"栏中按"小三角"按钮,设置升级后数据文件版本。

（4）然后在升级窗口最下端按"转换"按钮,系统自动执行数据转换功能,最后在系统弹出的升级完成对话框中,按"确定"按钮。

11.2   数据输入转换

11.2.1   输入接口

MapGIS 数据输入接口包括 MapGIS 的明码格式数据接口、DXF 格式接口、DLG 接口、STDF 格式接口、瑞得全站仪格式接口、MapINFO 格式接口及 ARC/INFO 接口,其中 ARC/INFO 接口包括内部格式接口、E00 格式接口、ARC/INFO 公开格式接口。

1. MapGIS 的明码格式

明码格式是一个开放式的软件数据接口,用户由其他应用软件绘制的图件,只要按本接口的格式写成图形文件,就可以由 MapGIS 系统读入,进行编辑修改和图形输出。MapGIS 系统的图形文件也可输出为明码格式,由其他应用软件调用。

2. AutoCAD 的 DXF 格式

DXF 格式也被很多软件广泛使用,DXF 格式输入接口可以将其转换为 MapGIS 的标准数据格式,达到数据共享的目的。

3. ARC/INFO 的数据格式

ARC/INFO 在 GIS 领域应用的十分广泛,因此,MapGIS 也提供了与 ARC/INFO 在各个层次上的接口,供用户灵活使用。

11.2.2 MapGIS 明码文件输入转换

1. 在 MapGIS 主菜单下选中"图形处理"中的"文件转换"进入文件格式转换窗口(图 11 - 2)。

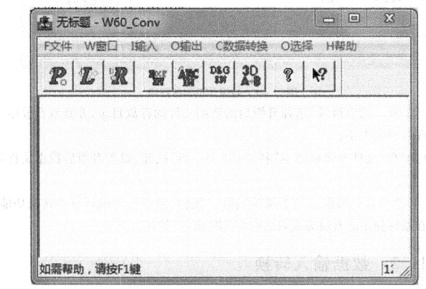

图 11 - 2 文件转换窗口

2. 在文件格式转换窗口下选中"输入"菜单后,系统即下拉命令项(图 11 - 3),提示用户选择,选中"装入 MapGIS 明码文件",即弹出一文件对话框,要读入点文件则选择扩展名为" * . wat",要读入线文件则选择扩展名为" * . wal",要读入区文件则选择扩展名为" * . wap"。

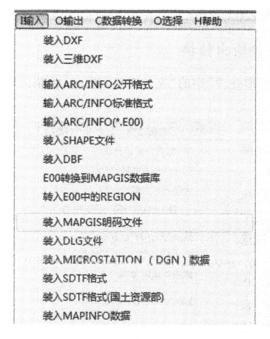

图 11 - 3　数据转换输入菜单命令　　图 11 - 4　数据转换文件菜单命令

3. 输入正确的文件名后,系统把文件装入工作区。

4. 此时可通过"窗口"操作来检验数据的正确性,若正确,则通过"文件"菜单功能的存文件项保存转换后的数据文件(图 11 - 4),此时系统自动将 MapGIS 明码数据转为 MapGIS 系统的标准格式。若有问题,可能是数据文件格式不对,回到文本编辑窗口检查数据文件格式的正确性。

11.2.3　DXF 文件输入转换

1. 在 MapGIS 主菜单下选项中"图形处理"中的"文件转换"进入文件格式转换窗口(参见图 11 - 2)。

2. 在文件格式转换窗口下选中"输入"菜单,系统即下拉命令项(图 11 - 3),提示用户选择,选中"装入 DXF"。

3. 此时可通过"窗口"操作来检验数据的正确性,若正确,则通过"文件"菜单功能的存文件项保存转换后的数据文件(图 11 - 4)。

11.3　数据输出转换

MapGIS 数据输出接口包括 MapGIS 的明码格式数据接口输出和 DXF 格式、DLG 格式、CGM 格式、STDF 格式、MAPINFO 及 ARC/INFO 接口输出,其中

ARC/INFO 接口包括内部格式接口、EOO 格式接口、公开格式接口。

11.3.1 MapGIS 明码文件输出转换

1. 在 MapGIS 主菜单下选中"图形处理"中的"文件转换"进入文件格式转换窗口。

2. 单击"文件"菜单下拉项中的"装入点\线\区"命令,装入进行转换的文件。

3. 然后选中"输出"菜单,用户在下拉菜单中单击"输出 MAP 明格式文件"命令(图 11 -5),系统弹出文件选择对话框(图 11 -6)。

4. 选择工作区中需转换的 MapGIS 的标准格式文件后按"确定"按钮,系统会弹出转换后数据"文件存放"对话框(图 11 -7),在选择存放位置、键入文件名后按"保存"按钮,系统自动进行转换生成 MapGIS 明码格式文件。

图 11 -5　数据输出命令

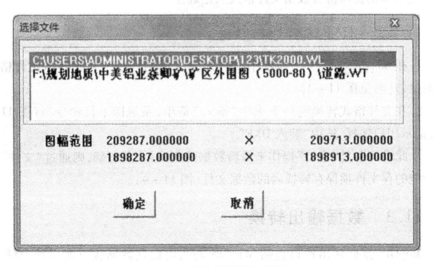

图 11 -6　"文件选择"对话框

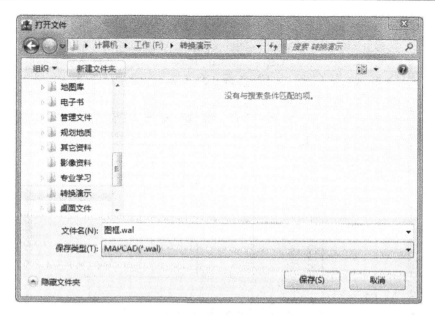

图 11 - 7 "文件保存"对话框

5. 如果当前工作区中没有装入 MapGIS 的图元文件,则选择工作区中 Map-GIS 标准文件的对话框中显示为空,在输出明码文件前,最好在编辑器中用压缩存盘,以去除逻辑上删除的点线。

11.3.2 SDTF 格式文件输出转换

MapGIS 的图元数据文件中的每个结点都对应一个空间坐标数据,通过MapGIS 数据转换系统,可以将这些结点的空间坐标数据提取并转换为 SDTF 格式文件(国土资源部空间数据交换格式文件),通过 Micrsoft Word 软件程序打开浏览与存储。

1. MapGIS 图元数据文件坐标系统查寻

(1)打开 MapGIS 系统中的"图形编辑子系统",并打开需要转换的图元数据文件(图 11 - 8);

(2)在图元数据文件编辑窗口下,单击"设置"菜单下拉项中的"设置显示坐标"命令,系统弹出"坐标参数显示"对话框(图 11 - 9),记录后按"确定"按钮。

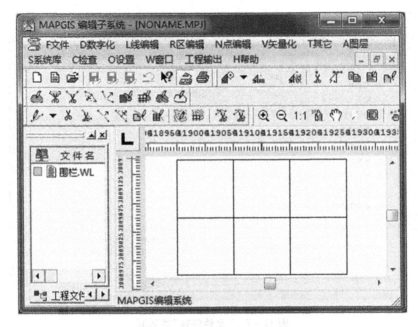

图 11-8　图元数据文件编辑窗口

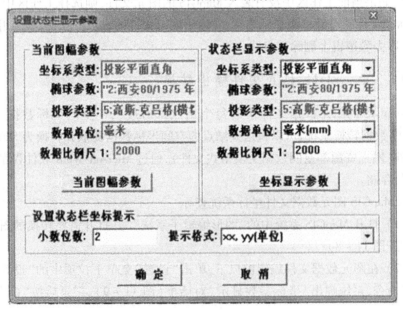

图 11-9　"坐标参数显示"对话框

2. 图元文件预处理

（1）打开 MapGIS 系统中的"实用服务"中的"投影变换子系统"；

（2）在投影变换系统窗口下，单击"文件"菜单下拉项中的"打开文件"命

令,在系统弹出的文件目录窗口中,选择要转换的文件,然后按"打开"按钮;

（3）接着单击"投影转换"菜单下拉中的"进行投影变换"命令(图 11 –
10),系统弹出的"转换后位移参数设置"对话框(图 11 –11);

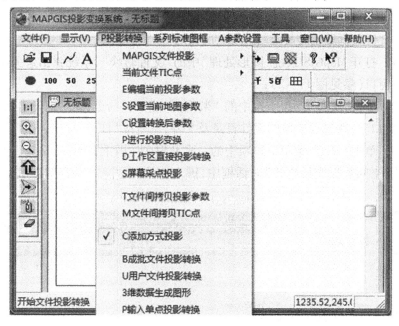

图 11 – 10   投影转换菜单命令

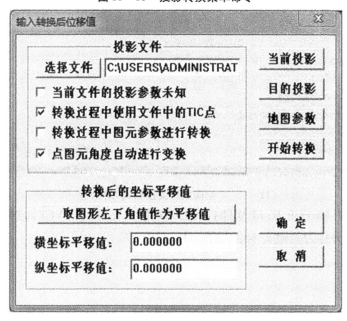

图 11 –11   "转换后位移参数设置"对话框

（4）选择要转换的图元文件，按上述记录的参数设置"当前投影"参数项，并修改"目的投影"参数项（比例尺最好选为1∶1000），然后按"确定"按钮；

（5）最后单击"文件"菜单下拉项中的"另存文件"命令，将转换后文件进行保存。

3.文件数据输出转换

（1）打开 MapGIS 系统"图形处理"中的"文件转换"，系统弹出进入文件格式转换窗口（参见图11-2）；

（2）单击"文件"菜单下拉中的"装入点\线\区"命令，在系统弹出的"打开文件"窗口下，选择要转换的文件目录及文件，然后按"打开"按钮；

（3）单击"输出"菜单下拉项中的"输出 SDTF（国土资源部）格式"，在系统弹出的"空间数据交换格式"对话框中，键入文件名，并按"保存"按钮（图11-12）；

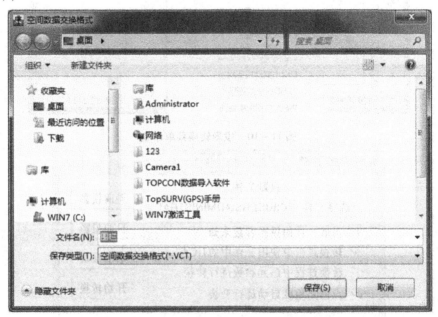

11-12 "空间数据交换格式"对话框

（4）用 Micrsoft Word 软件打开 SDTF 格式文件（＊.VCT），然后单击"文件"菜单后另存为其他文本格式（图11-13）。

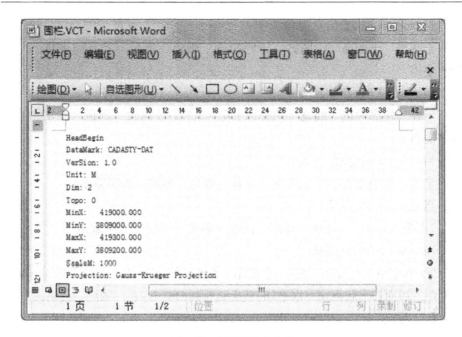

11 – 13 SDTF 格式文件

11.4 明码文件结构

MapGIS 数据交换文件是 ASCII 码的明码文件,其文件结构由文件头和数据区两部分组成。在下面的说明中,斜体部分为文件内容,斜体字后括号内部为相应的说明。

1. 点文件结构

逻辑结构:文件头 点数 1 号点 2 号点 ……

具体为:

A、文件头,8 个字节

WMAP9022 (老的文件为 WMAP6022 或 WMAP7022 和 WMAP8022)

B、点数   n

C、1 号点   x1   y1   ID

type1 {点类型,类型不同,点信息也不同。点类型取值如下:

0 字符串 1 子图 2 圆 3 弧 4 图象 5 文本}

点信息 {点信息和点类型相对应}

当 type = 0 时,点信息为:

"字符串"字符高度 字符宽度 字符间隔 字符串角度 中文字体西文字体 字形 水平(0)或垂直排列(1) 颜色 图层 透明输出

当 type = 1 时,点信息为:

子图号　子图高　子图宽　子图角度　辅色　颜色　线宽　图层透明输出

当 type = 2 时,点信息为:

半径　轮廓颜色　线宽　填充(1)或不填充(0)标志　颜色　图层透明输出

当 type = 3 时,点信息为:

半径　起始角度　终止角度　线宽　颜色　图层　透明输出

当 type = 4 时,点信息为:

"图象文件名"　宽度　高度　角度　颜色　图层　透明输出

当 type = 5 时,点信息为:

"文本字串"　字高　字宽　字间距　角度　中文字体　西文字体　字形行间距　版面长　版面宽　水平(0)或垂直排列(1)　颜色　图层　透明输出

D、2 号点　　　　x1　y1　ID

……

n 号点

2. 线文件结构

逻辑结构:文件头　线数　1 号线　2 号线 ……

具体为:

A、文件头,8 个字节

WMAP9021（老的文件为 WMAP6021 或 WMAP7021 和 WMAP8021）

B、线数　　　　　n

C、1 号线

线型号　辅助线型号　线色　线宽　X 系数　Y 系数　辅助色　图层透明输出

线点数 m1

x1　　　y1

x2　　　y2

…

xm1　　　ym1

ID　　　线长度

D、2 号线

线型号　辅助线型号　线色　线宽　X 系数　Y 系数　辅助色　图层

透明输出

    线点数 m2

    x1   y1

    x2   y2

    …

    xm2   ym2

    ……

    ID   线长度

    n 号线

    线型号   辅助线型号   线色   线宽   X 系数   Y 系数   辅助色   图层
透明输出

    线点数 mn

    x1   y1

    x2   y2

    …

    xmn   ymn

    ID   线长度

    3. 区文件结构

    逻辑结构:文件头   弧段数   1 号弧段   2 号弧段……最后弧段   节点数
1 号结点   2 号结点……最后结点   区数   1 号区   2 号区…… 最后区

    具体为:

    A、文件头,8 个字节

    WMAP9023（老的文件为 WMAP6023 或 WMAP7023 和 WMAP8023）

    B、弧段数   an

    C、1 号弧段

    线型号   辅助线型号   线色   线宽   X 系数   Y 系数   辅助色   图层
透明输出

    前节点号   后节点号   {若没有指向任何节点,则为 0}

    左区号   右区号   {若没有区号,则为 0}

    线点数 m1

    x1   y1

    x2   y2

    …

xm1   ym1

………

ID   线长度

an 号弧段

线型号   辅助线型号   线色   线宽   X 系数   Y 系数   辅助色   图层
透明输出

前节点号   后节点号 |若没有指向任何节点,则为 0|

左区号   右区号 |若没有区号,则为 0|

线点数 man

x1   y1

x2   y2

…

xman   yman

ID   长度

D、节点数   nn

E、1 号节点

x1   y1

节点弧段数 k

弧段号 1   弧段号 2…弧段号 k

………

nn 号节点

xnn   ynn

节点弧段数 knn

弧段号 1   弧段号 2…弧段号 knn

F、区数   rn

G、1 号区

区颜色   填充图案号   图案高   图案宽   笔宽   图案颜色   图层
透明输出

ID   面积   周长

区数据项数   n

弧段 1 编号 |第 1 项|

弧段 2 编号 |第 2 项|

…

弧段 k 编号　　　　　　｛第 k 项｝

0　　　　　　　　　　　｛第 k + 1 项｝

弧段 k + 1 编号　　　　｛第 k + 2 项｝

弧段 k + 2 编号　　　　｛第 k + 3 项｝

...

最后弧段编号　　　　　｛第 n 项｝

......

m 号区

区颜色　填充图案号　图案高　图案宽　笔宽　图案颜色

图层　透明输出　ID　面积　周长

区数据项数　　　　　　　nm

弧段 1 编号　　　　　　｛第 1 项｝

弧段 2 编号　　　　　　｛第 2 项｝

...

弧段 k 编号　　　　　　｛第 k 项｝

0　　　　　　　　　　　｛第 k + 1 项｝

弧段 k + 1 编号　　　　｛第 k + 2 项｝

弧段 k + 2 编号　　　　｛第 k + 3 项｝

...

最后弧段编号　　　　　｛第 nm 项｝

　　MapGIS 明码文件对用户提取图形数据(尤其是点、线文件)是很有用的,如对剖面图进行数字化,可先对剖面图进行扫描矢量化,对图形进行编辑和误差校正后,转换成明码文件,然后通过其它应用程序提取剖面曲线上各点的数据,再转换成需要的数据,供资料处理时使用。

第 12 章　数据库管理系统

　　MapGIS 的数据库管理主要是通过图形数据和专业属性数据两个管理系统来实现的,数据库管理系统主要包括图形数据库管理子系统与专业属性数据库管理子系统。另外,数据库管理系统还能够对参与图形数据化的影像资料进行库管理。

12.1　系统主要功能

12.1.1　图形数据库管理子系统

　　图形数据库管理子系统是地理信息系统的重要组成部分。在数据获取过程中,它用于存储和管理地图信息;在数据处理过程中,它既是资料的提供者,也可以是处理结果的归宿处;在检索和输出过程中,它是形成绘图文件或各类地理数据的数据源。图形数据库中的数据经拓扑处理,可形成拓扑数据库,用于各种空间分析。MapGIS 的图形数据库管理系统可同时管理数千幅地理底图,数据容量可达数十千兆,主要用于创建、维护地图库,在图幅进库前建立拓扑结构,对输入的地图数据进行正确性检查,根据用户的要求及图幅的质量,实现图幅配准、图幅校正和图幅接边。其主要功能如下:

　　1. 图库操作功能:提供了建立图库、修改及删除图库等一系列操作;以及图幅入库的参数设置,包括幅面的大小、经纬跨度和比例尺等等;对编辑好的图库,系统还提供了图库输出功能,将其转化为地理信息系统或管网属性系统等的底图,备其他系统使用。为严格确保数据的完整性,在建库过程中作值域检查、依赖关系检查、重复记录检查,系统对用户数据自动备份,用户数据一旦遭意外而被破坏,可启用备份数据。

　　2. 引入"库类"的概念,建立了一种数据组织与管理的新方法,使得地图数据的存储与检索非常灵活。库类的操作提供了增加类、删除类、更换类、修改类名、浏览类。

　　3. 图幅操作功能:提供了记录输入、显示、修改、删除等功能,每个记录(也

264

称一个图幅)包括标识符、控制点及其所代表的图元的图形文件,用户根据需要可随时调用、存取、显示、查询任一图幅。

4. 信息查询功能:系统提供了经纬查询、日期查询、标识查询和条件查询功能,用户根据需要可随时选择任何一种方式进行操作。图幅检索提供了空间条件检索、库类检索、图形属性检索以及综合条件检索;用户利用这些功能可将所需要的图形及属性数据从图库中提取出来。

5. 图幅剪取功能:提供了输入剪取框、读入剪取框和临时构造剪取框三种方式,每种方式都可以任意设置剪取框,系统自动剪取框内的各幅图件,并生成新的图件。

6. 图幅配准功能:提供了图幅变换功能,可随时对装入的图幅进行平移变换、比例变换、旋转变换和控制点变换,以满足用户的需求。

7. 图幅接边功能:可对图幅帧进行分幅、合幅,并进行图幅的自动、半自动及手动接边操作,在接边的过程中,系统自动清除接合误差,既准确、快速,又方便、自然。

8. 图幅提取功能:系统对分层、分类存放的图形数据,按照不同的层号或类别,分层性地提取图幅,或者通过指定相应的图幅,合并生成新的图件,以满足不同用户的需求。

12.1.2 专业属性库管理子系统

GIS 系统应用领域非常广,各领域的专业属性差异甚大,以至不能用一已知属性集描述概括所有的应用专业属性。因此建立一动态属性库是非常必要的。动态就是根据用户的要求能随时扩充和精简属性库的字段(属性项),修改字段的名称及类型。具备动态库及动态检索的 GIS 软件,同一软件,就可以管理不同应用的专业属性,也就可以生成不同应用领域的 GIS 软件。如管网系统,可定义成"自来水管网系统""通讯管网系统""煤气管网系统"等。

该系统能根据用户的需要,方便地建立一动态属性库,从而成为一个有力的数据库管理工具,其主要功能有:

1. 动态建库功能可随时建立一个动态属性库,并可扩充、精简和修改库的字段。

2. 属性定义功能可定义属性结构,修改属性域,并对已有属性进行管理、维护等操作。

3. 记录编辑功能可随时生成、输入、编辑、修改、查询属性域所对应的记录。

4. 多媒体属性库定义功能可定义、编辑、插入、修改多媒体属性数据,并将其与相应的图件联接起来。

5.专业库生成功能可根据不同的应用系统,生成不同的属性数据库。

12.2 地图库管理

12.2.1 文件批量入库

1.图库管理子系统的启动

(1) 在 MapGIS 系统主菜单面板中,按下"库管理"中的"地图库管理"按钮(图 12-1),系统会弹出"图库管理子系统"窗口(图 12-2)。

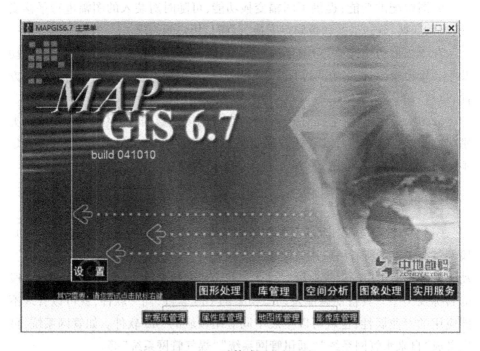

图 12-1 计算球面曲线距离

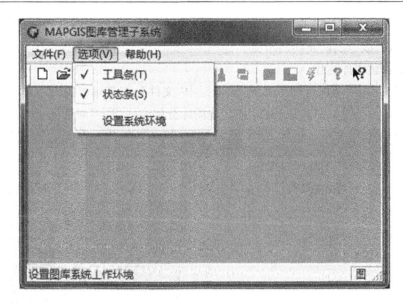

图 12 - 2 图库管理子系统窗口

（2）在系统弹出"图库管理子系统"后,在菜单栏中的"选项"下拉展开菜单中单击"设置系统环境"命令,将工作目录设至需要入库的图形所在的文件夹目录,本文以 1:50000 的标准图框入库为例(图 12 - 3)。

图 12 - 3　"工作环境设置"对话框

注意:①将系统工作目录设置成即将要入库的文件所在的地址目录;②新建图库的投影参数要和即将入库的图形文件的投影参数保持一致;③属性结构

相同的文件只入一层,属性结构不同的文件单独入一层;④新建图层的排列顺序应为面、线、点,防止面的覆盖。

2. 新建图库程序

(1)单击"图库管理子系统"菜单栏中"文件",在菜单下拉项中单击"新建图库"命令(图12-4),系统弹出"新建图库分幅方式指定"对话框(图12-5)。

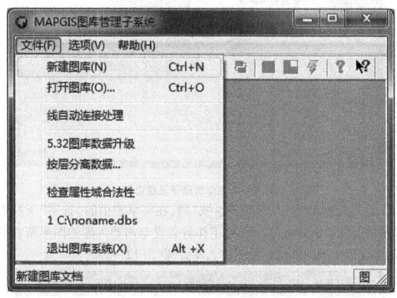

图 12-4　新建图库菜单命令

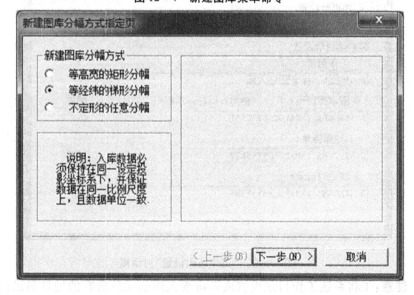

图 12-5　"新建图库分幅方式指定"对话框

（2）可以选择"等经纬的梯形图幅"分幅方式,然后按"下一步"按钮,进入"等经纬的梯形分幅图库索引生成参数设置"对话框(图 12 - 6)。

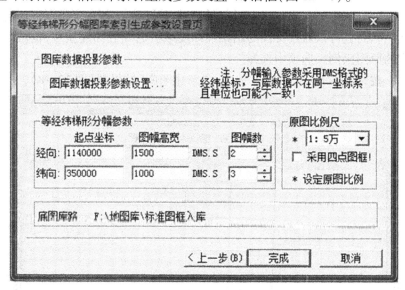

图 12 - 6 "等经纬的梯形分幅图库索引生成参数设置"对话框

（3）在对话框中按"图库数据投影参数设置"按钮,系统弹出"投影参数输入"对话框(图 12 - 7),在对话框中设置坐标系类型、投影类型、比例尺分母、坐标单位、投影带类型、投影带序号等,设置完成后按"确定"按钮。

图 12 - 7 "投影参数输入"对话框

（4）在"等经纬的梯形图幅设置"栏中设置起点坐标、图幅高宽、图幅数，在"原图比例尺"选项栏中选择原图的比例尺。

①设置图库的起始经纬度，起始经纬度可以从即将入库的文件左下角读取；

②图幅高宽可以通过文件的结束经纬度减去起始经纬度获取，也可以从窗口右边的原图比例尺选项中选择。

（5）按"完成"按钮，系统会展现出"新建图库"结果图（图12-8）。

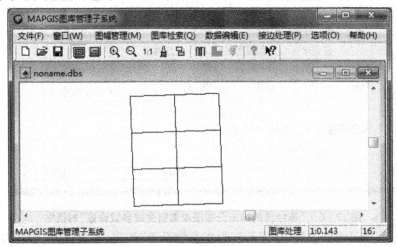

图12-8　新建图库结果图

（6）最后单击菜单栏中"文件"菜单，在下拉项中点击"图库保存"或"图库另存为"命令，系统将新建的图库文件保存在前面设置工作目录下的"＊.DBS"类型文件。

3.图幅管理

（1）图库层类管理

①单击"图库管理子系统"菜单栏中的"图幅管理"命令，在展开菜单项中单击"图库层类管理器"命令（图12-9），系统弹出图库层类维护管理器（图12-10）；

②在图库层类维护管理器右侧按"新建"按钮，系统弹出"新建图库层类"对话框；

③按"层类路径及属性结构提取"按钮，在系统弹出的"新建图库层类"对话框中，查找到图框线文件"＊.WL"，按"打开"按钮，返回"新建图库层类"对话框，在当前层类属性字段栏中可以看到图框线

图12-9　图幅管理命令

文件的属性结构已经提取到(图 10－11),然后按"确认"按钮,在系统返回到图
库层类维护管理器时,再按"新建"图框点图层,依照相同的方法,然后按"确
认"按钮;

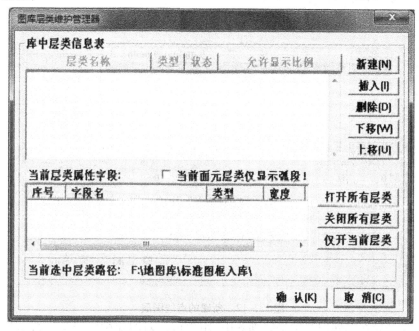

图 12－10   图库层维护管理器

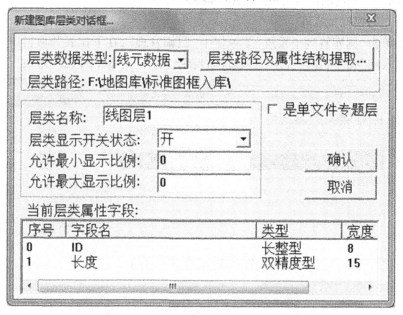

图 12－11   "新建图库层类"对话框

④系统返回到图库层类维护管理器时,用记就可以看到新建的"线图层"与"点图层"了(图 12 – 12);

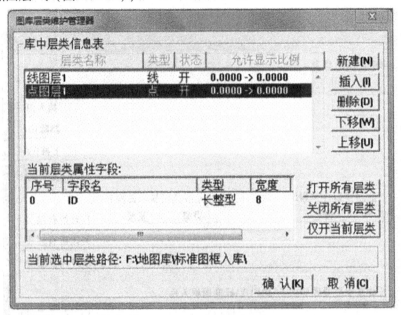

图 12 – 12　新建的点线图层

⑤最后在图库层类维护管理器中,用户可以对图库中的层类进行新建、删除、移动、开关等操作,操作完成后按"确认"按钮。

(3) 图幅批量入库

①单击"图库管理子系统"菜单栏中"图幅管理",在下拉展开项目单击"图幅批量入库"命令,系统弹出"图幅自动入库设置"对话框(图 12 – 13);

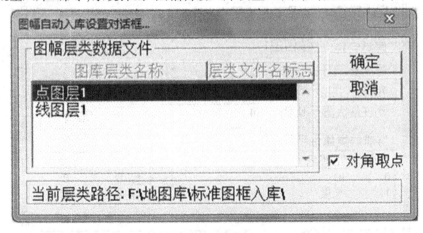

图 12 – 13　"图幅自动入库设置"对话框

②按"确定"按钮,则文件批量入库自动完成,同时弹出"文件入库信息"文本文件;

③根据入库情况,详细记录地图入库异常信息内容(图12－14);

图12－14　图文件入库信息

④根据信息提示,调整相关数据,重新入库。

(4)图形显示

①入库完成后,在图库管理子系统窗口下单击鼠标右键,在弹出的"快捷菜单"中,单击"图形显示"命令(图12－15),系统会显示出文件入库后的结果(图12－16);

②最后单击菜单栏中"文件",在下拉展开项中单击"图库保存"命令即可。

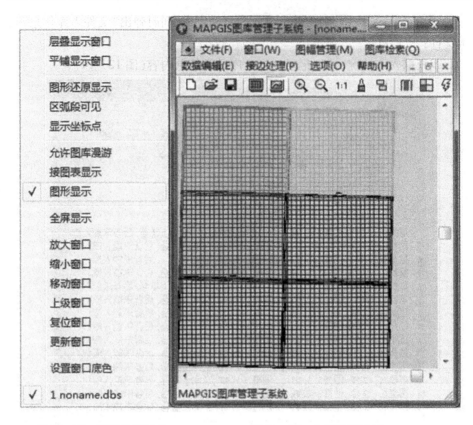

图 12 - 15　窗口快捷菜单　　　　图 12 - 16　入库结果显示

12.2.2　地图的无缝拼接

图幅经批量入库后才能进行接连处理(又称地图的无缝拼接),在图库接边之前,必须对接连的区文件进行拓扑处理。

(1)图幅经批量入库后,单击"接边处理"下拉菜单中的"设置当前图库接边参数"命令(图 12 - 17),系统弹出"接边参数设置"对话框,对接边带宽度、接边容忍度、接边衰减系数进行设置,然后按"确定"按钮(图 12 - 18)。

(2)单击"接边处理"下拉菜单中的"选择接边条启动接边过程"命令,系统弹出"图库层类选择"对话框,选择要进行接边处理的图层,按"确定"按钮(图 12 - 19),然后单击要进行接边处理的相邻图幅公共图廓线。

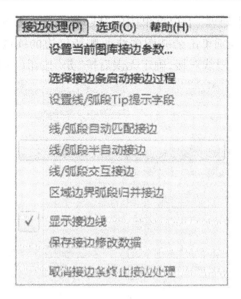

图 12 – 17　接边处理菜单命令

图 12 – 18　"接边参数设置"对话框

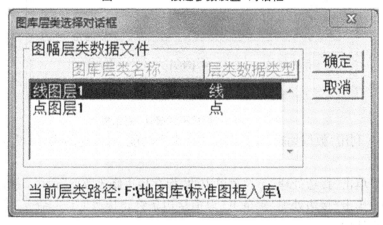

图 12 – 19　"图库层类选择"对话框

（3）单击"接边处理"下拉菜单中的"线\弧段交互接边"或"线/弧段半自动接边"命令,然后分别单击公共图廓线两侧待接边的线或弧段(图 12 – 20),系统会提示是否将两根线对接,确定无误后按"是"按钮(图 12 – 21)。

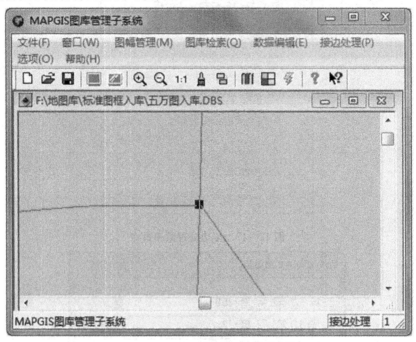

图 12 – 20   相接线选择窗口

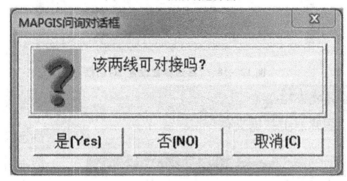

图 12 – 21   "相接两线确认"对话框

（4）利用"数据编辑"下拉菜单中的命令功能,对接连的线\弧段进行编辑处理。

（5）单击"接边处理"下拉菜单中的"保存接边修改数据"命令,接边完成。

（6）单击"接边处理"菜单下"取消接边条终止接边处理"命令,系统就会终止接边处理。

12.3 属性库管理

在 MapGIS 中,属性是反映事物特征信息的数据,主要用来描述实体要素的类别、级别等分类特征和其他质量特征,它由属性结构和属性数据两部分内容构成。MapGIS 地理信息系统中图元属性的建立,可以在属性库管理、空间分析、图形处理输入编辑等多个子系统中实现,而强大的图形处理输入编辑子系统所提供的编辑、修改、拷贝属性等功能,使用户在对图形数据矢量化的同时亦能编辑图元属性结构和直接输入属性数据,并能利用图元的属性编辑处理图形数据,从而提高了工作质量和效率。

12.3.1 图元属性的建立

1.编辑属性结构

对应于 MapGIS 系统的点、线、区(包括 弧段和区两种实体数据)、网、表五类文件,属性结构也分为点、线、区、弧段、结点、网属性结构和表格等。属性结构包含了字段名称、字段类型、字段长度、小数位数等要素 。属性结构的编辑可在属性库管理、空间分析和图形处理输入编辑等子系统中进行(图 10 - 22、10 - 23)。

在属性库管理和图形输入编辑子系统中编辑属性结构的方法如下:

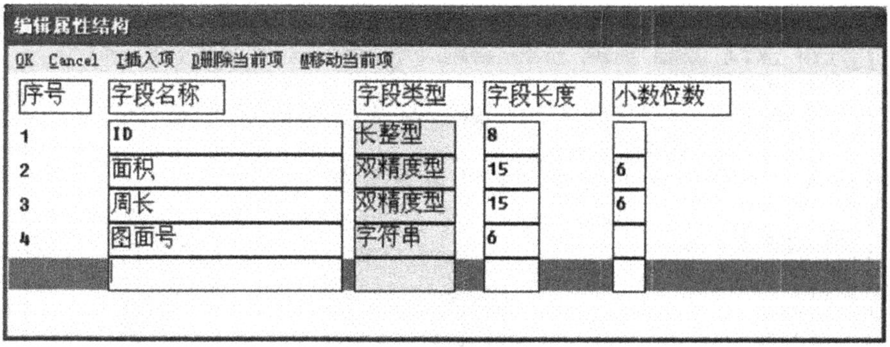

图 12 - 22   属性结构编辑窗口

在属性库管理子系统中,装入需要编辑属性结构的点、线 、区等文件,根据文件类型,在"结构 "菜单下,选择相应类型的"编辑属性结构",在系统弹出的"编辑属性结构"窗口中即可进行编辑,其操作包括增加、删除、移动和修改字段名称、字段类型、字段长度、小数位数等。

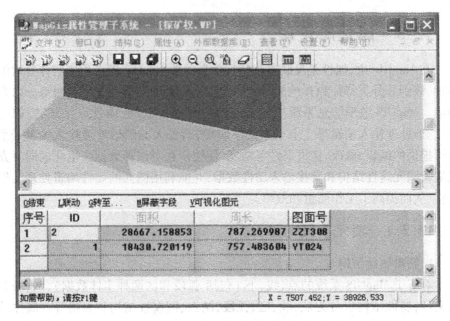

图 12 - 23   属性管理子系统窗口

在图形输入编辑子系统中,通过点、线、区编辑菜单下相应的"编辑属性结构"选项,编辑点、线、区文件 的属性结构,方法同属性库管理子系统中的"编辑属性结构"。

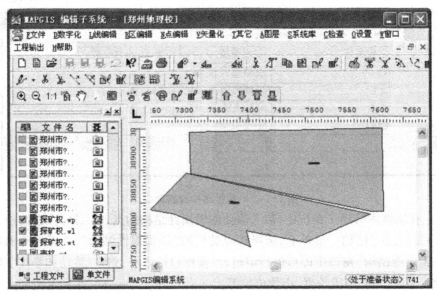

图 12 - 24   "MapGIS 编辑子系统"对话框

2.属性数据的输入

（1）在属性库管理子系统中输入属性数据,在属性库管理子系统中装入文件,将窗口切换至编辑状态,逐个输入图元的属性数据 。图形窗口的图元与属性窗口中的数据可实行联动,进行可视化编辑 。双击图元,属性窗口随即跳转至该图元所对应的属性记录,同时属性窗口改变数据,图形窗口对应的图元即闪烁 。

系统还提供了属性统改的功能,可实现属性数据的批量修改,修改方式包括:固定值方式、增量方式和计算方式 。

（2）外部数据库中数据与 MAP GIS 中实体属性相连通过属性库管理中的连接属性功能输入图元的属性数据:将指定的 MapGIS 图形文件 与 DBASE、FoxBase、FoxPro 、ACCess 、EXcel 等数据库的表文件或 MapGIS 的表文件,按指定的关键字段或序号连接起来,将所选的属性字段写进 MapGIS 图形数据属性中。

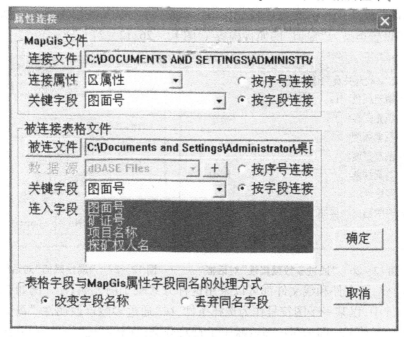

图 12－25 "属性连接"对话框

属性连接条件可以是字段与字段、字段与序号、序号与字段以及序号与序号。

应用属性连接功能可以既准确又迅速地输入大量属性数据。以"郑州市探矿权设置"项目为例,将探矿权区的属性数据在 EXcel 中编辑整理,并使数据表中探矿权区 ID 与图形文件(探矿权区. wp)中探矿权区 ID 相对应,将数据保存为 DBF 格式(探矿权区. dbf),在 MapGIS 中将二者连接属性。具体方法是:在属性库管理子系统菜单文件下单击:属性—连接属性,在属性连接窗口中,连接文件选择"探矿权.wp",被连接表格文件选择"探矿权区.dbf",二者均以 ID 作为属性连接的关键字段,连入字段包括图面号、矿证号、项目名称和探矿权人名称等(图12-25),单击"确定"后,"探矿权区.dbf"表文件中属性数据即被写入 MapGIS 区文件"探矿权区.wp"。

(3)根据图形参数赋属性

在 MapGIS 的图形编辑子系统中,根据图形参数赋于图元属性,也是输入属性数据的一个快捷方法。以"郑州市矿业权设置方案编制"项目为例:现有的矿业权设置图中,矿业权区文件的图形已编辑完成,但属性数据尚未输入。应用这一功能,可快速地赋于每一个区块的"设置类型"的属性内容。例如,区文件中以17号颜色表示已设探矿权保留,其设置类型为"保留",操作时选择图形参数条件为—颜色填充17,在"通过参数修改属性"对话框中的"设置类型"字段名称前打"√",输入数据内容:"保留",确定后,整幅图中17号颜色区块都被赋于了设置类型为"保留"的属性内容(图12-26、12-27)。

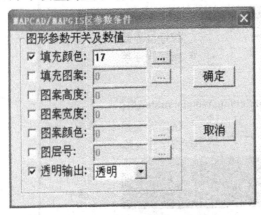 

图12-26 "通过参数赋属性"对话框   图12-27 "属性赋值"对话框

同样,点文件和线文件都可以采用这种方式赋于图元属性。例如在居民地点文件中,以某一子图符号作为选择条件,在"通过参数修改属性"窗口中输入行政分类代码,即为居民地点赋于了行政分类代码的属性信息;在道路线文件中,将某一图层的某种线型作为选择条件,输入道路分类代码,则为道路赋于了分类代码的属性信息等等。

12.3.2 利用图元属性编辑图形参数

1.根据属性赋参数

根据属性赋参数也就是根据输入的属性条件,将满足条件的图元参数自动更新为新设置的参数。在编辑矿业权区块图时,有时需将不同设置类型的矿业权区块图用不同的颜色、花纹来加以区分,使之更为醒目,方便读图。

（1）打开工程,将需要根据属性更改图元参数的文件设置为输入编辑状态;

（2）在图形编辑子系统中,应用相应的"根据属性赋参数"的功能,在系统弹出的"表达式输入"窗口中输入选择条件:设置类型 = ="探矿权转采矿权",即设置类型选用"探矿权转采矿权",然后按"确定"按钮(图 12 - 28)。

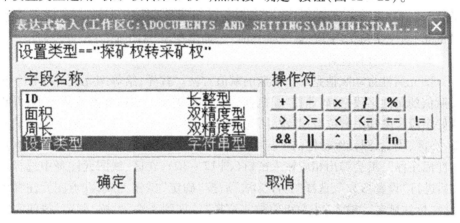

图 12 - 28　表达式输入窗口

（3）在系统弹出的图元"参数条件"对话框中,键入相应图形参数,按"确定"按钮完成(图 12 - 29)。

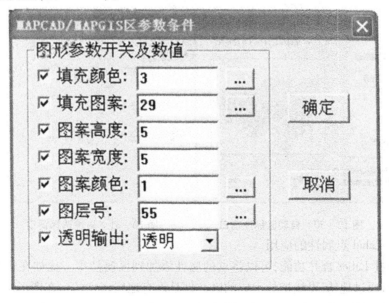

图 12 - 29　"表达式输入"对话框

点文件和线文件,同样也能应用"根据属性赋参数"这一功能进行编辑。比如,用户在编制矿产分布图件时,应用 MapGIS 的投影变换功能,将矿产地点表示到平面图上,矿产地点的属性信息,也随着投影变换被插入到投影生成的图元文件的属性中。在图形编辑子系统中,根据矿产地点的属性字段,可以快速地赋于各个矿产地点的图形参数,直观地显示其类型、规模、稳定性及运动方向等等。比如输入表达式:类型 = "铝土矿"& 规模等级 = "小型",单击"确定"后,就可对符合该条件的矿产点定义相应的子图符号及其参数(图3)。需注意的是,对于字符 串字段,输入时要加"",如类型 = "铝土矿"。

2. 根据属性标注释

图元属性自动赋值是一个快速的赋值方法。首先,给等图元文件添加一个要赋值的属性字段,如矿业权"矿区面积",字段类型为双精度型或浮点型,并设置好字段长度和小数位数;其次,图元自动赋值:在图元文件处在输入编辑状态下,在区、线、点图元编辑栏的下拉菜单中,单击"自动区(线)标注"或"根据点属性标注释",就会弹出相应输入窗口(图 12 − 30),在区、线图元注释中选择字段后进行"设置参数"、选择"标注方法"后按"确定"按钮完成,在点图元注释中选择"标注域名"、输入"小数点位数"、选择"添加到文件"后按"确定"按钮完成(图 12 − 31)。

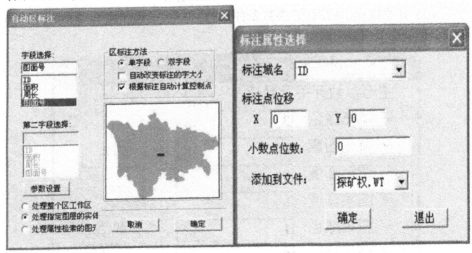

图 12 − 30　自动区标注窗口　　　　图 12 − 31　属性选择窗口

3. Label 点属性的应用

通过 Label 合并功能,可以将点的属性添加到区属性中。比如在矢量化地质图时,通过地 层界线拓扑生成的区文件是没有地层属性的。在图形编辑子系统的"点编辑 "菜单下,编辑地层代号点文件的属性结构,增加属性字段—"地层",应用"注释赋为属性"的功能,在"属性字段选择"窗口选择"地层"字段,将地层代号(注释)赋为属性。通过菜单文件中的"其他—Label 与区合并",此时,地层区文件就被赋于了字段名为"地层"的属性。同理,对于已经具备属性的区文件,可以应用"生成 Label 点文件"的功能,生成具有区文件属性的点文件。

4.通过属性实现图元的动态查询

在点、线、区文件编辑过程中,通过图层、属性条件检索,按一定条件检索到的图元可以定位和闪烁,以便编辑修改指定的点、线、区图元;选择"窗口"菜单下的"属性动态显示"选项,确定需显示的图元属性,鼠标点到之处,系统即显示该图元的相关属性,实现了图元的动态查询,方便了图形数据 的使用及编辑修改。

5.图元属性在数据转换中的作用

在矿产资源规划、地质灾害及矿山开发利用等项目的图件编制过程中,经常需要对 MAPG IS 、AutoCAD、MAPINFO 等软件的数据进行相互转换,转换后的图形往往根据需要进行编辑,而图元属性对于转换后图形数据的编辑,起到了事半功倍的作用。比如,AutoCAD 的数据转换至 MAP GIS 格式以后,在转换过来的点、线文件属性信息中会 自动产生 ID、长度、高程 值、DXF 层名、DXF 层ID 等属性字 段,利用这些属性字段 统改点、线参数,使得 图形数据 的编辑方便而又快捷 。

12.4 影像库管理

12.4.1 入库前图像文件的预处理

先将图象数据文件通过"图像处理"中的"图像分析"功能,将各种格式文件转化成 MSI 格式的影像文件。再将这些影像文件通过"镶嵌融合"校正到对应的空间数据位置上(参见相关章节内容)。

12.4.2 影像库建立

1.在 MapGIS 系统主菜单面板中,按下"库管理"中的"影像库管理"按钮(图 12 -1),系统会弹出"影像库管理子系统"窗口(图 12 -32)。

2.在"影像库管理子系统"窗口下,单击"文件"下拉菜单中的"新建"命令,系统弹出"设置新建影像库文件名称"对话框(图 12 -33)。

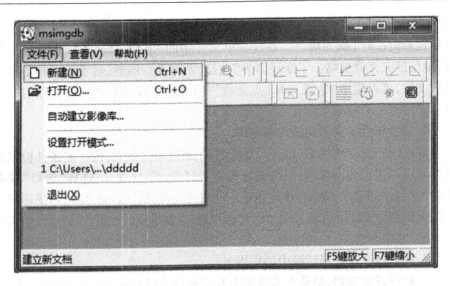

图 12 - 32　影像库管理子系统

3. 在文件名对话框中输入新建影像库的名字,然后按"保存"按钮。

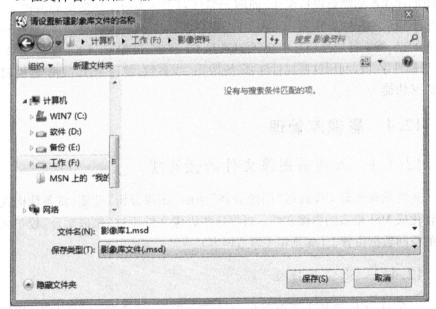

图 12 - 33　设置新建影像库文件名称

4. 在"影像库管理子系统"信息窗口下,单击"修改影像库"下拉菜单中的"添加影像"命令,或在系统窗口任意位置单击鼠标右键,在系统弹出"快捷菜单"中,单击"添加影像"命令(图 12 - 34)。

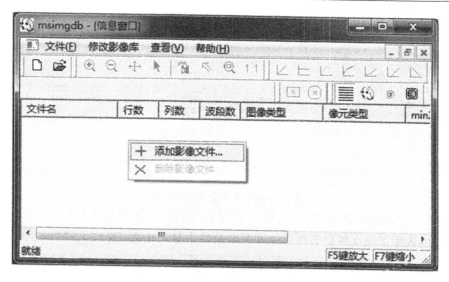

图 12 - 34　影像库系统信息窗口

5. 在系统弹出的"影像选择"窗口下,选择所有要入库的影像文件,然后按"打开"按钮(图 12 - 35)。

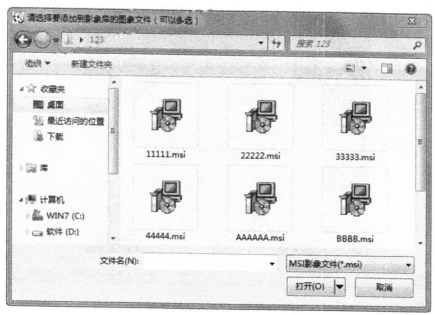

图 12 - 35　影像文件选择窗口

6. 在系统弹出的"影像信息"窗口下,用户就可以浏览到入库的影像文件数据信息情况(图 12 - 36)。

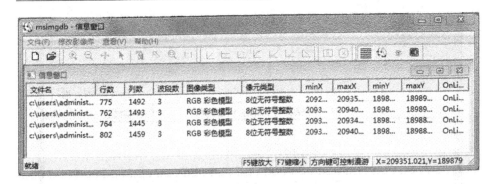

图 12 − 36　入库影像文件信息

　　7. 在"影像库管理子系统"窗口下,单击"查看"下拉菜单中的"图象"命令,所有的入库影像文件就会在影像库图象窗口中显示出来(图 12 − 37)。

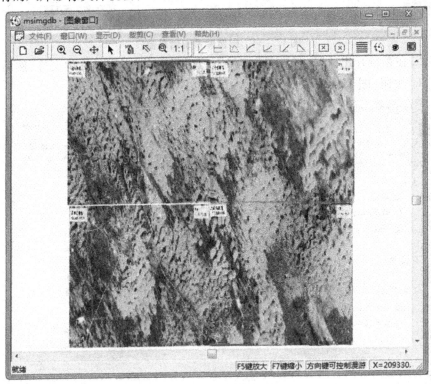

图 12 − 37　影像库系统图象窗口

第 13 章　空间分析系统

地理信息系统与计算机辅助绘图系统的重要区别在于它具备对空间数据和属性数据进行分析和查询的功能,特别是对空间数据的处理和符号化功能更为强大。这包括矢量空间分析、数字地面模型分析、网络分析三大子系统。

13.1　数据准备

数据准备在信息系统的建立过程中是一个非常重要的阶段,在这个阶段,用户需要做大量耐心细致的工作,需要投入大量的资金和人力。用户应对数据准备的重要性应该有一个清醒的认识。

1. 需求分析,软件系统研究。

2. 数据分类,收集。

划分数据类型对用户来讲是个很不容易把握的问题,类型的种类划分和详细程度的确定应视具体应用而定。

(1) 首先用户应清楚自己需要什么,有哪些类型的数据,为了达到预期的目的,是否还需要收集更多的数据;

(2) 然后用户和信息系统专业人员一起研究是否要调整数据类型和层次,最终制定出一个既便于收集,又能满足系统要求的数据分类和层次划分标准;

(3) 将各种数据按不同类型和不同层次采集到计算机中。

3. 数据分类输入,定义属性、编辑属性结构。

4. 数据检查、校正。

数据质量检查和误差控制是数据采集过程重要的一环,但往往被用户忽略,然而数据质量的好坏,直接影响空间分析的结果,有时,错误的数据(如区域边界自相交)甚至不能进行分析,或者分析之后得到的是错误的结果。因次,在数据输入过程中,用户一定要严把质量关。数据质量检查可用目视检查,如通过开窗放大,检查空间数据质量,也可以用错误检查子系统帮助检查,用图形校正子系统校正图形误差。虽然数据检查子系统和图形校正子系统可以帮助用户检查数据质量和控制误差,但这一切都不能代替耐心细致的工作。

5. 数据库建设。

6. 数据应用及分析。

13.2 矢量空间分析

矢量空间分析系统是 MapGIS 数据分析的一个重要组成部分,它通过空间叠加分析,属性分析、三维模型分析、数据查询检索来实现 GIS 对地理数据的分析和查询。

矢量空间分析的对象包括空间坐标和专业属性两部分数据,其中空间坐标用于描述实体的空间位置和几何形态,专业属性则是实体的某一方面的性质。用户通过空间分析子系统提供的功能,不仅能够从原始数据中图示检索或条件检索出某些实体数据,还可以进行空间叠加分析,以及对各类实体的属性进行统计分析。

在 MapGIS 系统主菜单中,单击"空间分析"下拉菜单中的"空间分析"命令,系统弹出"矢量空间分析子系统"窗口(图 13 – 1)。

图 13 – 1 矢量空间分析子系统窗口

13.2.1 空间数据叠加分析

这是一种将两层地图要素叠加产生一个新的要素层的操作,其结果是原来的要素被分割、剪断、套合,然后生成新的要素,新要素综合了原来两层要素所具有的属性。也就是说,空间叠加不仅产生新的空间特征,还将输入特征的属性联系起来,产生新的属性。空间叠加分为矢量数据和栅格数据两种类型。对于矢量数据,采用矢量叠加方法,该方法对矢量的空间数据进行分割、剪断、套合等操作,并对叠和矢量相关的属性进行连接,叠加结果是形成新的矢量数据和属性数据。

在 MapGIS 矢量空间分析子系统窗口下,用鼠标左键单击菜单栏中的"空间分析",系统弹出空间数据叠加分析命令(图 13 –2)。

1.图元迭加分析

图元迭加分析是通过把分散在不同层上的空间属性信息按相同位置加到一起,合并为新的图元层。该层的属性由被叠加层各自的属性组合而成,这种组合可以是简单的逻辑合并结果,也可以是复杂的函数运算结果。

（1）迭加类型

图元空间迭包括区对区、线、点迭加,线对区迭加,点对区、线迭加共 6 种类型（见图 13－3 至图 13－8）。

图 13－2　叠加分析菜单命令

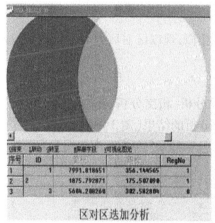

图 13－3　区对区迭加

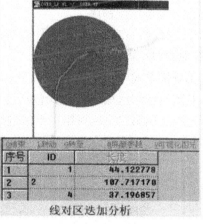

13－4　线对区迭加

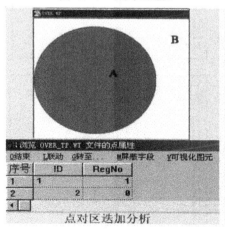

图 13－5　点对区迭加

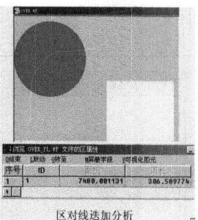

13－6　区线对迭加

289

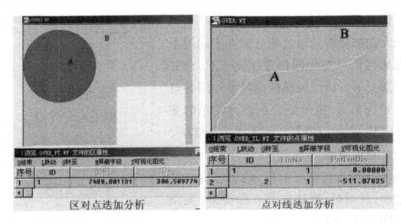

图 13 - 7 区点对迭加   13 - 8 点线对迭加

（2）分析操作程序

由于区、线、点图元的迭加分析基本相似,现以区对区合并分析为例进行讲解,其他类型不再赘述。

①分析方式

对图元空间迭加分析方式包括合并分析、相交分析、相减分析、判别分析,分析过程是用第二个区对第一个区进行分析的结果(图 3 - 9)。

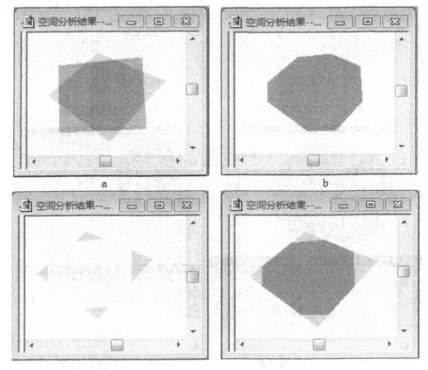

图 13 - 9 不同方式分析结果对比

a. 合并分析:合并且重新拓扑造区后,保留所有的新生成的区。

b. 相交分析:合并且重新拓扑造区后,仅保留第一个区的重迭部分。

c. 相减分析:合并且重新拓扑造区后,仅保留第一个区的不重迭部分。

d. 判别分析:合并且重新拓扑造区后,保留第一个区被分割后新生成的区。

②操作步骤

a. 在 MapGIS 矢量空间分析子系统窗口下,用鼠标左键单击菜单栏中的"文件",系统弹出文件操作命令(图 13 – 10)。

b. 单击"文件"菜单下拉项中的"装入区文件"命令,查找并打开一个区文件;用同样方法打开另一个区文件。

图 13 – 10　文件菜单命令　　　　13 – 11　区空间分析命令

c. 在"空间分析"菜单命令中单击"区空间分析",在菜单下拉展开项中单击"区对区 合并分析"命令(图 13 – 11),系统弹出"叠加文件选择"对话框(图 13 – 12)。

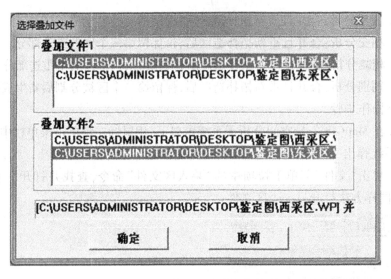

图 13 – 12 **"叠加文件选择"对话框**

d. 在对话框中选取相应区文件后,按"确定"按钮,并在系统弹出的"模糊半径输入"对话框中键入相应数值(采用经验值),按"OK"按钮(图 13 – 13)。

e. 在系统弹出的"文件保存"对话框中,键入合并分析成果文件名,然后按"保存"按钮(图 13 – 14)。

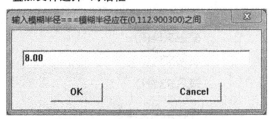

图 13 – 13 **"模糊半径输入"对话框**

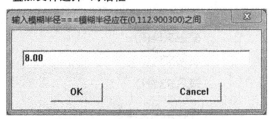

图 13 – 14 **"合并文件保存"对话框**

f.上述程序操作完成后,在矢量空间分析子系统窗口下就会呈现出空间分析结果图(参见图 13 – 9 中的 a)。

2.缓冲区分析

缓冲区分析是根据空间数据库中的点、线、区实体自动在其周围建立一定宽度的多边形区域。缓冲区是一些新的多边形,不包含原来的点、线、区要素,缓冲区的大小由所指定的缓冲区半径控制。

(1)缓冲(BUFF)区类型

图元缓冲(BUFF)区类型包括点、线、区三类图元共 3 种类型(见图 13 – 15 至图 13 – 17)。

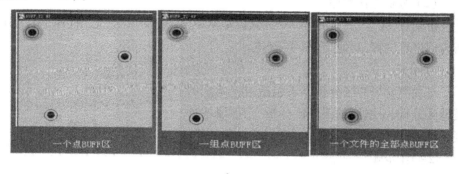

a   b   c

图 13 – 15　点图元缓冲区类型

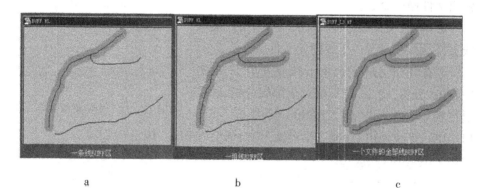

a   b   c

图 13 – 16　线图元缓冲区类型

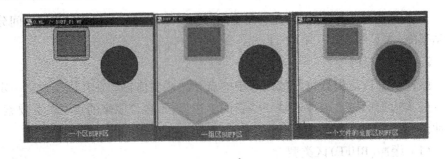

a   b   c

图 13 - 17 区图元缓冲区类型

（2）分析操作程序

由于点、线、区图元的 BUFF 区分析基本相似,现以"线图元"的 BUFF 区分析为例进行讲解,其他类型不再赘述。

①分析方式

对线图元缓冲区分析方式包括对一条线的缓冲区分析、一组线的缓冲区分析、全部线缓冲区分析,分析结果(参见图 3 - 16)。

②操作步骤

a. 在 MapGIS 矢量空间分析子系统窗口下,用鼠标左键单击菜单栏中的"文件",系统自动弹出文件操作命令。

b. 单击"文件"菜单下拉展开项中的"装入线文件"命令,打开一个线图元文件。

c. 在"空间分析"菜单下拉展开项中,单击"缓冲区分析"命令,若不是对全部线分析,则需要在展开项中单击"输入缓冲区半径"命令(图13 - 18),系统弹出"缓冲区半径输入"对话框(图 13 - 19)。

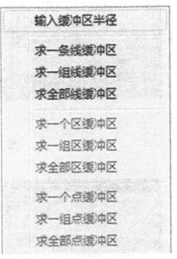

图 13 - 18 文件菜单命令

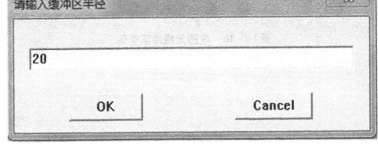

图 13 - 19 "缓冲区半径输入"对话框

d. 在"缓冲区半径输入"对话框中键入相应的数值,该值的选取直接影响示得的缓冲区效果(图 13 – 20)。

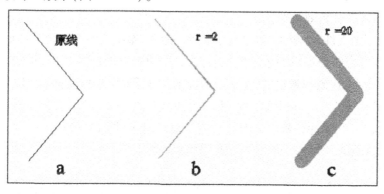

图 13 – 20 "缓冲区半径输入"对话框

e. 单击"缓冲区分析"菜单下拉展开项中的"求一条线缓冲区"命令,然后单击选择"线图元",系统自动生成缓冲区文件。

注意:在求全部线缓冲区时,系统还会弹出"Buffer 分析参数设置"对话框,在线图元前打"√",并选取分析方式(光栅法或矢量法),键入半径值(图 13 – 21)。

图 13 – 21 "分析参数设置"对话框

f. 在系统弹出的"文件保存"对话框中,键入缓冲区生成的成果文件名,然后按"保存"按钮。

③缓冲区分析效果对比

a. 单击"文件"菜单下"新建综合图形"命令,系统会弹出综合图形窗口。

b. 在综合图形窗口中单击鼠标右键,在弹出的"快捷菜单"中,单击"选择显示文件"命令,在系统弹出的"显示文件选择"对话框中选取文件(图 13-22)。

c. 将原来的"*.wl"线文件、生成缓冲分析的"*.wp"区文件全选,然后按"确定"按钮,线缓冲分析结果图就会完全显示出来(图 13-23)。

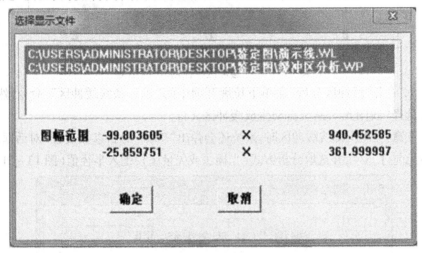

图 13-22 "显示文件选择"对话框

图 13-23 线图元缓冲分析成果

3. 多层立体叠置

该功能实现多种要素的空间立体叠置显示,它与迭加分析的根本区别在于它不对空间数据和属性数据进行选加分析,只做多层立体叠置的显示,以展示各要素在同一空间位置上的变化情况。

(1)在 MapGIS 矢量空间分析子系统窗口下,用鼠标左键单击"空间分析"菜单中的"多层立体叠置"命令,系统弹出"叠置文件选择"对话框(图 13-24)。

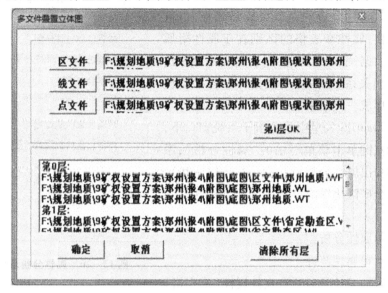

图 13-24 "叠置文件选择"对话框

(2)在此对话框中可以通过浏览的方式选择各层的区、线、点图元文件,选择好后按"第 i 层 OK"按钮,即可将上述文件指定到同一层。

(3)选择完成所有需要载入的各层后,按"确定"按钮,用户就可以在窗口中显示的多层叠置立体图(图 13-25)。

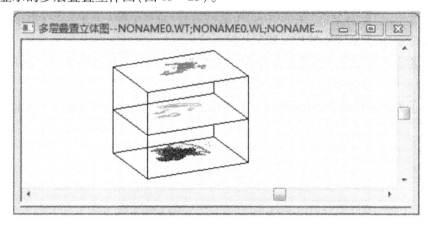

图 13-25 多层叠置立体图

13.2.2　属性分析

　　和矢量相关的属性数据,或者矢量叠加得到的属性连接表,可进一步进行属性统计分析,以便得出各种要素之间的定量关系。属性分析的对象可以是属性,也可以是表格,属性和表格的区别在于属性附属于空间数据,不是独立的,而表格则不存在这样的依赖关系,是独立的数据体。各种属性分析都形成一个结果表。

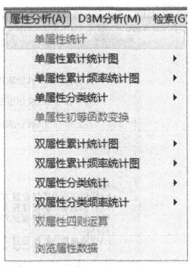

图 13 – 26　属性分析命令

　　在 MapGIS 矢量空间分析子系统窗口下,用鼠标左键单击菜单栏中的"属性分析",系统自动弹出属性分析操作命令(图 13 – 26)。下面以金矿区化探成果数据为例介绍相关功能。

　　1. 单属性分析

　　(1) 单属性统计

　　单属性统计是对所选文件属性(或表格)的某个数值型字段,统计图元总数,该字段总和,最大值,最小值,平均值,以及所统计图元(或表格行)数。通过该分析功能,用户可以了解某一字段的数值特征。

　　①鼠标左键单击"文件"菜单,通过各项命令装入参与属性分析的图元文件。

　　②单击"空间分析"菜单中的"单属性统计"命令,系统弹出"文件类型与统计属性选择"对话框(图 13 – 27)。

　　③选择所要统计的图元文件,以及图元属性类型、分析属性项,按"确定"按钮,系统弹出属性统计结果(图 13 – 28)。

　　④关闭分析结果,在系统提示下对成果表进行存盘,形成表格类型文件。

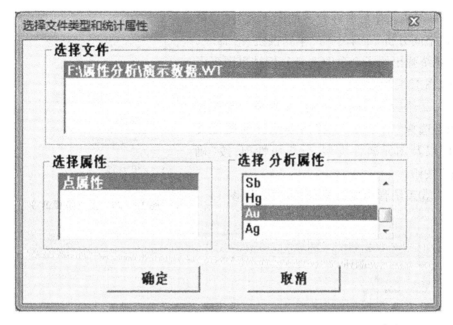

图 13 – 27　"文件类型与统计属性选择"对话框

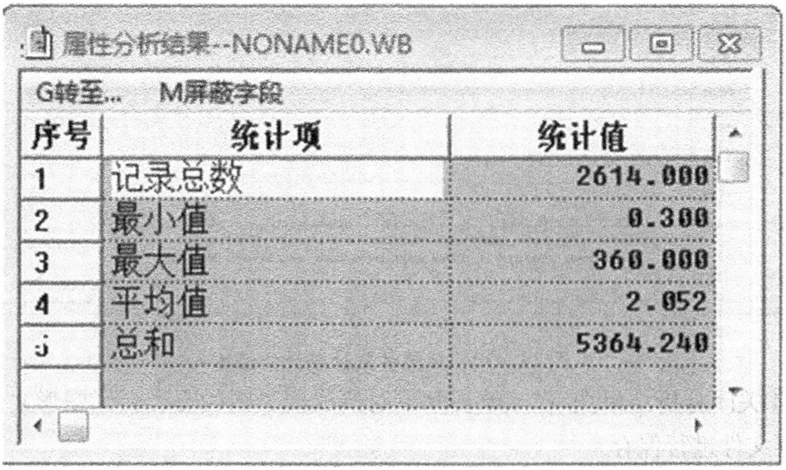

图 13 – 28　属性统计结果表

（2）单属性累计统计

单属性统计分析是将所选文件属性（或表格）的某个数值型字段最小值和最大值构成的范围等分成 13 等分，然后统计每一等分内的图元累积总数，最后按用户所选的图形形式（如横向或纵向、直方图或立体直方图、饼图或立体饼图以及折线图等）显示统计结果。通过该分析功能，用户可以直观地看出图形元素相对于某字段的大致分布情况。

①装入参与属性分析的图元文件后,单击"空间分析"菜单中的"单属性统计"命令,在系统弹出的子命令中选择分析结果图形形式(图13-29)。

②然后在系统弹出的"文件类型与统计属性选择"对话框,选择所要统计的图元文件,以及图元属性类型、分析属性项,按"确定"按钮。

③系统弹出属性累计统计结果(图13-30)。

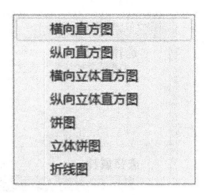

图13-29　图形选择命令

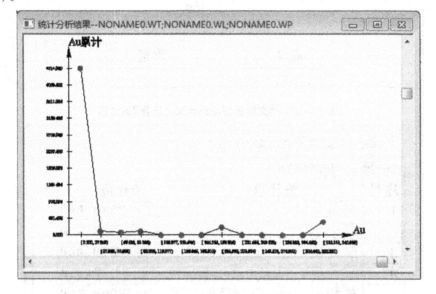

图13-30　单属性累计统计折线图

④关闭分析结果图,在系统提示下对组成成果图的点、线、区图形文件及表格类型文件进行保存。

(3) 单属性累计频率统计

该功能和"单属性累计统计"功能相似,其操作流程不再赘述。该功能是进一步将各等分段的累计数换算成与总累计数的百分比,并且按用户所选输出形式进行图形输出(图13-31)。

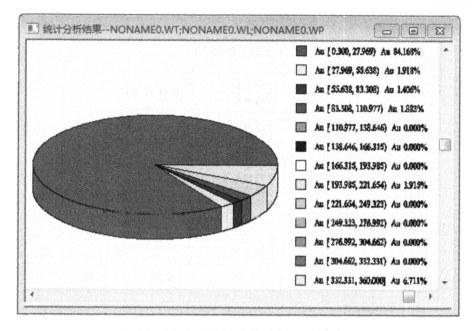

图 13 – 31   单属性累计频率统计立体饼状图

（4）单属性分类统计

该功能和单属性累计统计功能相似,区别在于单属性累计统计是在用户选定属性字段后,计算机将该字段范围自动划分成 13 等分（即分成 13 类）进行统计,而该功能则是由用户来指定统计分类数与各分类段的区间范围。

①装入参与属性分析的图元文件后,单击"空间分析"菜单中的"单属性分类统计"命令,在系统弹出的子命令中选择分析结果图形。

②然后在系统弹出的"文件属性类型选择"对话框,选择所要统计的图元文件,以及图元属性类型,按"确定"按钮。

③在系统弹出的"分类统计信息确定"对话框（图 13 – 32）,选择进行分类的属性字段、保留的属性字段、统计方式（计数和累计）。

④在对话框中选择"分类方式"时,单击"分段方式",系统弹出"数值型分类表设置"对话框（图 13 – 33）。

⑤在对话框中单击"输入分类项",根据属性字段的数值信息分类设计"分类表"中各分类项的数值区间（图 13 – 34）,可通过双击分类表中"分段点的数值"进行修改。

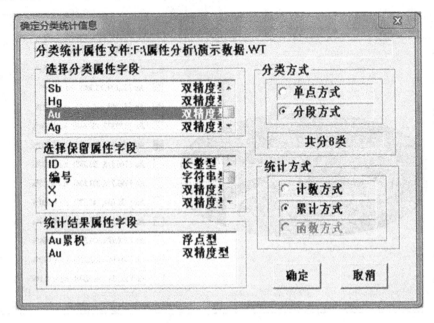

图 13 - 32 "分类统计信息确定"对话框

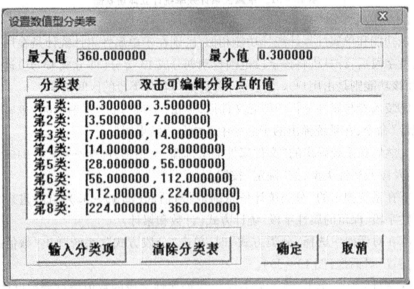

图 13 - 33 "数值型分类表设置"对话框

⑥在数值型分类表与分类统计信息工作完成后,分别按"确定"按钮,系统按用户选择的图形形式弹出单属性分类统计结果(图 13 - 35)。

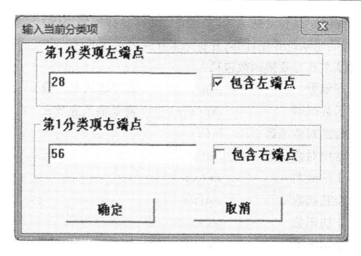

图 13 - 34 "分类项数值范围输入"对话框

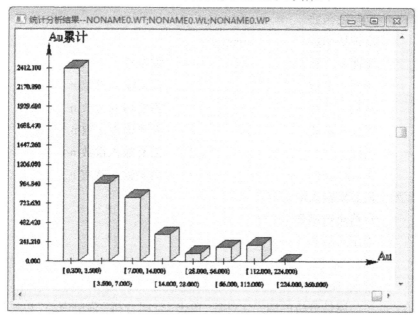

图 13 - 35 单属性分类统计纵向立体直方图

⑦关闭分析结果图,在系统提示下对组成成果图的点、线、区图形文件进行保存,同时系统提示对生成的统计表格类型文件进行保存。

(5)单属性基本初等函数变换

该功能用于对数值型字段进行基本初等函数的变换,即对选定的初等函数,将属性字段作为函数自变量,将字段值依次带入初等函数,就得到变换结果。

选择完变换字段和变换函数后,若必要还需选择保留字段。变换信息完全确定后,选择确定系统开始计算,并将结果存到表格缓冲区。

单属性基本初等变换函数包括:

幂函数	pow(x,n)	需要输入幂指数 n
指数函数	exp(a,x)	需要输入底数 a
自然对数函数	ln(x)	
常用对数函数	log(x)	
正弦函数	sin(x)	
余弦函数	cos(x)	
正切函数	tg(x)	
余切函数	ctg(x)	
反正弦函数	arcsin(x)	
反余弦函数	arccos(x)	
反正切函数	arctg(x)	
属性 + 常数		需要输入常数 n
属性 – 常数		需要输入常数 n
常数 – 属性		需要输入常数 n
属性 x 常数		需要输入常数 n
属性/常数		需要输入常数 n
常数/属性		需要输入常数 n

下列变换需要输入缺省值:

自然对数函数 ln(x)

常用对数函数 log(x)

属性/常数

常数/属性

①装入参与属性分析的图元文件后,单击"空间分析"菜单中的"单属性基本初等函数变换"命令,在系统弹出的子命令中选择分析结果图形。

②然后在系统弹出的"文件属性类型选择"对话框,选择所要统计的图元文件,以及图元属性类型,按"确定"按钮,系统弹出"分类统计信息确定"对话框(图 13 – 36)。

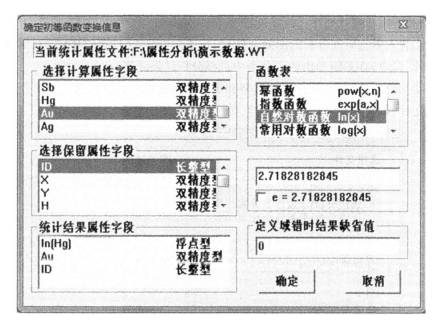

图 13 - 36　"单属性初等函数变换设置"对话框

③在对话框中选择进行函数变换的属性字段、保留的属性字段,调用或键入函数公式中的常数,最后按"确定"按钮,系统弹出单属性函数变换结果(图13 - 37)。

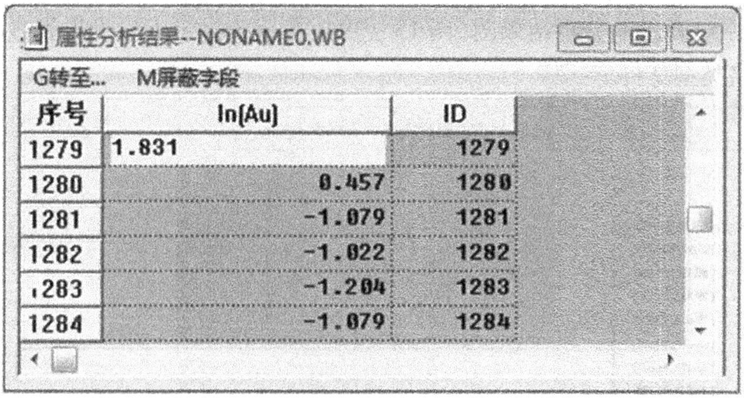

图 13 - 37　单属性初等函数变换结果表

④关闭分析结果,在系统提示下对成果进行存盘,形成图形文件与表格类型文件。

2. 双属性分析

(1)双属性累计统计

双属性累计和单属性累计相似,不同点在于双属性累计的是字段的属性值,分类字段和累计字段可以是同一字段,而单属性累计图元个数。

①装入参与属性分析的图元文件后,单击"空间分析"菜单中的"双属性累计统计"命令,在系统弹出的子命令中选择分析结果图形。

②然后在系统弹出的"文件类型和统计属性选择"对话框,选择所要统计的图元文件,以及参照属性、分析属性,按"确定"按钮(图13-38)。

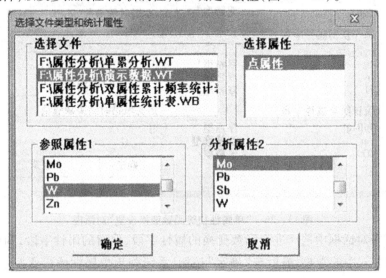

图13-38 "文件类型与统计属性选择"对话框

③系统弹出的分析结果图(图13-39),在系统提示下对成果表进行存盘,形成表格类型文件。

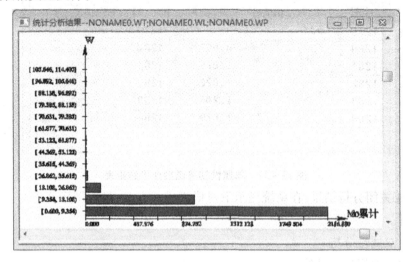

图13-39 双属性累计统计横向直方图

（2）双属性累计频率统计

该功能和"双属性累计统计"功能相似,该项功能进一步将各类的累计数换算成百分比,再绘制统计图(图13-40),其操作流程不再赘述。

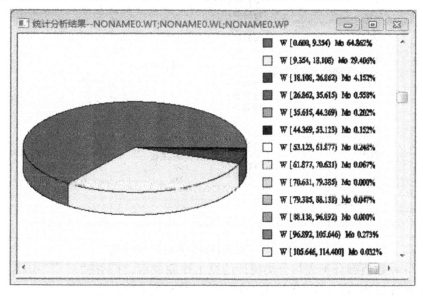

图13-40 双属性累计频率统计立体饼状图

（3）双属性分类统计

该功能项与单属性分类统计相似,不同点在于除了要选择分类字段,并划分出分类字段范围外,还需要指定统计字段和统计方式。

①装入参与属性分析的图元文件后,单击"空间分析"菜单中的"双属性分类统计"命令,在系统弹出的子命令中选择分析结果图形。

②然后在系统弹出的"文件属性类型选择"对话框,选择所要统计的图元文件,以及图元属性类型,按"确定"按钮。

③在系统弹出的"分类统计信息确定"对话框中(图13-41),选择进行分类的属性字段、保留的属性字段、统计方式(计数和累计统计方式分计数方式和累计方式,其中计数方式是累计各类图元数,其结果和单属性分类统计结果一样,而累计方式则是将每一类的累计字段值相加)。

④在对话框中选择"分类方式"时单击"分段方式",在系统弹出的"数值型分类表设置"对话框中,按下"输入分类项"按钮,根据属性字段的数值信息分类设计"分类表"中各分类项的数值区间。

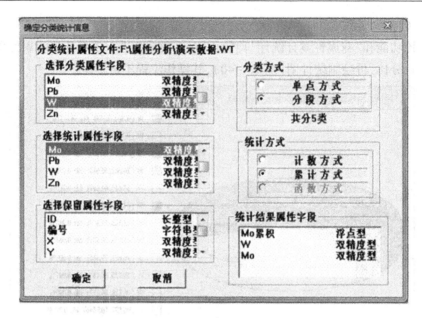

图 13 - 41 "分类统计信息确定"对话框

⑤在数值型分类表与分类统计信息工作完成后,分别按"确定"按钮,系统按用户选择的图形形式弹出双属性分类统计结果(图 13 - 42)。

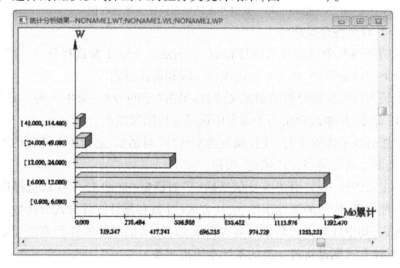

图 13 - 42 双属性分类统计横向立体直方图

⑥关闭分析结果图,在系统提示下对组成成果图的点、线、区图形文件进行保存,同时系统提示对生成的统计表格类型文件进行保存。

(4) 双属性分类频率统计

该功能和"双属性分类统计"功能相似,该项功能进一步将各类的累计数换算成百分比,再绘制统计图(图 13 - 43),其操作流程不再赘述。

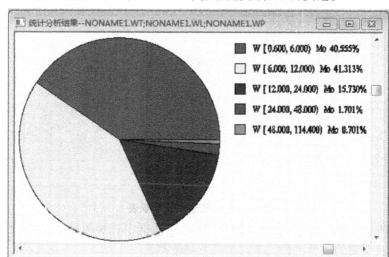

图 13 - 43　双属性分类频率统计饼状图图

(5) 双属性四则运算

该功能对两个数值型字段进行四则运算,并产生一个新的属性字段。

①装入图元文件后,单击"空间分析"菜单中的"双属性四则运算"命令。

②然后在系统弹出的"文件属性类型选择"对话框,选择所要统计的图元文件,以及图元属性类型,按"确定"按钮。

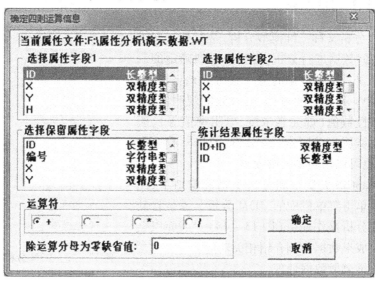

图 13 - 44　"四则运算信息选择"对话框

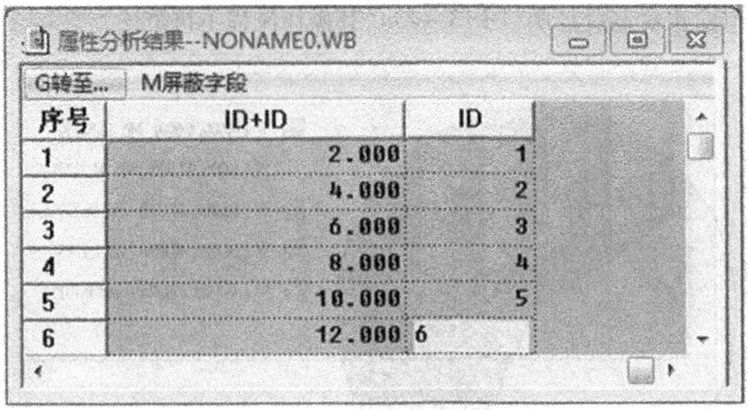

图 13 – 45　四则运算结果表

③在系统弹出的"四则运算信息选择"对话框中选择属性中的字段 1 和字段 2,以及保留的属性字段。

④选择操作符,运算结果为:字段 1〔op〕字段 2,当〔op〕操作符为除(/)时,还需要输入分母为 0 时缺省值,即字段 2 为 0 时的缺省值。

⑤操作完成后按"确定"按钮,系统开始运算,并将运算结果存在表格缓冲区中运算完毕,结果将以表格形式显示在窗口中(图 13 – 45),按提示保存成果文件。

13.2.3　D3M 分析

D3M 分析又称三维模型分析,是对某一三维区域的空间数据进行分析,得到一系列确定的三维结构描述。空间数据的每一点均由 x,y,z 和 v 构成,其中 v 是在空间点(x,y,z)处的观测值,代表某一特性数值(如元素浓度、电阻率值等),所以三维模型属于单因素(v)分析,若将 v 看作一维,那么也可以认为是四维模型。

在 MapGIS 矢量空间分析子系统窗口下,用鼠标左键单击菜单栏中的"D3M 分析",系统自动弹出属性分析操作命令(图 13 – 46)。下面以金矿区化探成果数据为例介绍相关功能。

图 13 – 46　D3M 分析命令

1.三维离散数据处理

用鼠标左键单击"D3M 分析"菜单中的"三维离散数据处理"命令,系统将弹出数据处理操作子命令(图 13 – 47)。

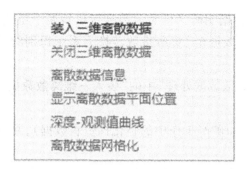

图 13 - 47　D3M 分析命令

（1）装入三维离散数据

①将 Microsoft Excel 中的表格数据整理为首列首行为数据个数,第 1 列下为空、第 2 例为经向坐标值、第 3 列为纬向坐标值、第 4 列为待分析数值格式（图 13 - 48）,另存文件为逗号分隔的 CSV 文件（ * . csv）。

演示数据.xls					
	A	B	C	D	E	F
1	1882	x	y	z	v	
2		37562.7	3370.85	70.1682	8.3731	
3		37562.7	3370.85	78.7777	9.7019	
4		37562.7	3370.85	95.989	10.8579	
5		37562.7	3370.85	110.074	11.7091	
6		37562.7	3370.85	136.215	14.9664	
7		37562.7	3370.85	162.372	18.3095	
8		37562.7	3370.85	205.674	20.1779	
9		37562.7	3370.85	246.391	22.664	
10		37562.7	3370.85	314.306	20.6968	
11		37562.7	3370.85	365.826	16.8066	

图 13 -48　整理后的 Excel 文件

②将 CSV 文件的扩展名"csv"改为"dat",形成三维离散数据明码文件（ * . DAT）,将属性行代号去掉后,并将其中的"逗号"与每行结束数值后的"空格符"删除（图 13　49）,形成三维离散数据明码文件（ * . DAT）。

```
标准数据.dat - 记事本
文件(F)  编辑(E)  格式(O)  查看(V)  帮助(H)
1882
     37564.12    3366.1    78.3242    14.6845
     37564.12    3366.1    90.0902    15.1237
     37564.12    3366.1    110.445    13.5491
     37564.12    3366.1    124.601    13.1928
     37564.12    3366.1    153.277    15.2512
     37564.12    3366.1    177.049    12.6252
```

图 13 -49　修改后的 DAT 文件格式

③将三维离散数据明码文件装入数据接口转换子系统中的"三维数据转换",系统自动根据"数据个"将所指数转换为系统识别的三维离散数据(*. 3BN)。

④单击"三维离散数据处理"中的"装入三维离散数据"命令,选择已转换的

三维离散数据(如矿产工作中的物化探资料数据),并"打开"文件以便进行离散数据处理。

(2)关闭三维离散数据:关闭已装入的三维离散数据,释放占用的内存空间。

(3)离散数据信息:查看已装入的离散数据的信息,包括离散点数、三维空间坐标值范围、观测值的范围、均值及方差等(图13-50)。

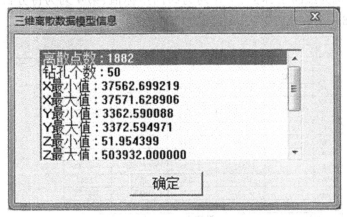

图13-50　三维离散数据的信息

(4)显示离散数据的平面位置:显示离散点在 X-Y 平面上的分布情况(图13-51)。

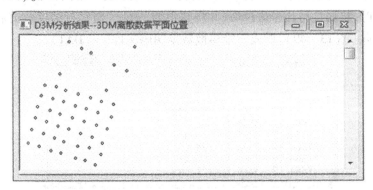

图13-51　三维离散数据的平面位置

（5）深度 – 观测值曲线

该功能在深度 minZ – maxZ 的变化范围内,从小到大切取若干个平面,并计算每个平面上,观测值的大小。对于 Z 值切面时,系统会提示采用原始数据或其对数值的提示框(图 13 –52),这里的选择直接影响到下一步中离散数据网格化深度范围值。

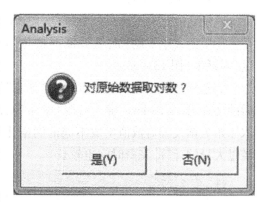

图 13 52 采用 Z 数据对数值提示框

将深度作为横坐标,观测值作为纵坐标,那么(z [0], vmin (v [0])) ··· (z [m], vmin(v [m])) 就构成一条最小值变化曲线,同样(z [0], vmax (v [0])) ··· (z [m], vmax (v [m])) 就构成一条最大值变化曲线。最小值变化曲线用绿色表示,最大值曲线用红色表示。在金矿区化探工作中的标高—浓度曲线上,用户可以看到金品位随标高变化的分布情况(图 13 –52)。

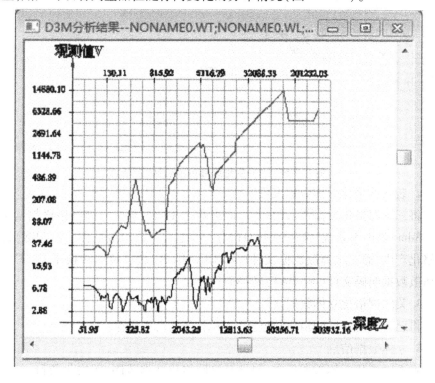

图 13 –52 金矿化探中标高 – 浓度极值变化曲线

（6）离散数据网格化

该项功能是对三维离散数据(* .3BN)进行网格化。

①单击菜单下的"离散数据网格化"命令,系统弹出"网格化深度范围确定"对话框(图 13 – 53)。

②选择好网格化深度范围后按"确定"按钮,系统提示输入离散数据网格化后的文件名(* .3dm),键入后按"保存"按钮,系统开始网格化(根据深(高)度取原始数据或其对数值生成不同的网格化数据)。三维离散数据网格化,需要经过大量的计算,花费时间也较长。

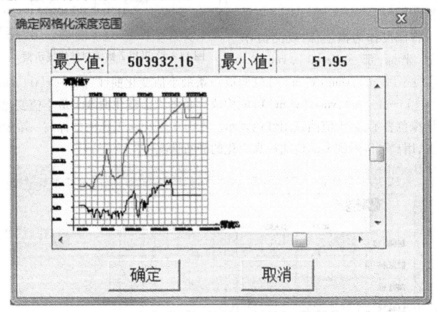

图 13 – 53　"网格化深度范围确认"对话框

2. 装入网格化立体数据文件

将三维网格化数据装入内存,以便进行立体图分析。三维网格化数据文件(* .3dm)是由本系统"离散数据网格化"功能对三维离散数据(* .3BN)进行网格化产生;而三维离散数据文件(* .3BN)则由"数据接口转换子系统"将三维离散数据明码文件(* .DAT)转换而得。

3. 关闭网格化立体数据文件

将已装入的三维网格化数据文件关闭,释放占用内存。

4. 立体数据信息

查看网格化立体数据信息,包括三维网格化数据范围,网格化数目,每层的数值范围等(图 13 – 54)。

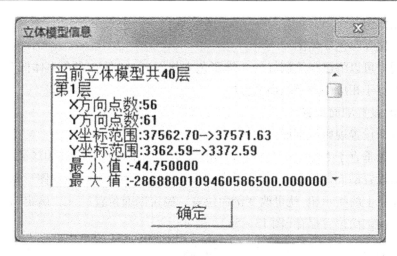

图 13 -54　三维网格数据立体模型信息

5. 装入色阶参数

装入以前保存的色阶和线型等参数。

6. 设置色阶参数

设置每个等值层的层面值和每层颜色值。和二维模型分析一样,设置色阶也可分为自动方式和手工方式(图 13 -55)。

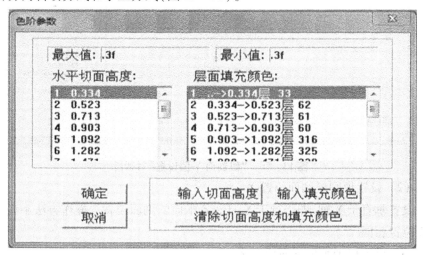

图 13 -55　手工设置色阶参数

7. 保存色阶参数

将已经划分好的色阶参数保存,以便以后分析时,不用重新划化色阶。

8. 彩色立体图

根据装入的三维网格化数据(* .3dm)和装入或设置的色阶参数绘制三维

彩色立体图。

9. 保存彩色立体图

用户可以将已经绘制好的三维彩色立体图通过"保存彩色立体图"菜单项分别保存于相应的点、线、面文件中。

10. 设置剖面位置

(1) 设置规则纵剖面位置 X

设置垂直于 X 轴,即平行于 Y - 0 - Z 平面的剖面位置。选中该菜单后,系统弹出设置剖面位置窗口,并显示出三维立体图。用户通过拖动图形窗口左上方标尺条上的指示钮,就可改变剖面位置。确定剖面位置后,按"确定"按钮,系统将当前剖面位置保存(图 13 - 56)。

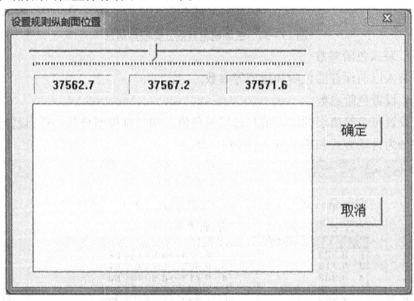

图 13 - 56 "纵剖面 Y 值设置"对话框

(2) 设置规则横剖面位置 Y

设置垂直于 Y 轴,即平行于 X - 0 - Z 平面的剖面位置。操作方法和设置纵剖面位置相同。

(3) 设置规则水平剖面位置 Z

设置垂直于 Z 轴,即平行于 X - O - Y 平面的剖面位置。操作方法和设置纵剖面位置相同。

11. 绘制剖面立体图

(1) 绘制纵剖面立体图:根据当前纵剖面位置绘制纵剖面立体图。

(2) 绘制横剖面立体图:根据当前横剖面位置绘制横剖面立体图。

（3）绘制水平剖面立体图:根据当前水平剖面位置绘制水平剖面立体图。

12.绘制剖面平面图

（1）绘制纵剖面平面图:绘制纵剖面二维平面图

（2）绘制横剖面平面图:绘制横剖面二维平面图

（3）绘制水平剖面平面图:绘制水平剖面二维平面图

13.水平剖面观测值立体图

绘制水平剖面观测值立体图。这种立体图的高度不表示深度,而是在指定水平面上观测值(V)的起伏情况(图13-57)。

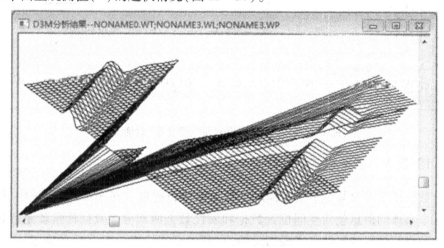

图 13-57　水平剖面观测值立体图

14.规则剖面立体图

根据设置剖面位置 X、Y、Z,切割成形状规则的立体图。

15.多层立体图

多层立体图是根据 Z 轴方向不同位置切割彩色立体图,然后按切割位置实现多层立体叠置显示。

（1）选中该菜单命令,系统弹出"设置规则水平剖面位置"对话框(图13-58),用户通过拖动图形窗口左上方标尺条上指示钮,来选择各水平剖面位置。

（2）选好位置后,通过按动"增加层"按钮来增加各叠置层,需要修改时,可通过修改层方式改变层的位置。

（3）当各个层位置编辑好后,按"确定"按钮即可显示多层立体图。

（4）若要保存此图,在关闭图示时系统会自动弹出点、线、面文件保存提示时,依次保存。

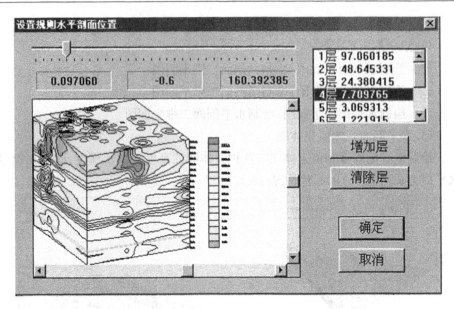

图 13 - 58 "规则水平剖面位置设置"对话框

13.2.4 数据检索

数据检索是对某些类型实体的信息数据进行提取。在 MapGIS 系统中,描述某个实体的信息包括空间位置数据和属性数据两部分。数据检索就是通过实体的空间位置或属性来实现信息检索,其中空间检索包括图示点检索、图示矩形检索和区域检索,属性检索包括条件检索和交叉条件检索。

在 MapGIS 矢量空间分析子系统窗口下,用鼠标左键单击菜单栏中的"检索",系统弹出数据检索操作命令(图 13 - 59)。

提示:在图形窗口上,如果是针对单个文件进行操作时,比如检索图元时,分两种情况:第一种情况,当前活动窗口是单文件显示窗,则图形操作都是针对此单个文件;第二种情况,当前活动窗口是综合图形窗口时,则图形操作都要选择操作的文件(选择菜单功能后系统弹出对话框,供用户选择)后,才能操作选择的文件。

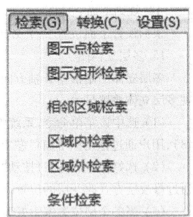

图 13 - 59 数据检索命令

1.图示点检索

在图形窗口上检索图形(点、线或者区域)的某元素。

（1）当前活动的是单文件窗口

①鼠标左键单击"文件"菜单,通过各项命令装入参与检索的点、线或区单个图元文件。

②单击"检索"菜单中的"图示点检索"命令,系统弹出图示点检索窗口(图13－60)。

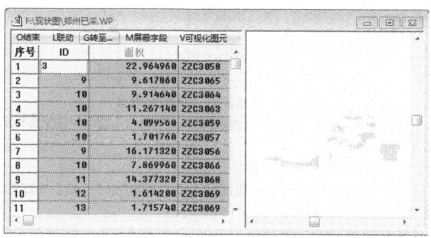

图 13 – 60　图示点检索窗口

③在检索窗口下单击"屏蔽字段"菜单,系统弹出"字段显示/屏蔽"对话框(图13－61),在显示字段栏中选取字段后"箭头"按指向按钮,将其移至屏蔽字段栏,本操作也可逆向。

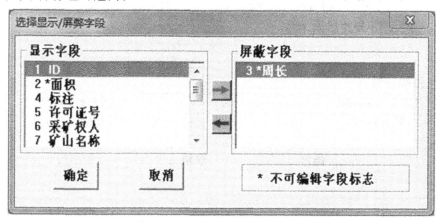

图 13 – 61　"字段显示/屏蔽"对话框

④在检索窗口下单击"联动",在弹出的下拉菜单命令"图形联动"前选择联动时打"√",否则为不选择检索时图形联动。

⑤在检索窗口检索项列表中移动光标,选择需要检索的图元 ID 号或属性

后,用户就会发现要检索的图元处于闪烁状态(图 13 - 62),通过单击"可视化图元"菜单可执行对检索到的图元局部放大显示功能。

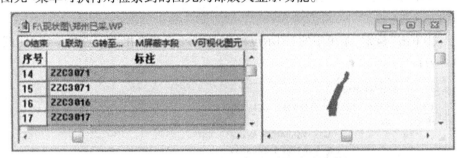

图 13 - 62 检索的图示点联动闪烁状态

⑥最后单击"结束"菜单,系统弹出检索结果窗口,在关闭时按系统提示进行图元文件的保存。

(2)当前活动的是综合图形窗口

①鼠标左键单击"文件"菜单,通过"新建综合图形"命令中的快捷菜单"选择显示文件"建立起来的综合图形窗口。

②单击"检索"菜单中的"图示点检索"命令,在系统弹出的"检索文件选择"对话框中选取单个文件后,按"确定"按钮再进行检索操作(图 13 -63)。

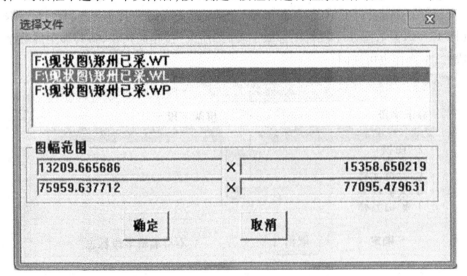

图 13 -63 "检索文件选择"对话框

③移动光标,在检索项列表中选择需要检索的图元 ID 号或属性后,检索到的图元在检索窗口中处于闪烁状态。

④检索结束后按系统提示保存结果文件。

2. 图示矩形检索

在图形检索窗口上划定一矩形区域,并检索矩形范围内的图元。操作步骤和"图示点检索"功能相似,不再赘述。

3. 区域检索

区域检索提供了区域内检索和区域外检索两种功能。

(1)区域内检索

①鼠标左键单击"检索"菜单中的"区域内检索"命令,系统弹出"区域检索文件选择"对话框(图13-64)。

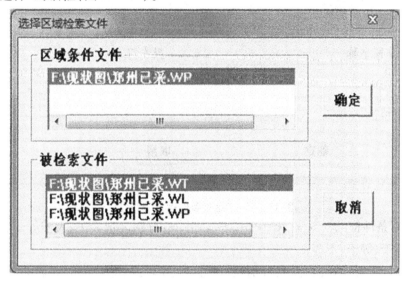

图13-64 "区域检索文件选择"对话框

②移动光标依次选择"区域条件文件"与"被检索文件"后,按"确定"按钮。

③系统按条件自动检索,并弹出检索结果窗口。

④检索结束后,关闭检索结果时,按系统提示保存结果文件。

(2)区域外检索

本功能操作方法与区域内检索相似,不再赘述。

4. 条件检索

条件检索是数据检索的主要功能,它根据用户给定的条件,将文件中满足条件的图元及其属性检索出来。

(1)选择被检索文件

①鼠标左键单击"文件"菜单中装入命令项,装入被检索文件;

②在系统兰州的被检索文件窗口中,通过鼠标单击激活方式来选择被检索

文件;

③系统弹出"条件检索表达式输入"对话框(图 13 – 65)。

(2)输入检索条件

检索条件输入即输入运算结果为逻辑值的表达式,在表达式中可以包含窗口中所列的字段名称、常数和输入对话框中所列的操作符。

①操作符

a. 运算符: + 、– 、× 、/ :分别表示加、减、乘、除运算;

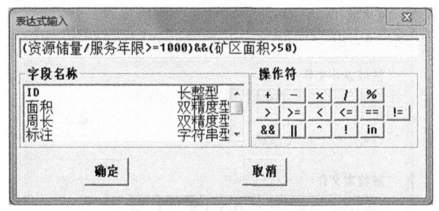

图 13 – 65　"检索条件输入"对话框

b. 条件符: > 、> = 、< 、< = 、= = 、! = :分别表示大于、大于等于、小于、小于等于、等于、不等;

c. 逻辑符:&& 、‖ 、^ 、! :分别表示逻辑与、逻辑或、逻辑异或、逻辑非。

②条件格式

"字段 + 条件符"或"字段 + 运算符 + 字段 + 条件符"

③表达式格式

(条件 1)+"逻辑符"+(条件 2)+"逻辑符"+……

(3)所输入的表达式即要求从所选文件中检索出满足条件的所有图元,输入完成后按"确定"按钮。

(4)系统根据条件进行检索,检索成功后则显示属性,并闪烁图元(图 13 – 66)。

条件检索是根据用户给定的条件进行检索,因而具有较强的灵活性,只要图元的属性数据能够区分开来,该功能就可以将它检索出来。

注意:在输入检索条件时,对于字符串型字段,对应常数应加双引号,例如:如检索所有矿业权人为"河南中美铝业有限公司"的采矿权区块,则所给表达式应为:矿业权人 = ="河南中美铝业有限公司"。

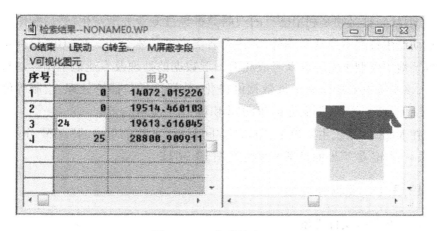

图 13-66 条件检索结果

13.3 DTM 分析

随着计算机数据处理能力的提高,自动测量仪器广泛使用及制图技术的发展,一种全新的地理现象数字描述方法日渐普及,这就是通称的数字地面模型(DTM)。

DTM(Digital Terrain Model)是利用一个任意坐标系中大量选择的已知 X、Y、Z 的坐标点对连续地面的一种模拟表示。或者说,DTM 就是地形表面形态属性信息的数字表达,是带有空间位置特征和地面属性特征的数字描述。X、Y 表示该点的平面位置坐标,Z 值可以表示高程,也可以是坡度、温度、元素浓度、岩土体电磁性、重力加速度等地面特征信息,当 Z 表示高程时,就是数字高程模型(DEM)。

图 13-67 数字地面模型子系统

DTM 数据必须是利用已有的观测数据经过专业处理产生,然后利用计算机自动产生各类专业地学图件,并进行各类专业技术分析。MapGIS 软件系统的数字地面模型子系统可以完成此类图形数据的处理及专业地学图件的自动生成,该系统主要功能有离散数据网格化、数据抽稀与插密处理、绘制等值线图、绘制彩色立体图、剖面分析、面积体积量算、专业分析等。

在 MapGIS 系统主菜单中,单击"空间分析"下拉菜单中的"DTM 分析"命令,系统弹出"数字地面模型子系统"(图 13 – 67)。

13.3.1 数据预处理

1. 三角剖分文件类型

三角剖分文件包括 ASCII 明码、GRD 规则格网和 TIN 三角剖分三种类型文件。其中 GRD 与 TIN 文件都是二进制格式,不能直接进行阅读。若用户需要对其进行编辑,先用"输出高程文件"将其转换为 ASCII 明码的 DET 文件,其后才能进行编辑。

(1) ASCII 明码文件

ASCII 明码文件为只含有用标准 ASCII 字符集编码的数据或文本格式文"∗.Det",文本中仅含字母、数字和常见的符号,通过将逗号分隔的文本文件(∗.txt)后缀名更改获得"∗.Det"格式文件,同样可以将文本格式文件(∗.Det)的后缀名更改获得"∗.xls"电子表格文件。

(2) 规则格网文件

规则格网文件为"∗.Grd"文件,是三维立体图制作 Surfer 软件系统中的标准格式文件,通过对离散数据矩形网格化生成规则格网文件获得。

电子表格文件(∗.XLS)通过另存为无表头属性的逗号分隔格式文件(∗.CSV)或逗号分隔的文本文件(∗.TXT),然后通过 DTM 空间分析中"Grd 模型"展开菜单中"离散数据网格化"命令生成规则网格数据文件(∗.Grd)。

(3) 三角剖分文件

三角剖分为"∗.Tin"文件,是本系统默认且最常用的内部文件形式,通常操作后的结果都以此文件形式进行保存。

电子表格文件(∗.XLS)通过另存为制表符分隔文本文件(∗.TXT),接着在首行添加"NOTGRID",将"空格"替换成"逗号",成为逗号分隔的文本文件,再将文件的后缀名改为"∗.DET"格式文件(保存类型:文本文档;编码:ANSI),然后通过 DTM 空间分析中"Tin 模型"展开菜单中"生成高程初始三角剖分"命令生成不规则三角剖分文件(∗.Tin)。

2. 装入图元文件

（1）在 MapGIS 数字地面模型子系统窗口下，单击菜单栏中的"文件"，系统弹出文件操作命令（图 13 – 68）。

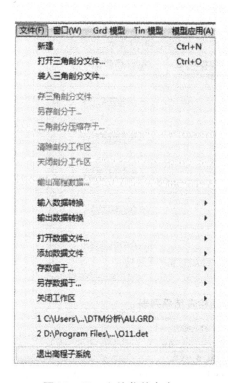

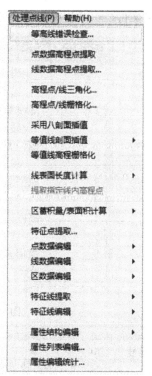

图 13 – 68　文件菜单命令　　　　图 13 – 69　点线处理菜单命令

（2）单击菜单栏中"文件"，在下拉菜单中单击"打开数据文件"命令，查找并打开一个点/线/区文件。

3. 处理图元文件

（1）等高线错误检查

单击"处理点线"菜单下拉项中的"等高线错误检查"命令（图 13 – 69），系统自动完成对所打开的线图元进行检查，并统计列表（图 13 – 70）。

（2）属性编辑

①单击菜单栏中"处理点线"，在下拉菜单中单击"属性结构编辑"命令，浏览与编辑点/线/区图元属性结构（参考相关章节），特别是对参与分析的属性字段类型，必须更改为"双精度型"。

②单击"处理点线"菜单下拉项中的"属性列表编辑"命令，查找并打开一个点/线/区文件及属性类型，系统在文件显示窗口下方弹出属性列表编辑窗口

(图 13 −71),用户可通过移动光标选择属性进行数值编辑。如果需要通过外部数据库进行挂接时,单击窗口下"外挂数据库"命令,在系统弹出的"外部数据库联接设置"对话框中按"添加"按钮(图 13 −72),在系统弹出的对话框中选择联接文件(∗.WB 或 ∗.DBF)及关键字段。

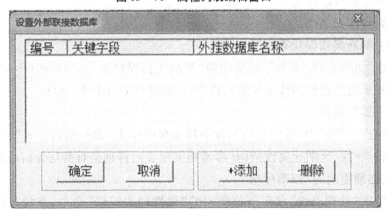

图 13 −70　线错误检查结果列表

图 13 −71　属性列表编辑窗口

图 13 −72　"外部数据库联接设置"对话框

③单击"处理点线"菜单下拉项中的"属性编辑统计"命令,查找并打开一个点/线/区文件及属性类型,系统在文件显示窗口下方弹出属性列表编辑窗口(图13-73),

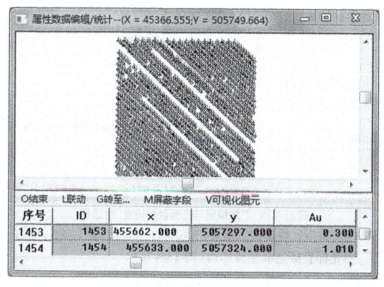

图13-73　属性数据编辑统计窗口

用户在图形中通过移动光标来选择属性并进行编辑。如果需要对一定条件的属性编辑时,单击窗口下"转至"菜单,在系统弹出的"记录号设置"对话框中按"条件跳转"按钮,在系统弹出的对话框中键入条件表达式即可。

(3)图元数据编辑

点/线/区数据编辑操作程序基本相似,下面以线为例详细介绍。

①击"处理点线"菜单下拉项中的"线数据编辑"命令,在系统弹出的子命令中选取操作项(图13-74)。

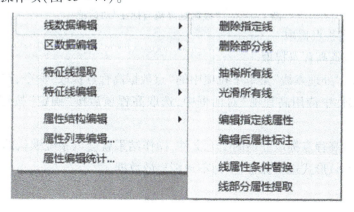

图13-74　线数据编辑子命令

②选取"删除指定线"时,通过鼠标单击方式选取线图元;选取"删除部分线"时,通过鼠标左键圈定范围的方式选取线图元。

③选取"抽稀所有线",设置抽稀提点系数;选取"光滑所有线",设置光滑参数方法光滑后抽稀系数(图13-75)。

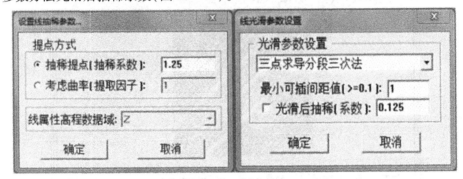

图13-75 "线抽稀与光滑参数设置"对话框

④选取"编辑指定线属性",光标选取属性后直接键入数值;选取"编辑后属性标注",用光标直接选取字段即可(图13-76)。

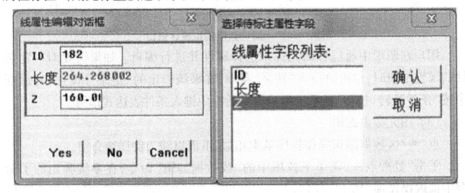

图13-76 "线属性编辑与标注"对话框

(4)高程点提取

①点数据高程点提取

a.单击"处理点线"菜单下拉项中的"点数据高程点提取"命令,在系统弹出的"指定属性中待用高程项"对话框中,选取高程项后按"确定"按钮即可(图13-77)。

b.经过高程点提取处理的图元文件,操作结果就会以系统默认的三角剖分文件(*.Tin)形式进行保存,多为不规则离散数据。

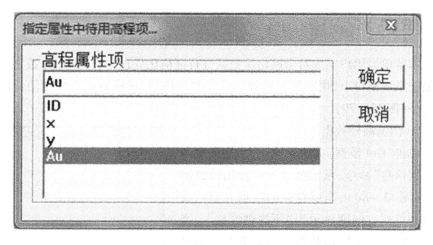

图 13 - 77 "指定属性中待用高程项"对话框

②线数据高程点提取

单击"处理点线"菜单下拉项中的"线数据高程点提取"命令,在系统弹出的"线抽稀提取高程点参数设置"对话框中,选取高程数据域及提点方式,按"确定"按钮即可(图 13 - 78)。

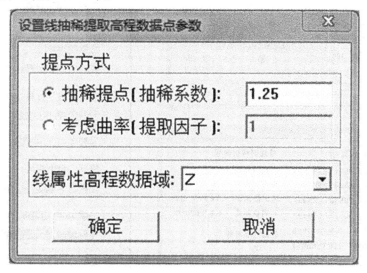

图 13 - 78 "线抽稀提取高程点参数设置"对话框

13.3.2 GRD 模型分析

本菜单为用户实现对未网格化数据进行网格化处理。在 MapGIS 数字地面模型子系统窗口下，用鼠标左键单击菜单栏中的"Grd 模型"，系统自动弹出操作命令（图 13 - 79）。

1. 浏览高程数据

单击"Grd 模型"菜单下拉项中的"浏览高程数据信息"命令，系统弹出高程数据信息浏览框（图 13 - 80），当所打开的数据为离散数据时浏览框右侧则显示为"不规则数据"，当所打开的数据为网格数据时浏览框右侧则显示为"规则网格数据"。

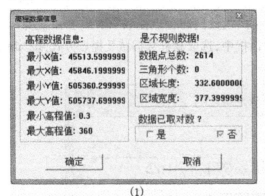

（1）

图 13 - 80　高程数据信息浏览框

2. 编辑高程点数据

13 - 79　Grd 模型菜单命令

（1）单击"Grd 模型"菜单下拉项中的"编辑高程数据信息"命令，系统弹出"高程数据编辑"对话框（图 13 - 81）。

（2）当所打开的图元属性为非地形数据时,高程点地性码设置为"未知类型高程点",否则按实际地形部位选择相应的地性码;

（3）当图元的属性数据有误需要进一步修改时,通过鼠标点选方式选择图元后,在系统弹出的对话中直接键入正确值即可。

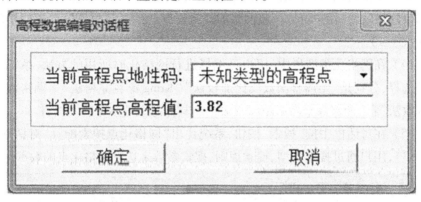

图 13 − 81　"高程数据编辑"对话框

3.离散数据网格化

（1）单击"Grd 模型"菜单下拉项中的"离散数据网格化"命令,系统弹出"离散数据网格化"对话框（图 13 − 82）。

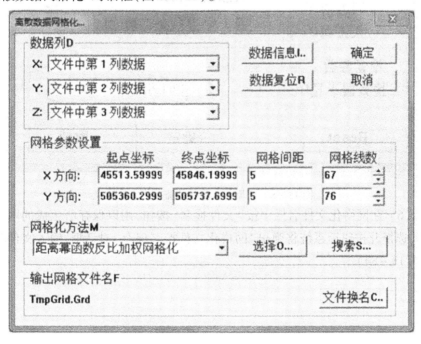

图 13 − 82　"高程数据编辑"对话框

（2）在对话框中的数据列项栏中,用户可以根据图形输出要求选取 X 值、Y 值的数列项,可根据分析项目来选取 Z 值的数列项。

（3）网络参数设置栏显示了原始数据在 X – Y 平面的范围,如果用户需要扩大或缩小该范围时,可以修改网格化参数中的起点坐标与终点坐标值,而通过修改网格间距,用户可以调整网格的疏密程度(注意:这里系统要求网格间距必须大于 1)。

（4）在网格化类型栏中,用户可选择进行网格化时所用的方法,系统提供四种选择,分别是"距离幂函数反比加权法""Kring 泛克立格法""稠密数据中值选取法"和"稠密数据高斯距离权法",其具体意义请参考有关教材。

（5）在对话框中按"搜索"按钮,系统弹出"网格化点搜索配置"对话框(图 13 – 83),用户通过搜索类型、搜索规则、搜索参数来选取网格化点的数据配置。

图 13 – 83 "网格化点搜索配置"对话框

（6）在网格化文件名栏中按"文件换名"按钮,用以保存所生成的网格化数据,选择此按钮后系统将弹出"网格化文件换名保存"对话框,输入文件名即可(图 13 – 84)。

图 13 - 84　"网格化文件换名保存"对话框

（7）最后,在数据网格化对话框中按"确定"按钮,计算机即开始对原始数据进行网格化,并以用户键入的文件名保存网格化后的数据结果。

4. 规则网方位变换

网格化后生成的规则数据网在视图时需要进行方位变换,可以通过 GRD 分析功能实现。

（1）单击"Grd 模型"菜单下拉项中的"规则网方位变换"命令,系统弹出"规则网方位变换"对话框(图 13 - 85)。

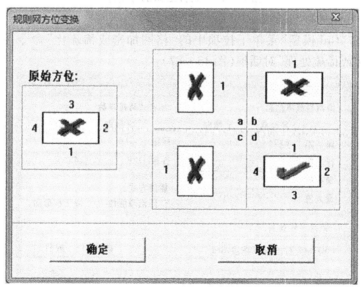

图 13 - 85　"规则网方位变换"对话框

（2）在对话框中参照规则网的原始方位布局,选取变换后的方位布局按钮,然后按"确定"按钮。

（3）在关闭文件时,按系统提示保存变换后的规则网格化变换文件。

5．网格密度处理

（1）打开三角剖析文件

①在 MapGIS 数字地面模型子系统窗口下,用鼠标左键单击菜单栏中的"文件"。

②在弹出的下拉菜单中单击"打开三角剖析文件"命令,选择文件位置及类型,并打开激活文件（图 8 – 86）。

图 13 – 86　打开三角部分文件

（2）格网抽稀与插密

①单击"Grd 模型"菜单下拉项中的"格网加密或稀疏化"命令,系统弹出"网格加密或稀疏处理"对话框（图 13 – 87）。

图 13 – 87　"网格加密或稀疏处理"对话框

②参考原网格数据信息键入加密或稀疏化后的行数值,再选择"四点双线性"或"双三次曲面"插值方式。

（3）保存结果

①在对话框中按"结果文件名"按钮,系统弹出标准文件对话框,用户选择适当的文件及后缀保存文件即可。

②最后在"网格加密或稀疏处理"对话框中按"确定"按钮,即可实现插密或抽稀数据操作。

6.规则网裁剪/无效化处理

当用户需要对规则网数据进行局部操作时,可通过 DEM 数据裁剪功能来实现。

（1）单击"Grd 模型"菜单下拉项中的"规则网裁剪,无效化"命令,系统弹出"DEM 数据裁剪"对话框(图 13 - 88)。

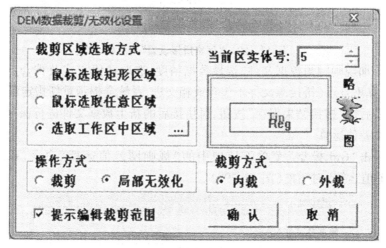

图 13 - 88   "DEM 数据裁剪/无效化设置"对话框

（2）在裁剪区域选取方式项中选取矩形区域、任意区域或工作区中区域,在选取工作区中区域时,按动其后"……"按钮,按系统提示,指定区图元文件。

（3）在操作方式项中选取裁剪或局部无效化两种方式,在裁剪方式项中选取内裁或外裁两种方式。

（4）方式设置好后按"确定"按钮即可,关闭文件时按提示对处理过的数据进行保存。

7.规则网拼接与差值运算

（1）规则网拼接

①单击"Grd 模型"菜单下拉项中的"规则网拼接"命令,系统弹出"网格拼接设置"对话框(图 13 - 89)。

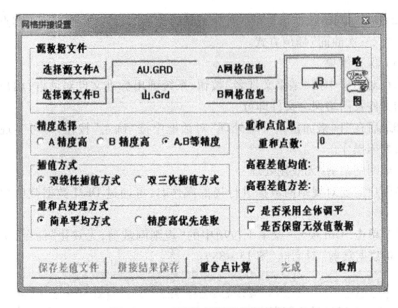

图 13－89　"网格拼接设置"对话框

②添加规则网源数据文件、选择数据精度、选取插值方式及重合点处理方式,并计算重合点(拼接源文件不包含或相交进,系统会提示重新指定源文件)。

③最后按"拼接结果保存"按钮,对拼接后的新生数据文件进行保存。

(2) 差值运算

①单击"Grd 模型"菜单下拉项中的"规则网差值运算"命令,系统弹出"DEM 差值运算"对话框(图 13 -90)。

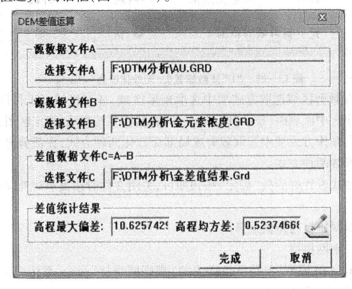

图 13 -90　"DEM 差值运算"对话框

②先添加规则网源数据文件,要求两个文件中规则网维数、数据部位一致性。

③按"选择差值数据文件"按钮,在系统弹出的文件保存标准框下键入差值文件名,并按"保存"按钮。

④在"DEM 差值运算"对话框下方按"差运算"按钮,系统自动运算并在差值统计结果项中显示"最大偏差"与"均方差"。

⑤最后,在对话框下方按"完成"按钮。

8. 规则网数学计算

①单击"Grd 模型"菜单下拉项中的"规则网数学计算"命令,系统弹出文件打开标准框。

②选取规则网格化数据文件后按"打开"按钮,系统弹出"规则网数据数学运算"对话框(图 13 – 91)。

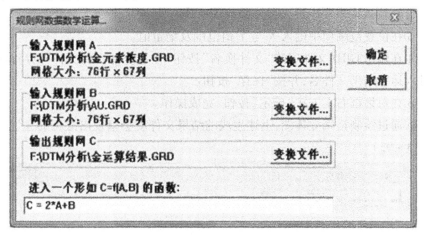

图 13 – 91 "规则网数据数学运算"对话框

③在输入规则网 B 项按"变换文件"按钮,选取另一个待分析的网格化数据文件(要求两个文件中规则网维数、数据部位一致性)。

④在输出规则网 C 项按"变换文件"按钮,在系统弹出的文件保存标准框中,键入运算结果文件名,并按"保存"按钮。

⑤在进入一个形如 C = f[A,B]的函数项中键入运算函数关系式。

⑥最后,在"规则网数据数学运算"对话框下方,按"确定"按钮即可。

9. 函数生成 GRD 数据

①单击"Grd 模型"菜单下拉项中的"函数生成 GRD 数据"命令,系统弹出"由数学函数生成 GRD 网数据"对话框(图 13 – 92)。

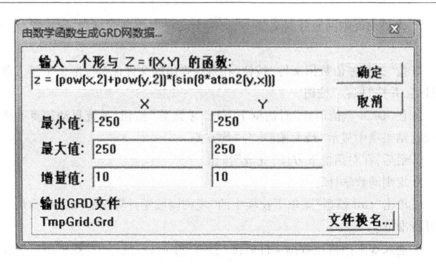

图 13-92 "由数学函数生成 GRD 网数据"对话框

②在输入函数项中键入运算函数关系式。

③在位置范围项中键入 X 与 Y 值范围及增量值。

④在输出 GRD 文件项按"文件换名"按钮,在系统弹出的文件保存标准框下键入运算结果文件名,并按"保存"按钮。

⑤在对话框右上方按"确定"按钮,完成操作。

⑥通过绘制格网立体图,上述生成的结果文件就会呈现出漂亮的立体图案(图 13-93)。

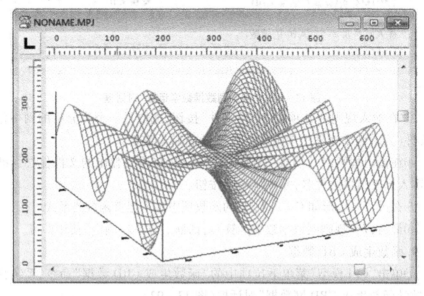

图 13-93 函数生成 GRD 网数据立体图

10. 重要点集提取

①单击"Grd 模型"菜单下拉项中的"重要点集(VIP)提取"命令,系统弹出"重要点集提取"对话框(图 13 - 94)。

图 13 - 94 "重要点提取"对话框

②在筛选标准选取误差方法与筛选阀值(据输出方式系统自动赋值)。

③在提取信息项中选取提取比例并自动生成提取点数。

④在输出方式项中选取文件类型,可选为高程数据文件(本文件通过 TIN 模型生成三角剖分文件)或三角剖分文件(本文件可进行 TIN 模型分析)。

⑤在对话框右下角按"输出文件名"按钮,在系统弹出的文件保存标准框下键入高程文件名(＊ . Tin),并按"保存"按钮。

⑥最后,在对话框右侧按"确定"按钮,完成操作。

11. 图件绘制分析

GRD 模型中的图件绘制分析提供"平面等值线图绘制""网格立体图绘制"及"彩色等值立体图绘制"三大功能,它们都只能处理网格化的数据。值得注意的是以上三大功能在系统的工作区中未装入网格化的数据或者装入非网格化高程数据时,系统会弹出标准的文件名输入对话框,提请用户选择" ＊ . Grd"供处理。

（1）平面等值线图绘制

①单击"Grd 模型"菜单项中"平面等值线图绘制"命令，系统弹出"平面等值线参数设置"对话框（图 13 - 95）。

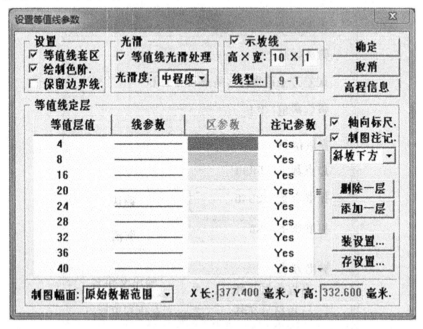

图 13 - 95　"等值线参数设置"对话框

②在设置项中通过选择"等值线套区"来设置生成等值线图时实现区域套色，通过绘制色阶在生成的等值线图右侧绘制区颜色对应的色阶上限值列图表。

③在光滑项中选择"等值线光滑处理"来设置所追踪的等值线是否要光滑，同时可设置光滑程度（低、中、高）。

④在示坡线项选择时，可进行线型与线参数的设置。

⑤在等值线定层项中可根据数据分析的需要编辑等值层值、线参数、区参数及线注记参数，通过对话框中的"删除一层"选项用于删除当前等值线层；"添加一层"用于添加一待追踪的等值层。

注意：只有在选取"制图注记"后才能选取"轴向标尺"与设置"注记参数"。

⑥在制图幅面项选择自动检测设置、原始数据范围、数据投影变换或用户自定义四种方式来设置力幅，选择设置完成后，系统自动更新 X 长与 Y 长值。

⑦"装设置……"与"存设置……"项用于装入或保存已有的用于等值图追踪的设置。

⑧最后，在对话框右上方按"确定"按钮，系统弹出等值线图形绘制显示窗口（图 13 - 96），关闭图形时按提示进行文件保存。

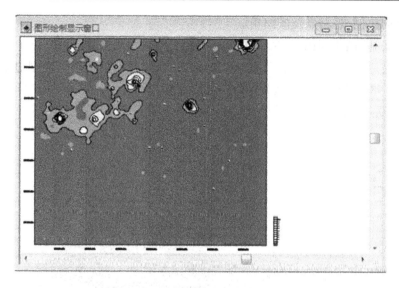

图 13-96　等值线图形绘制显示窗口

（2）格网立体图绘制

①单击"Grd 模型"菜单项中"格网立体图绘制"命令,系统弹出"规则网立体图绘制"对话框（图 13-97）。

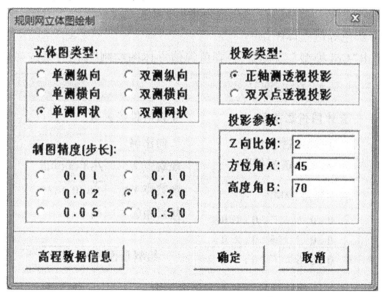

图 13-97　"规则网立体图绘制"对话框

②在立体图类型项中选取单侧、双侧的纵向、横向、网状组合图件绘制类型。

③在投影类型项中选取正轴测透视投影时,在投影参数项中键入 Z 向比例、方位角及高度角;在投影类型项中选取双灭点透视投影时,在投影参数项中

键入 Z 向比例、观察点及倾向角。

④在制图精度项中选取步长,共有 6 组数值可供用户选择。

⑤最后,在对话框右上方按"确定"按钮,系统弹出立体图形绘制显示窗口(图 13 - 98),关闭图形时按提示进行文件保存。

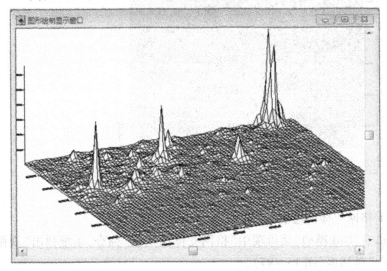

图 13 - 98　立体图形绘制显示窗口

(3) 彩色等值立体图绘制

①单击"Grd 模型"菜单项中"彩色等值立体图绘制"命令,系统弹出"三维

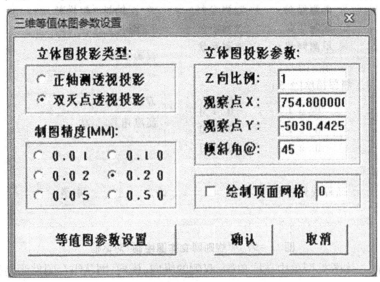

图 13 - 99　"三维等值体图参数设置"对话框

等值体图参数设置"对话框(图13-99)。②在立体投影类型项中选取正轴测透视投影时,在投影参数项中键入 Z 向比例、方位角及高度角;在立体投影类型项中选取双灭点透视投影时,在投影参数项中键入 Z 向比例、观察点及倾向角。

③在制图精度项中选取步长,共有6组数值可供用户选择。

④在等值图参数设置项,按动功能按钮后,系统弹出"等值线参数设置"对话框(参见图13-95),进行参数设置。

⑤最后,在对话框右下方按"确定"按钮,系统弹出彩色等值立体图形绘制显示窗口(图13-100),关闭图形时按提示进行文件保存。

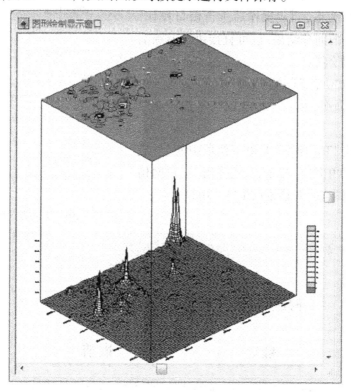

图13-100　彩色等值立体图形绘制显示窗口

13.3.3　TIN 模型分析

TIN 模型即不规则三角网数字模型,是一种矢量数据,又名"曲面数据结构",该结构被广泛应用在各种 GIS 软件,用于储存曲面的一种数据结构。通常用于数字地形的三维建模和显示。根据区域的有限个点集将区域划分为相等的三角面网络,数字高程模型由连续的三角面组成,三角面的形状和大小取决于不规则分布的测点的密度和位置,能够避免地形平坦时的数据冗余,又能按地形特征点表示数字高程特征。

本菜单为用户实现对不规则数据进行三角剖分处理。在 MapGIS 数字地面模型子系统窗口下,用鼠标左键单击菜单栏中的"Tin 模型",系统自动弹出操作命令(图 13－101)。

1. 高程三角剖分生成与优化

(1)生成高程初始三角剖分

运用本功能项进行三角剖分,系统自动建立邻接拓扑关系,完成操作后进行窗口操作,以显示所得的剖分结果;也可直接执行追踪剖分等值线图绘制。

①单击"文件"菜单下拉项中的"打开三角剖分文件"命令,装入高程数据三角剖分文件(＊.Tin)。

②单击"Tin 模型"菜单下拉项中的"生成高程初始三角剖分"命令,系统弹出"三角网构造判别系数设置"对话框(图 13－102)。

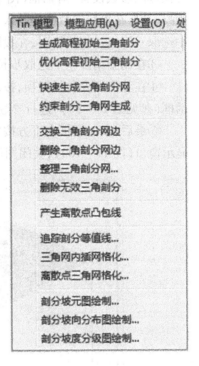

图 13－101　Tin 模型菜单命令

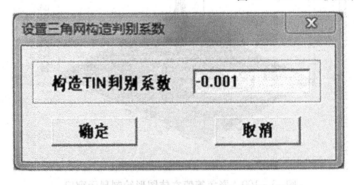

图 13－102　"三角网构造判别系数设置"对话框

③在构造 TIN 判别系数项中键入相应数值即可。

④在对话框下方按"确定"按钮,系统弹出所生成的高程初始三角剖分文件显示窗口(图 13－103),关闭图形时按提示进行文件保存。

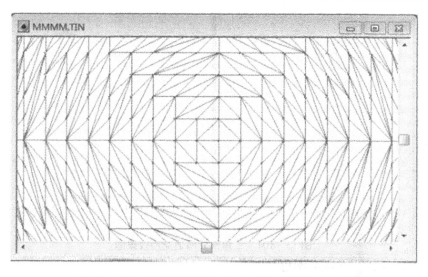

图 13 - 103 生成的高程初始三角剖分文件显示窗口

（2）优化高程初始三角剖分

系统将在初始三角剖分的基础之上进行优化。完成后进行窗口操作,以显示所得的剖分结果。

①单击"Tin 模型"菜单下拉项中的"优化高程初始三角剖分"命令,系统弹出文件保存窗口。

②按提示进行文件保存,完成对前面生成的文件进行优化。

（3）快速生成三角剖分网

2. 约束剖分三角网生成

①单击"Tin 模型"菜单下拉项中的"约束剖分三角网生成"命令,系统自动约束剖分三角网。

②最后,在关闭已约束的三角剖分文件时,按系统提示进行文件保存。

3. 三角剖分网处理

（1）交换三角剖分网边

①单击"Tin 模型"菜单下拉项中的"交换三角剖分网边"命令,系统打开三角剖分网边交换功能。

②在三角剖分文件显示窗口,用鼠标点击任意一条三角剖分网边线,这条边线就会在所处的四边形中重新调整对角线方位,并新生一条对角线作为三角剖分网边线(图 13 - 104)。

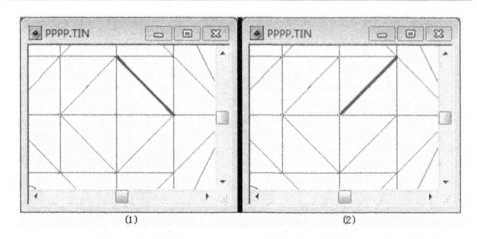

图 13 - 104   三角剖分网边交换效果图

（2）删除三角剖分网边

①单击"Tin 模型"菜单下拉项中的"删除三角剖分网边"命令，系统打开三角剖分网边删除功能。

②在三角剖分文件显示窗口，用户可以用鼠标选取单条三角形边进行删除，也可以用鼠标拉出一个矩形区域，删除区域内的部分三角网边。

注意：当需要保存时，应选择"压缩"存储方式。

（3）整理三角剖分网

①单击"Tin 模型"菜单下拉项中的"整理三角剖分网"命令，系统弹出"整理三角网设置"对话框（图 13 - 105）。

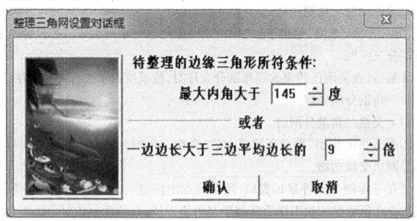

图 13 - 105   "整理三角网设置"对话框

②输入待整理的边缘三角形条件，然后按"确认"按钮即可删除三角网边缘的一些满足条件的狭长的三角形。

③最后,在关闭已整理好的三角剖分文件时,按系统提示进行文件保存。

(4)删除无效三角剖分网边

无效三角形是指三角形的三个顶点中至少有一个点是"未知点"。

①单击"Tin 模型"菜单下拉项中的"删除三角剖分网边"命令,系统自动执行删除无效的三角形功能。若当前三角网中没有无效三角形,则系统会提示用户。

②最后在关闭已整理好的三角剖分文件时,按系统提示进行文件保存。

4. 产生离散点凸包线

数据点凸包线是指整个三角网的最小外边界线。单击"Tin 模型"菜单下拉项中的"产生离散点凸包线"命令,系统自动绘制整个三角网的最小外边界线并在图形绘制显示窗口中呈现。在关闭显示窗口时,按系统提示将结果文件存放在 MapGIS 线图元文件中。

5. 网格化处理

在 TIN 模型中,对无规则的高程数据进行网格化处理有三角网内插网格化和离散点三角网格化两种方式。

(1)三角网内插网格化

①单击"Tin 模型"菜单下拉项中的"三角网内插网格化"命令,系统弹出"数据栅格化处理参数设置"对话框(图 13 - 106)。

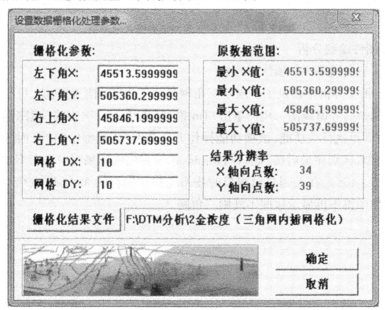

图 13 - 106　"数据栅格化处理参数设置"对话框

②在栅格化参数项中键入网格 DX 与 DY 数值,用户就会发现结果分辨率项中的对应轴向点数自动更新。

③按"栅格化结果文件"按钮,在系统弹出的结果文件保存窗口下键入文件名后,按"保存"按钮。

④最后,按"确认"按钮即可完成三角内插规则网格化。

(2)离散点三角网格化

该项命令项操作方法与"三角网内插网格化"相似,区别在最后按"确认"按钮时,系统弹出数据三角网法栅格化信息框(图 13 – 107)。

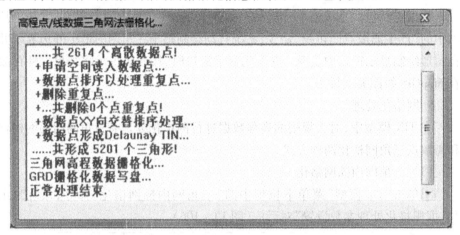

图13 – 107　数据三角网法栅格化信息框

6.图件绘制分析

(1)三角网平面等值线图绘制

TIN 模型分析中提供了不规则三角网平面等值线图绘制功能,可利用离散数据绘制平面等值线图。用户单击"Tin 模型"菜单下拉项中的"追踪剖分等值线"命令即可执行该功能,该项功能操作方法与 GRD 模型中的"平面等值线图绘制"相似,区别在最后按"确认"按钮时,系统弹出的结果图中含有不规则三角网(图 13 – 108),在关闭显示窗口时按系统提示保存的 MapGIS 点/线/区图元结果文件中将不再显示这些不规则三角网。

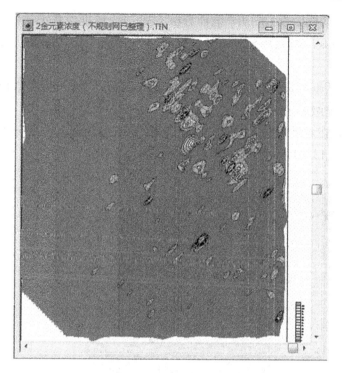

图 13 - 108　不规则三角网平面等值线图

（2）剖分坡度分级图绘制

①打开不规则三角剖分文件,单击"Tin 模型"菜单下拉项中的"剖分坡度分级图绘制"命令,系统弹出"剖分坡度分级图输出设置"对话框(图 13 - 109)。

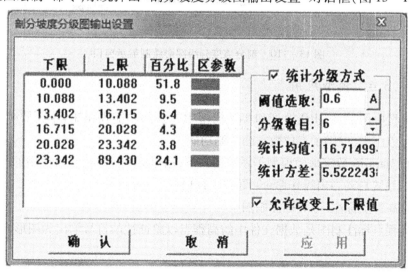

图 13 - 109　"剖分坡度分级图输出设置"对话框

②在对话框中没有打开"统计分级方式"时,坡度按倍率进行分级;打开"统计分级方式"项时,用户可选择级数与阀值,在按"A"按钮确认后重新进行坡度分级。

③在对话框中选择"允许改变上下限值",用户通过鼠标双击数值的方式自行设置每个坡级的上下限值。

④最后,在对话框左下方按"确定"按钮,系统弹出剖分坡度分级图形绘制显示窗口(图 13 – 110),关闭图形时按提示进行文件保存。

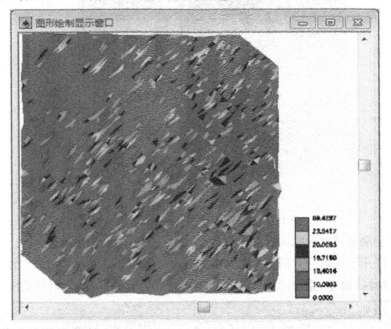

图 13 –110　剖分坡度分级图形绘制显示窗口

13.3.4　模型应用

模型应用是将 GRD 模型和 TIN 模型中的公共功能提出来,主要服务于实际工程应用中,提供了点位数据图绘制功能。

在 MapGIS 数字地面模型子系统窗口下,用鼠标左键单击菜单栏中的"模型应用",系统自动弹出操作命令(图 13 – 111)。

1. 高程点标注/分类标注制图

高程点标注制图是数据文件中的高程点以象征性的符号输出为图形,以方便用户了解数据的分布情况。这两个菜单项唯一的区别在于是否对高程点分类制图。分类的方法有按等数目、等间隔和自定义三种方式。

注意:对于含"未知点"的规则网数据,制图时将忽略这些"未知点"。

（1）高程点标注制图

①打开三角剖分文件(三种格式均可),单击"模型应用"菜单下拉项中的"高程点标注制图"命令,系统弹出"高程点标注显示"对话框(图 13 –112)。

②在对话框中的数据列中,用户可以选择 X 、Y 、Z 中任两个方向作为 X 轴和 Y 轴方向;标注也可以从高程点的 X 、Y 、Z 值中选取。

③用户在对话框中选择符号图形、调整符号尺寸,设置标注的位置、间隔、字体、格式等,还可以进行数据的投影转换功能。

④最后,按动对话框右下方的"确认"按钮,系统弹出高程点标注图形绘制显示窗口(图 13 –113),标注结果将以 MapGIS 点、线、区图元文件形式输出供制图或分析时使用,关闭图形窗口时按提示进行保存。

图 13 –111　模型应用菜单命令

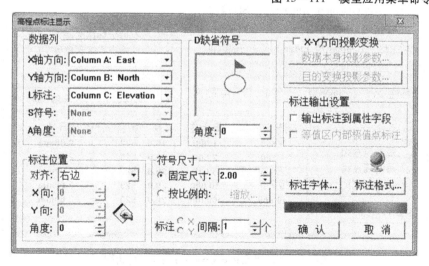

图 13 –112　"高程点标注显示"对话框

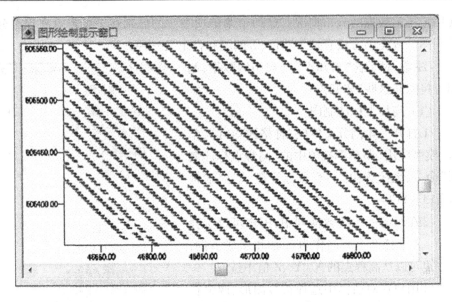

图 13 - 113　高程点图形绘制显示窗口

（2）高程点分类标注制图

高程点分类标注制图与高程点标注制图方法基本一致,区别在系统弹出"高程点标注分类显示"对话框(图 13 - 114),用户可以选择标注的分类方法及输出分类图例。

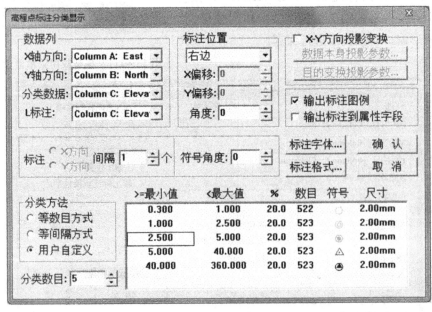

图 13 - 114　"高程点标注分类显示"对话框

2. 平面数据展布标注/分类标注制图

（1）平面数据展布标注制图

①单击"模型应用"菜单下拉项中的"平面数据展布标注制图"命令,系统弹出文件打开标准窗口,查找并打开规则网格剖分文件(* . Grd)。

②文件打开后,系统弹出"重要点提取"对话框(图 13 – 115),在筛选标准选取误差方法与筛选阀值(据输出方式系统自动赋值)。

图 13 – 115 "重要点提取"对话框

③在提取信息项中选取提取比例,系统会自动生成提取点数。

④在对话框右侧按"确认"按钮,系统弹出"高程点标注显示"对话框。

⑤按前面介绍的高程点标注显示设置,选择符号图形、调整符号尺寸,设置标注的位置、间隔、字体、格式等。

⑥最后,按"确认"按钮,系统弹出平面数据展布标注图形绘制显示窗口(图 13 – 116),关闭图形窗口时按提示进行 MapGIS 点、线、区图元文件保存。

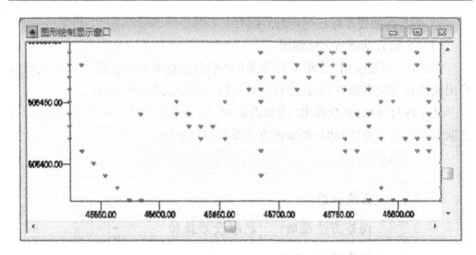

图 13－116　平面数据展布标注图形绘制显示窗口

（2）平面数据展布分类标注制图

平面数据展布分类标注制图与平面数据展布标注制图操作方法基本一致，区别在系统弹出"平面数据展布标注分类显示"对话框，用户可以选择标注的分类方法及输出分类图例。

3. 生成剖分/分类泰森多边形

（1）生成剖分泰森多边形

①打开三角剖分文件（三种格式均可），单击"模型应用"菜单下拉项中的"生成剖分泰森多边形"命令，系统弹出"校准区域边界"对话框（图 13－117）。

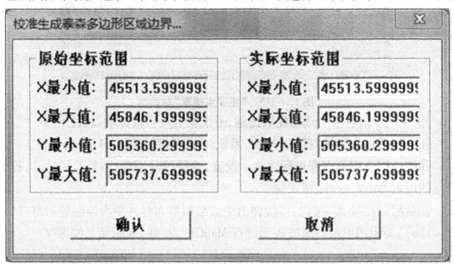

图 13－117　"校准生成剖分泰森多边形区域边界"对话框

②键入实际坐标范围后按"确认"按钮,系统弹出剖分泰森多边形图形绘制显示窗口(图 13 – 118),关闭图形窗口时按提示进行区文件保存。

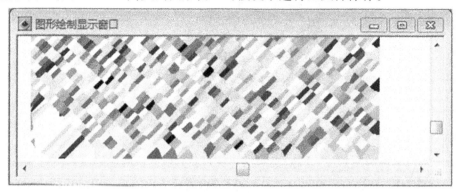

图 13 118 剖分泰森多边形图形绘制显示窗口

(2)生成分类泰森多边形

①打开三角剖分文件(三种格式均可),单击"模型应用"菜单下拉项中的"生成分类泰森多边形"命令,系统弹出"泰森多边形输出设置"对话框(图 13 – 119)。

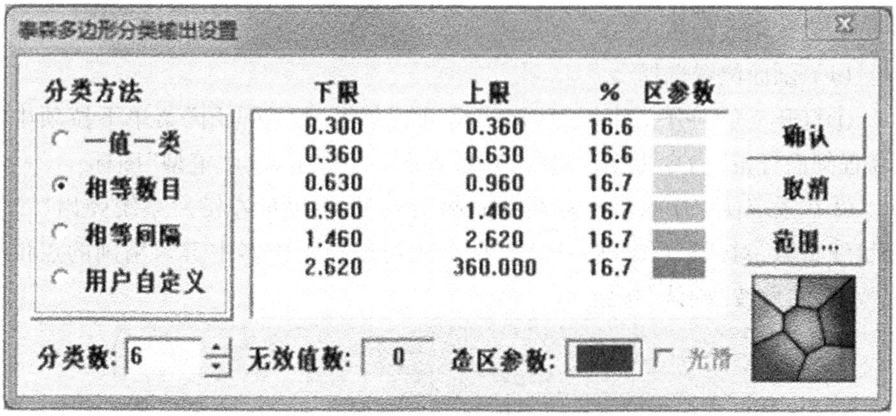

分类方法	下限	上限	%	区参数	
○ 一值一类	0.300	0.360	16.6		确认
⊙ 相等数目	0.360	0.630	16.6		取消
○ 相等间隔	0.630	0.960	16.7		
	0.960	1.460	16.7		范围…
○ 用户自定义	1.460	2.620	16.7		
	2.620	360.000	16.7		
分类数:6	无效值数: 0	造区参数:		□ 光谱	

图 13 –119 "泰森多边形输出设置"对话框

②在对话框中设置分类方法、调整分类级数、键入区参数、选取制图区域范围。

③最后,在对话框右上角按"确认"按钮,系统弹出分类泰森多边形图形绘制显示窗口(图 13 – 120),关闭图形窗口时按提示进行区文件保存。

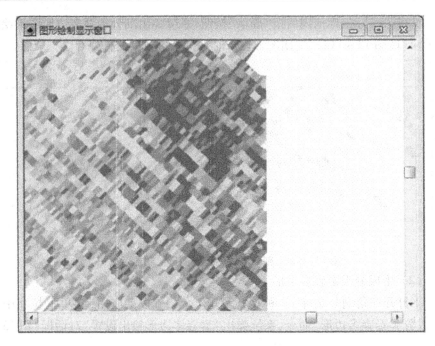

图 13 – 120 分类泰森多边形图形绘制显示窗口

4.高程剖面分析

（1）剖面位置选择

①打开三角剖分文件（三种格式均可），单击"模型应用"菜单下拉项中的"高程剖面分析"命令中交互造线，在系统窗口中弹出定点"笔型"图标。

②在系统窗口中移动光标至剖面起始位置，按鼠标左键后系统弹出"二维分量编辑器"对话框（图 13 – 121），用户也可以在编辑器中键入精确的点位坐标数值，然后铵"确认"按钮。

图 13 – 121 高程点二维分量编辑器

③用户在对话框中依次选取或键入剖面线的途经点和终止点，结束后按鼠

标右键,在系统弹出的信息提示框中按"是"按钮。

(2)分析参数设置

①用户对剖面线文件进行保存后,系统弹出"剖面线分析参数设置"对话框(图 13 - 122),在对话框中进行 X 轴、Y 轴方向标注的间距、数据格式、字体参数设置。

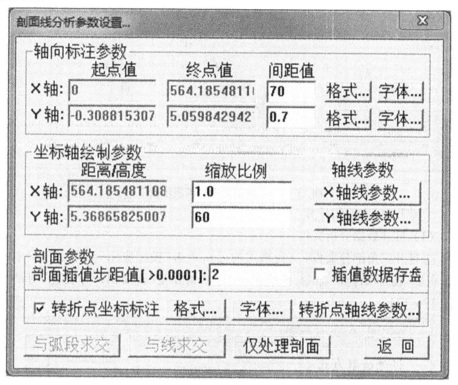

图 13 - 122 "剖面线分析参数设置"对话框

②在对话框中对绘制图中的纵轴与横轴进行缩放比例调整、轴线图元参数设置,并给出剖面插值的步距值,剖面线若有转折点时,还可以对转折点位置进行标注设置。

(3)绘制剖面图

①参数设置完成后,在对话框中按"仅处理剖面"按钮,系统弹出剖面图形绘制显示窗口(图 13 - 123)。

②剖面分析结果将以 MapGIS 点、线、区图元文件形式输出供制图或分析时使用,关闭图形时按提示进行保存。

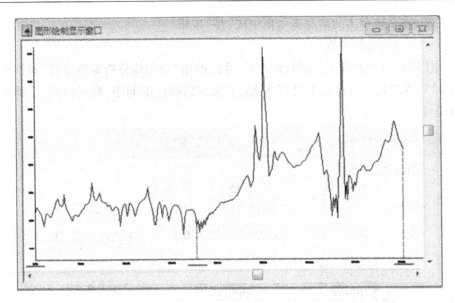

图 13 – 123　剖面图形绘制显示窗口

5. 蓄积量/表面积计算

（1）打开数据分析文件

①打开三角剖分文件（三种格式均可），单击"模型应用"菜单下拉项中的"蓄积量/表面积计算"命令，系统弹出"区域蓄积量/表面积计算设置"对话框（图 13 – 124）。

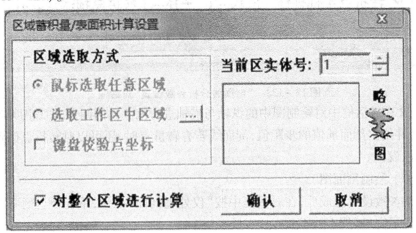

图 13 – 124　"区域蓄积量/表面积计算设置"对话框

②在对话框中选择区域选取方式，或者选取对整个区域进行计算，然后按"确认"按钮。

（2）规则网格化文件计算

①如果所打开的是规则网格三角剖分文件,系统弹出"格网蓄积量/表面积计算"对话框(图 13 – 125),键入计算参数(计算高程与物质密度)、选取计算方法。

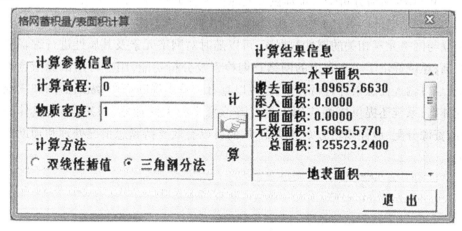

图 13 – 125 "区域格网蓄积量/表面积计算"对话框

②按"计算"按钮,系统在对话框右侧结果信息中弹出水平面积、地表面积上的搬添面积量,以及蓄积量上的搬添方量。

(3) 不规则三角剖分文件计算

①如果所打开的是不规则三角剖分文件,系统弹出"TIN 蓄积量/表面积计算"对话框(图 13 – 126),在计算参数项中键入计算高程与物质密度。

②按"计算"按钮,系统在对话框左侧结果信息中弹出水平面积、地表面积上的搬添面积量,以及蓄积量上的搬添方量。

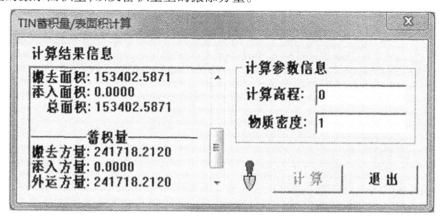

图 13 – 126 "TIN 蓄积量/表面积计算"对话框

13.4　网络分析

MapGIS 网络分析子系统提供方便地管理各类网络(如自来水管网、煤气管网、交通网、电讯网等)的手段,用户可以利用此系统迅速直观地构造整个网络,建立与网络元素相关的属性数据库,可以随时对网络元素及其属性进行编辑和更新;系统提供了丰富有力的网络查询检索及分析功能,用户可用鼠标指点查询,也可输入任意条件进行检索,还可以查看和输出横断面图、纵断面图和三维立体图;系统还提供网络应用中具有普遍意义的关阀搜索、最短路径、最佳路径,资源分配、最佳围堵方案等功能,从而可以有效支持紧急情况处理和辅助决策。

第 14 章　数据输出系统

如何将 GIS 的各种成果变成产品供各种用途的需要,或与其他系统进行交换,就是 GIS 中不可缺少的一部分。GIS 的输出产品是指经系统处理分析,可以直接提供给用户使用的各种地图、图表、图象、数据报表或文字报告。MapGIS 的数据输出可通过输出子系统、电子表定义输出系统来实现文本、图形、图象、报表等的输出。

14.1　图形输出子系统

14.1.1　系统概述

MapGIS 输出系统是 MapGIS 系统的主要输出手段,它读取 MapGIS 的各种输出数据,进行版面编辑处理、排版,进行图形的整饰,最终形成各种格式的图形文件,并驱动各种输出设备,将编排好的图形显示到屏幕上或在指定的设备上输出。具体功能如下:

1. 版面编排功能—提供图形坐标原点、角度、比例设置及多幅图形的合并、拼接、叠加等的版式编排。

2. 数据处理功能—根据版式文件及选择设备,系统自动生成用于矢量设备的矢量数据或用于栅格设备的栅格数据。

3. 不同设备的输出功能—输出系统可驱动的输出设备有各种型号的矢量输出设备(如笔式绘图仪)和不同型号的打印机(包括针式打印机、彩色打印机、激光打印机和喷墨打印机等)。

4. 光栅数据生成功能—根据设置好的版面,图形的幅面及选择的绘图设备(如静电或喷墨绘图仪),系统开始对图形自动进行分色光栅化,最后产生不同分辨率的高质量的 CMYK(青、品红、黄、黑)的光栅数据。

5. 光栅输出驱动功能—可将光栅化处理产生的 CMYK 光栅数据输出到彩色喷墨绘图仪,彩色静电绘图仪等彩色设备上去。

6. 印前出版处理功能—对设置好的版面文件,根据图形幅面及选择参数,自动进行校色、处理、转换,生成 POSTSCRIPT 或 EPS 输出文件,供激光照排机排版软件输出时使用。也可供其他排版软件或图象处理软件使用。

14.1.2 输出拼版设计

输出拼版设计有两种情况:一是多幅图在同一版面上输出,二是单幅图在一版面上输出,又称为"多工程输出"和"单工程输出"。"多工程输出"拼版设计使用拼版文件(∗.MPB),一个拼版文件管理多个工程(幅图)。"单工程输出"拼版设计使用单个工程文件(∗.MPJ)即可。

14.1.3 输出页面设置

1.用 MapGIS 编辑系统打开工程文件,在菜单栏中单击"工程输出",系统就会弹出一个工程输出显示窗口(图 14 - 1)。

图 14 - 1 工程输出显示窗口

2.如果在输出设置对话框模拟显示中发现还有需要进一步修改,在菜单栏上单击"返回编辑",进行必要的修改后再进入工程输出窗口。

3.在菜单栏中单击"文件",在下拉菜单中选中单击"页面设置"命令,系统弹出"工程输出编辑"对话框(图 14 - 2)。

图 14-2 "工程输出编辑"对话框

4. 工程输出参数设置(图 14-3)

①工程矩形参数:系统自动赋值一般不用输入,X 轴比例与 Y 值比例一般为"1",如果想放大或缩小图象输出大小,应调整 X 和 Y 的参数;

②输出方式:根据图象幅面大小及高宽比例选择出图方式,如果需要先出图象左侧选择"正常输出方式",如果需要先出图头则选择"旋转 90 度输出";

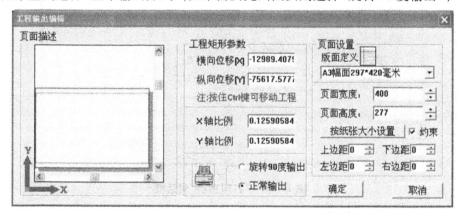

图 14-3 工程输出参数设置窗口

③页面设置:首先选中版面定义中的"系统自动检测幅面",系统会检测出一个与图象一样宽度和高度幅面,然后对页面的高度与宽度分别调大 10 毫米;

④纸张大小设置:如果选用了标准纸张如"A3 纸张",则需要选取"约束",根据需要再设置"边距";

⑤设置完成后按"确定"按钮完成输入。

14.1.4 MapGIS 工程输出

MapGIS 系统为用户提供了 windows 输出、光栅输出、PostScript 输出三种输出方法,下面分别介绍。

1. windows 输出

在输出页面设置好后就可以进行"Windows 输出"打印功能,"Windows 输出"方法输出速度快,且能驱动的设备比较多,适应范围也比较广。由于受到输出设备的驱动程序及内部缓存限制,有的图元输出效果可能有误。下面详细介绍操作步骤:

(1) 在 MapGIS 编辑系统"输出"功能窗口下,单击菜单栏中的"Windows 输出",在下拉菜单中单击"打印输出"命令,系统弹出"打印选项"对话框(图 14-4)。

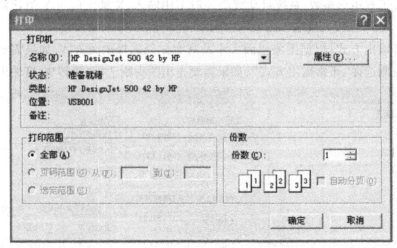

图 14-4 "打印选项"对话框

(2) 打印输出设置

①打印机设置:选择输出端口型号的打印机;

②纸张设置:在"打印选项"对话框中按"属性"按钮,在窗口下弹出的"纸张/质量"选项中制订纸张尺寸,这在后面详细介绍;

③打印范围设置:一般选择择"全部";

④根据用户需要输入打印份数。

(3) 打印纸张设置

①在"打印选项"对话框中"属性"下窗口的"纸张/质量"选项中单击"自定义纸张尺寸"命令(图 14-5);

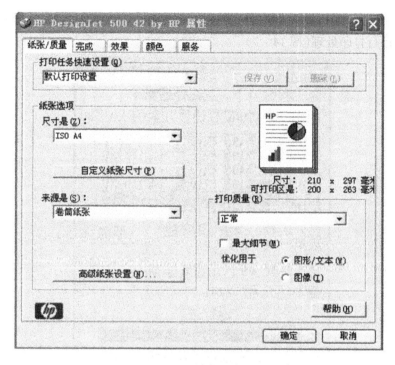

图 14-5　纸张选择窗口

②在系统弹出的"页面尺寸"窗口下根据图象版面大小及布局情况选择和设置纸张尺寸(无论用什么型号的绘图仪,都需要重新设置页面尺寸,页边距一般会留出 20 毫米,宽度和高度分别再加上 40 毫米);

③选择纸张尺寸单位时,通常采用"公制(毫米)";

④根据用户需要输入完成后按"确定"按钮,即可完成纸张设置(图 14-6)。

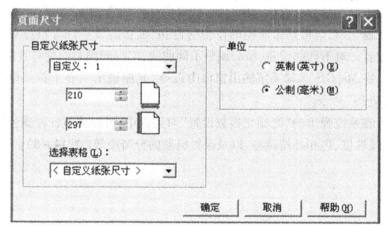

图 14-6　页面尺寸的设置窗口

（4）完成输出操作后按"确定"按钮,系统进入自动处理运行、并导入打印机内存进行打印处理(图14-7)。

图14-7 "数据导出处理进度"对话框

2. 光栅化输出

MapGIS栅格输出是将工程文件进行分色光栅化,形成分色光栅化后的栅格文件。系统在对数据进行光栅化时,能设定颜色的彩色还原曲线参数。在进行分色光栅化前,应根据您所用的设备的色相、纸张的吸墨性等特点对光栅设备进行设置。对不同的设备,精心调整不同曲线,能得到满意的色彩效果。

（1）在MapGIS编辑系统输出窗口中选择"光栅输出",在下拉菜单中单击"光栅化处理"命令。

（2）在系统弹出的"光栅化参数设置"对话框中,可以调整各种颜色的输出的墨量、线性度、色相补偿调整、以及设置机器的分辩率等(图14-8)。

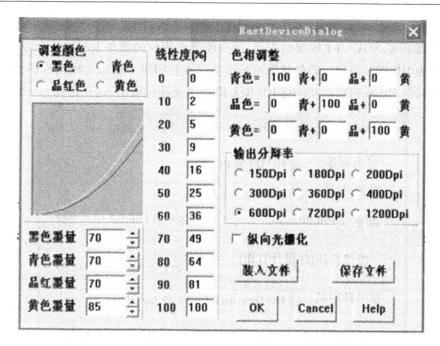

图 14 - 8 "光栅化参数设置"对话框

(3)光栅化参数设置好后,按窗口下的"OK"按钮,系统即可进行光栅化处理进程中,并生成输出光栅文件(＊.NV1)。

(4)打印光栅文件:在 MapGIS 编辑系统输出窗口中选择"光栅输出",在下拉菜单中单击"打印光栅文件"命令,在系统弹出的窗口下选择光栅文件后按"打开"按钮(图 14 - 9)。

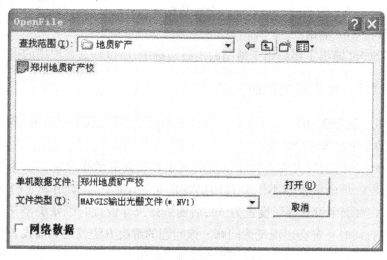

图 14 - 9 光栅文件选择窗口

（5）在系统弹出的"输出设备设置"对话框中（图 14 – 10），选择"输出设备"（如果是 NOVAJET 喷墨绘图仪，请在喷墨绘图仪的面板上将绘图命令语言设置为 HP RTL 语言。若是其他型号绘图仪或打印机上输出光栅文件，只要该绘图仪与 HP 系列兼容能执行 HP RTL 语言，"光栅化输出"是正常的）。

图 14 – 10　输出设备设置窗口

（6）无论在 HP 系列和 NOVJET 系列的喷墨绘图仪上输出光栅文件时，应根据装入的纸张大小设定正确的纸张大小。

（7）根据配备的设备，选择国"使用打印机"的型号，然后输入打印"份数"。

（8）最后按"确定"按钮，系统就会将数据导入打印设备，完成打印任务。

3. PostScript 输出

PostScript 输出主要应用于地图的出版印刷中，所以普通客户用的很少。

14.1.5　输出时问题的处理

打印一幅完整的图后，又时会连续出两张或三张纸，或是空白纸，或只打印了图形的某个边等多种情况。

存在这种问题的实质是页面设置的大小和后面的纸张设置的太小不匹配造成的，也就是说纸张容不下要打印的幅面了，MapGIS 自动出现了分页的情况，比如在页面中设置幅面设置为 A4，后面纸张尺寸设置时纸张类型又设置为 A4，这样打印时一定会出现镜像问题。该问题的解决方法就是页面设置按照要求设定，而后面的纸张的设置则不要受此影响，纸张实际大小是多少就设置多少。

另外可能的原因还有"飞点"和"打印机内存不够或内存泄漏"等情况。若出现"飞点",利用"输入编辑"模块中的"文件压缩存盘"功能去除飞点。若是"内存泄漏"等原因,最好将打印作业清除后,重新启动打印机。

14.2 电子表定义输出系统

电子表定义输出系统是一个强有力的多用途报表应用程序。应用该系统可以方便地构造各种类型的表格与报表,并在表格内随意地编排各种文字信息,并根据需要,打印出来。

在 MapGIS 制图工作中经常会遇到数据投图成表格形式、图上表格数据导出成明码表格文件、甚至图元属性也可以导出为表格形式文件。前期的 MapGIS 系统,此功能存在一定的局限性,经过后期二次开发,基于 MapGIS 6.7 平台上开发而成的图形编辑器应运而生,填补了 MapGIS 数据表格功能的缺憾。

14.2.1 主要软件介绍

目前使用较多的是 SeCtion、MGT6 两种数据表格图形编辑软件。

1. SeCtion 软件

本系统是在 Windows XP 系统和 MapGIS 6.7(B20051118)基础上,以 Microsoft VC++ 6.0 为编程语言,MapGIS 6.7 SDK 为开发平台进行开发的地质图件制作软件。系统基于 MapGIS 输入编辑子系统强大的图形编辑能力,添加专业的地质图件制作工具,大大提高了地质图件的制作效率,能够很完美的转换 CAD 数据格式为 MapGIS 格式。地质数据采集系统采用 MiCrosoft ACCess 的 MDB 格式,自动计算绘制符合行业标准的 MapGIS 格式地质图件。

2. MGT6 软件

是在 MapGIS 6.7 平台基础上开发而成的矢量图形编辑器,以 MapGIS 的点线区图元作为主要的编辑对象,图形数据格式与 MapGIS 一致。MGT6 保留了 MapGIS 6.7 图形编辑器的原有功能,并对其中部分编辑功能进行了改进。在此基础上,MGT6 在图形编辑、属性编辑、交互操作、精确制图、数据投影、数据查询、数据导入导出等方面进行了大幅的开拓和扩展,加强了软件的开放性,实现了面向对象的编辑模式,图形与属性结合更紧密。交互操作上采用了类似 CAD 的快捷操作模式。并针对原版 MapGIS 精确制图方面的不足,开发了完善而快速的捕捉功能和精确定位功能,大幅提高了图形数据精度。同时将数据投影功能直接集成到 MGT6 中,数据成图更加快捷。开发并完善了图形和属性两方面的查询功能,数据查询更为方便。此外,研发出更完美的 CAD 图形转 MapGIS

功能、可变角度花纹填充功能、图块功能和简明易用的出图功能,程序的智能化信息设计更合理、自动化程度更高,大幅提高制图及空间数据库建设效率。

14.2.2　表格数据投图

常用的表格数据主要以 Excel 格式为主,因此本节主要介绍 Excel 表格文件利用 SeCtion 软件导入 MapGIS 图元文件的方法。

1. 首先打开需导入 Excel 数据表格文件,并圈选需要导入的表格部分或全部内容(图 14 – 11)。

图 14 – 11　数据导入内容选择框 HT]

2. 接着用 SeCtion 软件打开 MapGIS 工程文件,并将需导入表格的点、线图元文件为输入编辑状态。

3. 单击 SeCtion 软件主菜单下的"1 辅助工具",并在下拉菜单中选中"EXcel 功能"中的"Excel – > MapGIS"。

4. 在编辑区内将表格投放所需位置,具体方法是按住鼠标左键不松手,根据画框范围对所投表格进行缩放。

5. 缩放后松手即可完成 Excel 表格导入,也可多投放几次,选出最佳比例,其余删除掉(图 14 – 12)。

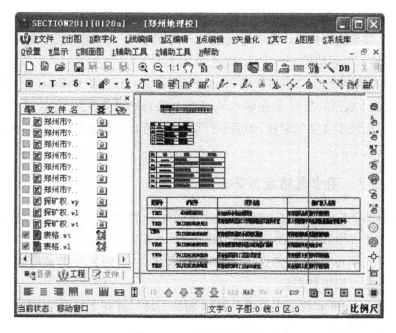

图 14 - 12 数据表格投放

6. 表格投放后,根据图面情况对表格中的文本内容还需要进行版面参数修改,设置完成后按"确定"按钮(图 14 - 13),其中的"版面宽"是指文本字段长度,"版面高"是指文本上下字段间距。

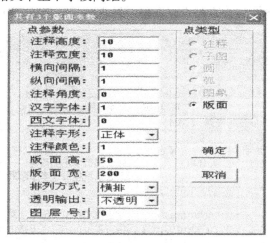

图 14 - 13 版面参数设置框

注意:

(1)如果先打开了 Excel 表,则会插入表中选择的数据到 MapGIS 图形中;若事先未打开 Excel,那么将会把选择的表(Sheet)中的所有数据(直到最后为空值行;有空数据行但下面仍有数据行,继续插入数据;有引用公式当做有数据）转到 MapGIS 里面。

（2）如果需要把 Excel 中的线也输入到 MapGIS 中，请先设置好表格中的线，且能输入单元格的文字字体、颜色、大小等。

（3）如果要自定义表格转到 MapGIS 范围大小，在点菜单 Excel － ＞ MapGIS 后，框选输入数据的范围，数据输入 MapGIS 后会自动调整数据（文本、表格）大小；

（4）在较多文字的时候，如果一行写不下，将自动转为版面输出（和上一点说明的情况不同）。

14.2.3　图中表格数据导出

常用的表格明码文件主要以 Excel 格式为主，因此本节主要介绍 MapGIS 图元文件中的表格利用 SeCtion 软件导出 Excel 表格明码文件的方法。

1. 首先用 SeCtion 软件打开 MapGIS 工程文件，并将需导出表格的点、线图元文件为输入编辑状态。

2. 单击 SeCtion 软件主菜单下的"1 辅助工具"，并在下拉菜单中选中"Excel 功能"中的"MapGIS － ＞ Excel"。

3. 在编辑区内框选要导入 Excel 文档的 MapGIS 表格图形范围，具体方法是按住鼠标左键不松手，根据 MapGIS 表格图形框选取导出数据范围。

4. 取取范围后，松左键后系统自动弹出导出的 Excel 文档的表格（导出的表格需对照 MapGIS 图件检查是否存在错误），保存后完成（图 14 －14）。

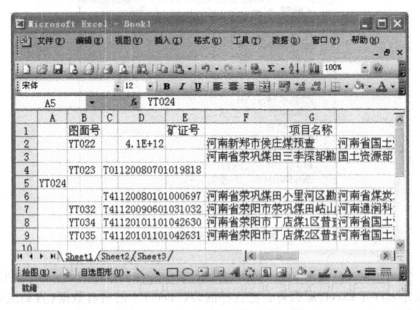

图 14 －14　图表数据导出形成的表格

14.2.4 图元文件属性数据导出

经常遇到的是把区文件中的属性数据导出为 Excel 格式文件,以方便查阅和检查错误,因此本节主要介绍 MapGIS 图元文件中的区属性数据导出为 Excel 表格明码文件的方法。

1. 首先用 SeCtion 软件打开 MapGIS 工程文件,并将需导出数据的区图元文件为输入编辑状态(图 14 - 15)。

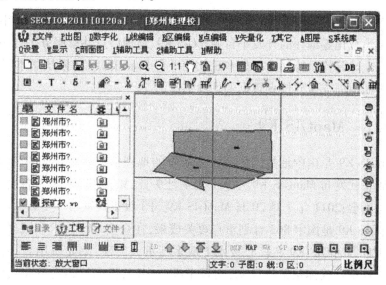

图 14 - 15 属性导出图元文件选择

2. 单击 SeCtion 软件主菜单下的"1 辅助工具",并在下拉菜单中选中"导入导出功能"中的"导出属性数据(* . Excel)"。

3. 选中后系统自动弹区文件属性数据出导出的 Excel 文档的表格(导出的表格需对照 MapGIS 图件检查是否存在错误),保存后完成(图 14 - 16)。

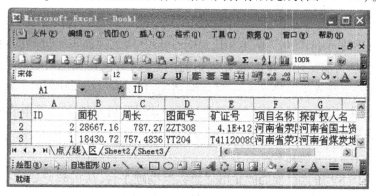

图 14 - 16 属性数据导出形成的表格

第 15 章　MapGIS 其它版本介绍

在 MapGIS 6.7 版本推出后,中地数码集团又先后在 2009 年、2013 年、2016 年推出了可视化零编程的开发平台 MapGIS K9、地理信息共享服务平台 MapGIS IGSS 3D、全球首款云特性全品类 GIS 软件平台 MapGIS 10.2 系统版本,使各行业更为方便地进行地理信息数据的处理工作。

15.1　MapGIS K9

MapGIS K9 是由中地数码集团自主研发的地理信息系统。2009 年 11 月,中地数码正式发布 MapGIS K9。2011 年 4 月 7 日,MapGIS K9 SP3 亮相中地数码媒体见面会;2011 年 7 月 20 日 MapGIS K9 SP3 版正式发布。

MapGIS K9 是国家 863 计划重点攻关成果,在众多 GIS 技术领域再次树立了行业标杆,MapGIS K9 在核心技术上取多项重大突破:率先应用新一代面向服务的悬浮倒挂式体系架构技术,实现了纵向多层,横向网格的分布式体系结构,具有跨平台,可拆卸等特点;率先推出搭建式、插件式、配置式的新一代开发模式,实现了零编程、巧组合、易搭建的可视化开发;率先研制功能仓库管理技术,使任何单位及个人研制的符合服务组件标准的功能都可在 MapGIS K9 的"功能仓库"下管理及应用,结合数据仓库技术实现了数据和功能双共享。

15.1.1　功能特性

与前述的 MapGIS 6.7 版本相比,MapGIS K9 大大提高了海量数据的浏览和查询速度,还可满足用户长时间并发访问的要求,可以根据已有数据回溯过去某一时刻的情况或预测将来某一时刻的情况,以满足历史回溯和衍变、地籍变更、环境变化、灾难预警等应用的需要。MapGIS K9 可对地下三维地质模型、地上三维景观模型、地表三维地形模型等进行快速建立和一体化管理,并可对三维数据进行综合可视化和融合分析。

MapGIS K9 还具有功能齐全的遥感数据处理平台,从机载原始数据到正射影像生成、从影像分析到影像建库、从综合处理到专题信息提取等等,这些强大的功能已集成在 MapGIS K9 的功能仓库中,可随意搭建成适应各专业的影像数据处理平台或 GIS 与影像相结合的综合处理平台。MapGIS K9 的遥感影像数据处理平台是面向遥感应用需求,集 RS、GIS、GPS 于一体的遥感基础平台;提供遥感影像海量数据的有效存储管理,该平台不仅提供遥感影像校正、分析、管理及出图等基本处理功能,并在此基础上针对具体应用提供摄影测量、影像测图等专业处理等软件包,实现了从基本影像处理到高级智能解译等系列功能。可广泛应用于农林、测绘、地调、城市规划、资源环境调查、灾害监测等部门。

15.1.2 体系架构

MapGIS K9 有着新一代 GIS 体系架构——面向服务的悬浮倒挂式体系架构,该架构使系统更易于集成和管理、更易维护、更好的伸缩性、开发的系统牢固可靠,并能真正做到数据、功能全面共享。同时,此架构技术极大的降低了程序开发难度,提高了系统开发效率。客户在 MapGIS K9 平台所提供的总体框架上可以自由 DIY,用户可对各功能模块能灵活、自由的在系统上进行"插拔",即需要/不需要某项功能时可直接加载/卸载该功能;另外,MapGIS K9 配置了多种解决方案,用户可以根据需要自行选择配置或自己开发插件扩展 GIS 平台功能。

MapGIS K9 在传统的开发库的基础上,提供了丰富的三维、遥感、WEBGIS 等开发库,并提供了具有数据仓库管理机制和功能仓库管理机制的数据中心集成开发平台,利用它提供的搭建式、配置式、插件式的新一代开发模式,为客户提供了最大的二次开发支持和各类行业解决方案。真正实现开发人员的零门槛。在新一代开发模式下,客户、项目经理、程序员、技术支持人员均可参与"开发"。

15.1.3 版本特色

1. 先进的体系架构

MapGIS K9 采用的是新一代面向服务的悬浮倒挂式体系架构,更易于集成和管理、更易维护、更好的伸缩性、开发的系统能真正做到数据、功能全面共享,面向服务架构的开发技术适应搭建式的程序开发,这样极大的降低了程序开发难度,提高了系统开发效率。

2. 强大的对海量空间数据管理

MapGIS K9 采用当前最先进的空间数据管理技术和多种优化措施,大大提高了海量数据的浏览和查询速度;同时,MapGIS K9 可满足用户长时间并发访问的要求,可以根据已有数据回溯过去某一时刻的情况或预测将来某一时刻的情况,以满足历史回溯和衍变、地籍变更、环境变化、灾难预警等应用的需要。

3. 有效的异构数据集成管理

MapGIS K9 通过 GIS 中间件技术在不需要转换原有的数据格式情况下,只需一个"翻译"的动作在 MapGIS K9 平台上表现和管理空间异构数据,操作这些数据可以像操作本平台的数据一样方便和快捷,消除"信息孤岛"。

4. 实用化的真三维动态建模与可视化

MapGIS K9 可对三维地学模型、三维景观模型等进行快速建立和一体化管理,并可对三维数据的综合可视化和融合分析。通过建立三维地质模型可精确表示地表地形、地物信息,完全满足地层、断层、坑道等复杂地下构造的显示和分析。通过影像、电子地图、高程等数据可生成虚拟的三维景观地理场景,让用户能随意在逼真的三维的数字化城市虚拟场景中沿着街道行走,并提供专业分析功能,可更直观地了解情况,为道路规划、综合管线规划、城市绿化等进行分析、决策和审批提供了一个重要手段。

5. 强大的遥感处理功能

MapGIS K9 的遥感影像数据处理平台是面向遥感应用需求,集 RS、GIS、GNSS 于一体的遥感基础平台,提供遥感影像海量数据的有效存储管理。该平台不仅提供遥感影像校正、分析、管理及出图等基本处理功能,并在此基础上针对具体应用提供摄影测量、影像测图等专业处理软件包,实现了从基本影像处理到高级智能解译等系列功能。可广泛应用于农林、测绘、地调、城市规划、资源环境调查、灾害监测等部门。平台还提供强大的二次开发库,用户基于该平台可有效地进行多方位、多层次的遥感应用。从而为海量遥感数据能快速、及时的转化为真正能够满足各行各业实际需要和可供决策依据的有用信息提供了强大技术支撑,促进遥感应用的发展。

6. 客户可以自由 DIY

在 MapGIS K9 平台所提供的总体框架上,用户可对各功能模块灵活、自由的在系统上进行"插拔",即需要/不需要某项功能时可直接加载/卸载该功能;另外,MapGIS K9 配置了多种解决方案,用户可以根据需要自行选择配置或自己开发插件扩展 GIS 平台功能。

7. 强大、简单的二次开发能力

MapGIS K9 在传统的开发库的基础上,还提供了丰富的三维、遥感、WEB-GIS 等开发库,并提供了数据中心集成开发平台,利用它提供的搭建式、配置式、插件式的新一代开发模式,为客户提供了最大的二次开发支持和各类行业解决方案。

（1）开发人员的零门槛。

MapGIS K9 实现了零编程或微编程,减少了软件开发工作量,降低了开发难度。可以使不懂编程人员开发 GIS 系统的梦想成为现实。只需要具有一定专业知识和计算机应用基础的人,且属相关专业的人员,只要通过一周左右的时间,就能掌握系统的使用方法。

（2）开发过程的高效率。

MapGIS K9 提供的新一代开发模式在遇到软件需求变化时,它可以让用户、普通业务人员均参与开发,可以给用户提供非常丰富的功能(工具)、友好的可视化编程环境,用户可以参与其中,自身就能轻松地根据变化的需求进行软件功能的改进,这种开发模式极大的提高了工作效率。

（3）所有人均可做"程序员"。

在传统开发模式软件实施中,开发人员全力以赴地编写代码,而技术支持人员等待开发人员问题的解决,承受用户的催促,但也只能袖手旁观。在新一代开发模式下,客户、项目经理、程序员、技术支持人员均可参与"开发"。

MapGIS K9 的新一代开发模式无论在开发成本、开发技术难度还是在开发效率上较传统开发模式都有很大的优势。据统计,同样的任务、同样的人员,利用新一代开发模式只需原来的20%,大大缩短了开发时间;初次上线测试,软件的缺陷或问题总数下降到原来的10%;节约了开发成本,提高80%以上的工作效率。它是软件开发模式的一场革命性的变革,引领着未来 GIS 技术发展。

15.2　MapGIS IGSS 3D

MapGIS IGSS 3D 是中地数码集团精心打造的三维地理空间信息共享服务平台解决方案。基于 MapGIS IGSS 的共享服务框架,以 MapGIS TDE 为内核,提供涵盖空中、地上、地表、地下的全空间真三维可视化、建模、分析应用服务,以快速搭建、按需服务的模式构建面向各行业的三维 GIS 智慧解决方案。

15.2.1　功能特性

MapGIS IGSS 3D 面向专业的三维 GIS 应用需求,实现从云到端的三维 GIS 服务。对海量多维地理空间数据进行高效管理,提供丰富的三维建模方法、多样的可视化表达、专业的三维 GIS 分析等功能,以灵活的二次开发模式构建行业三维 GIS 解决方案。具有高效的多维地理空间数据管理、统一的三维空间数据渲染引擎、全空间的一体化表达、丰富的三维建模方法、专业的真三维 GIS 分析、快速的三维 Web 发布、便捷的移动三维 GIS 服务、逼真的虚拟现实立体显示、灵活的二次开发方式等功能特性。

15.2.2 核心价值

1.全空间,世界本原完美呈现

MapGIS IGSS 3D 对空中、地上、地表、地下三维信息进行一体化管理与显示。解决了高空、地上、地下一体化场景融合的难题,使得多维空间形成一个紧密的有机体,准确完整的表达了现实世界本原。

2.真三维,地球空间精准透析

MapGIS IGSS 3D 对多维时空数据进行统一的管理,为不同的应用方向提供了丰富的三维建模工具和专业的真三维 GIS 分析工具,实现对地球空间的精准透析。

3.易集成,应用服务快速构建

MapGIS IGSS 3D 将三维的业务功能集成到功能仓库,通过插件式、搭建式、配置式的开发方式,为用户提供"零编程、巧组合、易搭建"的可视化开发环境,助力用户快速构建三维应用服务。

4.高共享,从云端跨越局限

MapGIS IGSS 3D 提供的不仅仅是 GIS 功能,更是模式的变革,将全空间的地理空间信息进行整合,为 3S 行业提供了更加丰富和专业的三维 GIS 服务。面向政府、企业、大众不同层次用户,实现全空间地理信息数据、三维 GIS 服务、解决方案的共享,从云到端,跨越局限,让人人享有三维地理信息服务。

15.2.3 应用行业

MapGIS IGSS 3D 精准贴合各行业空间信息化的市场需求,以强大的三维 GIS 技术,为气象、国土资源、城市建设、地质调查、环境监测、矿产勘查、公共安全、水利等领域提供智慧的三维 GIS 解决方案,切实帮助用户解决空中、地上、地表及地下的实际应用问题,让决策更加精准,体验更加真实。

15.3 MapGIS 10.2

2014 年 5 月,云 GIS 平台与解决方案提供商中地数码正式推出了由该公司自主研发的云 GIS 软件 MapGIS 10,从此拉开了云系统的大幕。MapGIS 10 依托全新的 T－C－V 软件结构,具备"纵生、飘移、聚合、重构"四大云特性,自发布以来一直受到行业内外诸多关注。2016 年 8 月 30 日,中地数码集团在国家测绘地理信息局举行新品发布会,正式推出其自主研发的 MapGIS 10.2 全品类 GIS 软件。

15.3.1　软件体系

MapGIS 10.2 软件体系由 MapGIS 传统 GIS 软件和云 GIS 平台组成。Map-GIS 传统 GIS 软件延续了 MapGIS K9,为升级的新一代 GIS 软件。在新的体系中桌面平台、移动平台、Web 平台的功能和性能都得到较大提升。云 GIS 平台 MapGIS I2GSS,全新云模式,智能云化工具箱,与专业 GIS 软件无缝对接,支持多体量云系统定制。

15.3.2　核心价值

1. 软件应用随需而应

MapGIS 10.2 的新特性首先体现在其全新的云授权模式上,解除了原有授权对 USB 接口、证书服务的依赖,全面支持在线授权认证和离线二维码认证;提供灵活的机器绑定和解绑机制。

2. 服务个性定制

云计算技术的应用使用户不再满足于单纯购买 GIS 软件,而是希望获取更加个性化的 GIS 服务。MapGIS 10 整合自己的技术优势,为用户带来定制化的服务。一拖一拽即实现灵活定制、一键安装。

3. 传统应用稳步提升

MapGIS 10.2 在云端各平台品质都得到了全面提升,除了上述在云 GIS 平台上取得的巨大进展,在传统的 GIS 应用方面,也同步取得了很大完善和改进,为 GIS 应用提供全面、高效、先进的解决方案

(1) MapGIS 10.2 将提供更快捷、更精细、更易用的地图制图服务。图库一体化提高了制图成果的利用率,提高了制图效率。同时,新品软件在精确完成制图图式规范方面得到较大的完善和提升,使地图更易读、更美观。此外,平台还将提供上百种样式的制图模板,实现从提取数据到地图整饰全自动完成,让制图变得更简单。

(2) 提供更专业的影像处理分析。影像多级动态显示,满足了海量遥感数据高效显示和快速发布的要求,还能保证对影像二、三维可视化交互实时分析和处理结果的准确性。特别值得一提的是,新品将针对国产卫星数据,提供多种算法,能够满足遥感卫星数据基本处理应用的需求。

(3) 新品将提供全空间真三维的数据表达。在三维数据集成方面,真正实

现多维空间数据的融合,实现对海量多源异构数据的统一、可扩展、层次化的管理。在三维显示方面,提供全空间一体化的表达方法,实现了三维全空间信息显示表达。在三维数据渲染方面,实现大范围三维模型数据的高效可视化,更好地满足三维数字城市的性能需求。

(4) MapGIS 10.2 还将为用户提供高性能的空间分析。高效的空间运算、高效的矢量空间分析、高效的三维切割分析与拓扑处理。

MapGIS 10.2 将对传统 GIS 行业的生产开发模式、行业应用模式和销售交易模式带来巨大变革甚至是颠覆性的变化。基于云计算理念,重新构建面向需求收集、软件开发、软件交易为一体的全新软件生态链将由此成为可能。

15.3.3 新特性

1.实现云授权

MapGIS 10.2 软件解除了原有授权时对 USB 接口、证书服务的依赖,全面支持在线授权认证和离线二维码认证,具有灵活的机器绑定和解绑机制。

2.免费开发试用

MapGIS 10.2 软件提供免费体验,用户可自由定制、在线更新,免费云开发授权,桌面、Web、移动开发环境可以按需定制、一键部署,开发资料通过在线可获取。

3.纵生式开发模式

支持云环境下多人协同、异地、异步开发,实现了更低的耦合性,更高效的复用

MapGIS Visio Studio 可视化搭建工具提供可视化的配置页面,零代码快速定制、聚合、重构云端海量 GIS 应用,极大降低项目难度、有效缩减项目时间、节省项目成本。

4.专业 GIS 软件创新提升

MapGIS 10.2 软件专业的地图制图,全空间真三维数据表达,高效、精准的空间分析、丰富多样的影像处理,实现五大专业领域,17 项重点专业 GIS 技术创新提升。

5.据用户所需实现云服务

(1) 创新云模式:MapGIS ~ 自主创新的 T – C – V(Terminal – Cloud – Virtual)软件结构是一种全新的面向云服务的 GIS 应用模型,是继局部网软件的 C/S 结构,互联网软件的 B/S 结构发展起来的适合云计算,云服务的新一代软件三层结构。其目的是基于云的三层架构,构建适合空间信息系统的云 GIS 平台。

T－C－V 软件端－云－虚三层结构,分别为:终端应用层(T 层)、云计算层(C 层)、虚拟设备层(V 层)。T－C－V 将在构架上提升数据储存、组织和管理能力,决策支持能力以及随时随地为用户提供快捷、方便的地理信息服务能力,从而为全球用户提供更广泛、更智能的地理信息服务。

(2)智能云化工具箱:大数据管理平台、云集群管理平台、云应用集成管理平台;与专业 GIS 软件无缝对接,支持多体量云系统定制。

第16章　常见问题处理

1. 为什么有些笔记本电脑无法使用 MapGIS 软件狗？

答：在有些笔记本电脑上安装 MapGIS 软件时，有时会出现"系统找不到 MapGIS 软件狗或软件卡"的提示，这个问题一般是由并口模式造成的，用户可以到 COMS 中（需重新启动机器用"DEL"键或 F2 键或其他键进入 COMS）找到"ParallelPortMode"选项看它的值是不是 IECP），如果不是将其该为 ECP，保存退出即可。此方法在一些品牌台式机上同样适用。

2. MapGIS 中，工程、文件、图层三者之间的关系？

答：MapGIS 工程实际是用来管理和描述点、线、区；网、图象文件的描述文件，它可以由一个以上的点、线、区、网、图象文件组成。工程、文件、图层的关系是：工程包含文件（若干个点、线、区、网、图象）；文件包含图层；图层包含图元。

3. 如何创建工程图例？

答：打开工程文件，①在工程操作区域内单击鼠标右键，选择"新建工程图例"，②在图例类型中选择类型，⑧在图例信息中输入图例名称和描述信息和分类码，④单击"图例参数"输入图例参数。⑤用"添加"按扭将所选图元添加到右边的列表框中，如需修改可按"编辑"按扭或双击列表框中的图例。⑥建完图例后单击"确定"按扭。系统会提示保存文件，保存即可。要使用图例版，首先要关联图例，在工程操作区域内单击鼠标右键，选择"关联图例文件"用"修改图例文件"按键选好文件后单击"确定"，然后再单击右键，选择"打开图例板"即可。有了"图例板"就可以避免反复进入菜单修改参数，从而提高效率，保证图形的真确性。

4. 工程图例中的分类码和编码的用法？

答：工程图例中分类码和编码使用方法如下：

（1）用户设置好分类码后，可以实现：在工程中有很多文件的情况下，当选中某一图例时，系统会自动跳转到图例所关联的文件上，并将该文件设为当前工作区，这样用户所做的图元就会自动的写到它应在的文件中；还有在图例板打开时用户可以按照分类显示图例。

操作方法如下:①在工程操作区域中单击鼠标右键,选择"编辑工程图例"单击"编辑分类"输入"分类码"(0－255 之间)和分类名称。全部输完后按"确定"键。②在图例表中双击一图例,在分类码处指定分类码。所有图例都应指定相应分类码。完成后单击"确定"保存退出(注:一个分类码可对应多个图例)。⑧在工程操作区域中选择一个文件,在文件的说明列表处双击鼠标左键,然后,改变分类码为以上编辑过的相应分类码。所有文件都应有相应分类码。

(2)设置好编码后,可以在图例板的非"精显模式"(可以在图例板上按鼠标右键来选择)下直接输入编码,系统会自动跳到编码所对应的图例上。

5. 如何利用图例版修改图元参数?

答:用图例板来修改图元参数非常方便,以修改区为例,打开图例板后,在区编辑里选择"修改区参数",然后,在图例板中选择正确的区图例,再到工作区中单击(多个区可以拉框选择)要修改的区即可。

6. 输入线时,如何保证线与线相交是完全重合的?

答:用户暂将已有的线称为母线,输入线时,将光标落在母线上按"F12"键,系统弹出"选择造线捕获方式"对话框,可根据用户的需求选择捕获方式。

7. 图元参数中的"透明"是什么意思?

答:在编辑图元参数时,点、线、区图元都有"透明"选项,它主要印刷时起作用,不选中该选项表示在制作分色菲林时,该图元是"镂空"的,在印刷时位置未对准,就会出现"漏白"现象;若选中该选项,表示该图元是"不镂空"的,在印刷时可能会导致图元的颜色发生变化。这两种情况是相对立的,在使用时只能根据实际情况任选其一。

8. 完成自动剪断线后,为什么图形变化较大?

答:MapGIS 在进行拓扑错误检查时,会以节点搜索半径值做自动节点平差。如果节点搜索半径的值太大,那么就会出现图形变化较大。方法:将节点搜索改为 < ＝0.1(菜单:设置/置系统参数[节点/裁剪搜索半径])。

9. 为什么扫描的光栅文件,在编辑系统中打开时会内存不足或者不能正确显示?

答:MapGIS 并不是支持所有的光栅文件格式,它仅支持二值、灰度和彩色(RGB 模式)三种格式的 TIF 光栅文件(＊.TIF),而且还要求其为非压缩(LZW 不选中)格式,一般说来,出现这种情况,文件格式不对。方法:在 PhotoShop 中打开此光栅文件,然后重设定其图象模式即可。在设置其模式时,注意:①要设置为 8 位通道模式(菜单:图象/模式/[8 位/通道])。②设置为位图、灰度、RGB(菜单:图象/模式/[Ⅰ位图]、[灰度]、[RGB])。注:特别是彩色图不能设置为 CMYK 模式。③保存满足图象模式的光栅文件时,注意一定要保存为非压缩格式。（菜单:文件/[存储为],当弹出存储对话框时:{文件名:输入文件名,存储为:选择 TIFF(∗.TIF;∗.TIF)},按"保存"又弹出一个对话框:{字节顺序:选 IBMPC,LZW 压缩前面的选项去掉}。

10.做于图时为什么总是存不到子图库中?

答:①查看字图库和系统库目录是否是只读状态,应为存档状态。②删除系统库中的临时文件(以.TMP 结尾)。③系统库被别的 MapGIS 程序占用着,退出所有 MapGIS 应用程序,重新进行 MapGIS 只启动一个 MapGIS 输入编辑系统。

11.为什么打开线型库或子图库时,库中图元若隐若现?

答:主要是因为操作系统加载了某些时时监控软件和汉化软件,如"瑞星杀毒"软件,金山词霸、东方快车等。方法:将这些应用程序退出。

12.如何将 MapGIS 的图形插如到 Word 中?

答:首先点取 MapGIS 菜单"其他—)OLE 拷贝",接着打开 Word 应用程序,点取 Word 的"粘贴"菜单。MapGIS 数据就复制到了一个 Word 文档里。注意:第一次调用此功能,需将 MapSee 6x.exe(安装路径的\Program\MapSee 6x.exe)运行一次。

13.如何制作专色?

答:进入"编辑专色",系统弹出专色编辑板,用户选择要编辑的某专色,编辑器将此专色的 CMYK 浓度形象化的显示出来,这时用户可用滚动条来调整CMYK,直到满意为止,按"保存专色"按钮存盘即可。若用户需增加一新专色,按"增加专色"按钮,然后调整新专色的 CMYK,满意后存盘,若用户需删除一专色,按"减少专色"按钮。

14.打印光栅文件时应该选用哪个打印机?

答:用"打印光栅文件"打印时,系统会弹出"输出设备设置"对话框,其中"输出设备"是指您的打印机型号,根据用户的打印机选择您相应的型号即可,象 HPl050CP、HP3000CP、HP6500CP 都可以选择"HPDJ2000CP、HPDJ2500CP"选项;CALCOMP 绘图仪可选择"HPDJ750C、HPDJ350C"选项。"使用打印机"实际是一个端口指向,表示输出的光栅数据可以通过选择的打印驱动程序发送到对应的设备上。

15.如何使用 TrueType 字库输出 PS 或 EPS 文件?

答:要想使用 TrueType 字库,首先,要到"系统设置"中选择"使用 TrueType 字库",系统则会弹出"MapCAD,MapGIS 字体配置"窗口,该窗口左上角的列表显示的是当前系统中安装的 TruType 字体,右上角是配置后的字号和字体名称。选中左边一字体,在相映选中右边一字号,按中间" - >"键可对应到左边;按" < - "可清空左边的当前位置上的字体。如果要用 TrueTWe 字体以文本方式输出成 PS 或 EPS 文件,还需设置"PS 字库名",在这里,只要将用户所使用的 TrueType 字体对应在 RIP 中的 PS 字体名称输入即可,在输出 PS 或 EPS 时选用文字按编码方式输出。

16. 图形打印输出后为什么图形会放大?

答:任何一个打印机都有其一个默认输出分辨率,当用 MapGIS 光栅化处理时如果光栅化分辨率与打印机默认输出分辨率不一致时,就会出现图形的放大和缩小。方法:检查一下打印机默认输出分辨率是多少,然后在光栅化处理时将光栅化分辨率设置成与打印机默认输出分辨率一样。注意:打印光栅文件时系统默认的是上一次光栅化处理的参数。

17. 使用"Windows 打印"时为什么会有图元丢失?

答:主要由于具体的 Windows 打印机驱动程序和打印机硬件本身所带的内存大小的限制。解决办法:可在 Windows 输出的打印机设置菜单命令下,单击"属性",进入"属性设置"对话框,并在图形菜单下的图形方式中选择"使用光栅图形",确定生效后退出即可。

18. 出现飞点怎么办?

答:在复杂图形处理时,由于各种原因(主要是操作不当,引起飞点现象)。出现飞点后,可以在输入编辑中利用"部分存文件"的功能去除飞点。判断是否出现飞点现象,可在图形编辑子系统里选择窗口菜单下的复位窗口,查看图形是否满屏显示;也可以在输出子系统的编辑工程文件内,在 1:1 情况下使用系统自动测试幅面大小,比较检测出的幅面大小是否与实际幅面大小一致。如果已经发现飞点,在工程设置时按住 Ctrl + 鼠标移动图形在纸张上的位置,减小页面到实际大小为止。

19. 超大图形如何自动分幅打印图形?

答:对于超大图形,用户采用光栅输出的方法。将文件光栅处理完成后,选择打印光栅支件,系统弹出"输出设备设置"对话框,您应该根据您装在绘图仪中的纸张大小设定"纸宽""纸长"。这样,当您的纸张大小小于光栅化时的幅面时,系统就会自动分页。

20. 能否将图形转为图象?

答:能,在图形输出子系统中,打开工程文件,"光栅输出"菜单下即可找到生成 GIF、TIFF、JPEG 图象命令。在输出图象时工程中可加入 MSI 同时输出。

21. 为什么在输出 PS 或 EPS 时总是出现"打不开文件 AIHEAD. PS"提示?

答:AIHEAD. PS 是文件 EPS 的标准头文件,包括有 EPS 头文件信息。出现上面这种情况原因是:在用户的系统库目录没有此文件。方法:将 MapGIS 安装系统库目录下的 AIHEAD. PS 和 A1H AD. EPS 文件拷贝(../MapGIS 6.7/ SLIB/)到你的系统库目录下即可。

22. 怎么发专色胶片?

答:专色发片可采用分色输出,系统会生成分色个文件,文件名最后一个字符分别为"1""2""3""4"…,文件分别对应彩色印刷时四种不同的油墨,其中"1"表明该文件印刷时使用黑色油墨,"2"为青色,"3"为品红,"4"为黄色,如有专色,则生更多的文件,"专色 1"对应的文件名最后一个字符为"5"、"专色 2"对应"6",以此类推。用这些文件可以到照排机上直接输出。

23. 为什么 HP500 不能打印光栅文件?

答:HP500 机器需要有 HP - GL2 卡的支持,而 HP500 机型标配没有此卡,需用户单独购买。

24. 在输出模块中,对文件进行输出处理时,常会提示"非法操作"或"某图元出错"的信息。如何处理这些报错信息?

答:若出现这类提示,一般是图元参数有误,超出了系统库的参数值。方法:可以先从运行状态提示中查看当前正在处理的图元号(处理到该图元号报错,肯定是该图元有问题),然后打开输入编辑子系统,将该图元所在的文件打开(例:所在文件为区文件),最后,利用"区(线、点)编辑"下的"编辑指定区(线或点)"查看到出错的图元参数,检查其颜色等参数值是否超出了系统库中已有的参数值,若是线,检查其是否有辅助线型及辅助线型是否有辅助参数,检查完毕后并改正保存,再重新进行输出处理。

25. 如何将 MapGIS 的图形数据成功转换为 Mapinfo 的图形数据?

答:在数据转换中,将 MapGIS 的点、线、面文件转换到 MapINFO 时,系统会提示"您的 MapGIS 数据没有经过投影转换,建议转入 Mapinfo 之前先转换成有意义的坐标系"。那么,在将 MapGIS 数据转换到 Mapinfo 之前,究竟需转换成什么样的投影坐标系呢? 只需要满足以下两个条件就行了。

(1) 将图形坐标单位转换为米。

(2) 坐标单位转换为米后的图形,部分参数也会直接影响转换效果。①在 MapGIS 5X 中,其当前地图参数的地图类型不能为用户自定义类型,必须为大地直角坐标;当前地图参数的投影参数中,必须有椭球参数。否则,要通过"编辑当前地图参数"进行编辑并保存编辑结果。②在 MapGIS 6.7 中,在当前地图参数中设置其坐标系类型时,坐标系类型必须为"投影平面直角",椭球参数必须有效,即:必须有椭球参数。

26. 如何制作 DXF 文件转入 MapGIS 的对照表?

答:首先要了解一下这四个文件的文件名、意义以及用途。在 MapGIS 6.7 安装完成后,在../MapGIS 6.7/SLIB 目录下有四个文件,ARC MAP. PNT:Auto-CAD 的块(符号)与 MapGIS 子图对照表;ARC MAP. LIN:AutoCAD 的形(线型)与 MapGIS 线型对照表;CAD MAP. TAB:MapGIS 的图层与 AutoCAD 图层对照表;CAD MAP. CLR:MapGIS 的颜色与 AutoCAD 颜色对照表那么接下来讲如何编辑这四个对照表(文件):(注:要打开这四个对照表进行编辑,可直接启用 Windows 的写字板或者是记事本,因为这四个文件都是文本文件格式)

(1)子图对照表(ARC—MAP. PNT)

打开此文件后用户会看到如下的格式

2341   12

……   ……

前面一列 2241   2342   2343 代表 AutoCAD 软件的块名(符号),后面一列 12   13   14 代表 MapGIS 系统的代码[注:并非子图号,这个代码在数字测图系统里能看见。方法是启动数字测量图系统,新建一个测量工程文件,然后就会看见一些地类编码的管理框,例如三角点编码为 1110,水准点编码为 1210]

(2)线型对照表(ARC—MAP. LIN)

打开此文件后用户会看到如下的格式

2341   12

……   ……

前面一列 2341   2342   2343 代表 AutoCAD 里的形名(注:如果某种线的线型是采用随层方式,那么这种线型是不能按照对照表转入到 MapGIS 中;所以,如果有这种情况,请把线的线型改成为实际线型),后面一列 12   13   14 代表 MapGIS 系统的代码[并非线型号,这个代码在数字测图系统里能看见。

(3)图层对照表(CAD – MAP. TAB)

打开此文件后用户会看到如下的格式

0   TREE—LAYER

……   ……

前面一列 0   1   2 代表 MapGIS 系统的图层号,后面 TREE LAYER STREET TIC 代表 AutoCAD 里的图层名

(4)颜色对照表(CAD – MAP. CLR)

打开此文件后用户会看到如下的格式。

1　　10

……　……

前面一列 1　2　3 代表 MapGIS 系统的颜色号,后面一列 10　4　6 互代表 AutoCAD 里的颜色号。

如果这四个对照表编辑完成后请别忘了存盘。下面将讲述转换的步骤:第一步:将 AutoCAD 的 DWG 格式,转换成为 AutoCAD 的数据交换格式 DXF 格式(关于转换 DXF 格式,请参阅有关 AutoCAD 的书籍);第二步:将编辑好的四个对照文件拷贝到 MapGIS 6.7/SuvSlib/目录下,然后将 MapGIS 的系统设置目录中的系统库目录也指向 MapGIS 6.7/SuvSlib/这个目录下;第三步:启动 MapGIS 的文件转换系统,进行转换就行了。

27. 由 ARC/INFO 转到 MapGIS 的文件为什么转回 ARC/INFO 时是空文件?

答:由于 ARC/INFO 转到 MapGIS 时图形中的属性也可一同转到数据中,这时再转成 ACR/INFO 数据时,数据中就有 ARC/INFO 的默认字段和 ARC/INFO 本身的字段重复,只要在 MapGIS 中将 ARC/INFO 的默认字段删除后压缩存盘即可。

28. 如何重新整理图元的 ID 号?

答:在文件转换子系统中,装入需要整理图元的文件,单击"选择"菜单下的"重设缺省 ID",然后保存该文件即可。

29. 如何生成非标准图框?

答:在投影变换子系统中,有两种生成非标准图框的方式,一种是在"投影转换"菜单下选择"绘制投影经纬网"命令,生成小比例尺图幅的非标准图框。一种是在"系列标准图框"菜单下选择"键盘生成矩形图框",或"鼠标生成矩形图框",一般大比例尺非标准图框的生成采用这种方法。

30. 建地图库时如果有跨带现象情况如何处理?

答:先选定其中一个带作为图形带号,在投影系统中利用投影转换功能把非选定带的图形数据转换为选定带数据,然后再进行图形入库。

31. 1980 年西安坐标系与 1954 年北京坐标系如何转换?

答:西安 80 坐标系与北京 54 坐标系其实是一种椭球参数的转换作为这种转换在同一个椭球里的转换都是严密的,而在不同的椭球之间的转换是不严密,因此不存在一套转换参数可以全国通用的,在每个地方会不一样,因为它们是两个不同的椭球基准。那么,两个椭球间的坐标转换,一般而言比较严密的是用七参数布尔莎模型,即 X 平移,Y 平移,2 平移,X 旋转(WX),Y 旋转

(WY),2 旋转(WZ),尺度变化(DM)。要求得七参数就需要在一个地区需要 3 个以上的已知点。如果区域范围不大,最远点间的距离不大于 30Km(经验值),这可以用三参数,即 X 平移,Y 平移,Z 平移,而将 X 旋转,Y 旋转,Z 旋转,尺度变化面 DM 视为 0。

方法:第一步:向地方测绘局(或其他地方)找本区域三个公共点坐标对(即 54 坐标 X,y,Z 和 80 坐标 x,xz);第二步:将三个点的坐标对全部转换以弧度为单位。(菜单:投影转换/输入单点投影转换,计算出这三个点的弧度值并记录下来);第三步:求公共点求操作系数(菜单:投影转换/坐标系转换),如果求出转换系数后,记录下来;第四步:编辑坐标转换系数。(菜单:投影转换/编辑坐标转换系数。)最后进行投影变换,"当前投影"输入 80 坐标系参数,"目的投影"输入 54 坐标系参数。进行转换时系统会自动调用曾编辑过的坐标转换系数。

32.如何将 Excel 或其他表格文件、文本文件转换成 MapGIS 图元文件?

答:将 Excel 或其他表格文件、文本文件转换成 MapGIS 图元文件,最重要是这个表格文件或文本文件必有坐标数据。而 MapGIS 就用这个坐标在屏幕上自动成图。

方法:第一步:将 Excel 或其这表格文件转换成为一个文本文件(这个文件可以以 TAB 或逗号作为分隔符)如果是文本文件则不用做这一步;第二步:通过投影转换的用户文件投影转换功能将点文件读入到 MapGIS 文件中。(菜单:投影转换/用户文件投影转换)。选"按指定分隔符" – >"设置分隔符" – >指定 X,Y 位于的列 – >选中"不需要投影" – >"数据生成"。

33.如何将设备坐标转换到地理坐标?

答:在 MapGIS 投影坐标类型中,大致有五种坐标类型:用户自定义也称设备坐标(以毫米为单位),地理坐标系(以度或度分秒为单位),大地坐标系(以米为单位),平面直角坐标系(以米为单位),地心大地直角。如果进行设备坐标转换到地理坐标。

方法:第一步:启动投影变换系统。第二步:打开需要转换的点(线,面)文件(菜单:文件/打开文件)。第三步:编辑投影参数和 TIC 点;选择转换文件(菜单:投影转换/MapGIS 文件投影/选转换点(线,面)文件。);编辑 TIC 点(菜单:投影转换/当前文件 TIC 点/输入 TIC 点。注意:理伦值类型设为地理坐标系,以度或度分秒为单位);编辑当前投影参数(菜单:投影转换/编辑当前投影参数。注:当前投影坐标类型选择为用户自定义,坐标单位:毫米,比例尺母:1);编辑结果投参数(菜单:投影转换/设置转换后的参数。注:当前投影坐标系类型选择为地埋坐标系,坐标单位:度或度分秒)。第四步:进行投影转换(菜单:投影转换/进行投影投影转换)。

34.如何公用投影参数和 TIC 点?

答:如果某一个线(点,面)文件已经有 TIC 点和投影参数。而与它相关的其他点,线,面文件还没有投影参数和 TIC 点。要共享已有的 TIC 点和投影参数。可采用如下方法:

方法:第一步:启动投影变换系统;第二步:打开所有需要点(线,面)文件(包括有投影参数、TIC 和没有投影参数、TIC 的文件);第三步:进行投影参数的拷贝(菜单:投影转换/文件间拷贝投影参数,在拷贝前工作区选择已经有投影参数的文件,在拷贝后工作区选择没有投影参数的文件,一次只能拷贝一个文件);第四步:进行 TIC 点拷贝(菜单:投影转换/文件间拷贝 TIC 点。在拷贝前工作区选择已经有 TIC 点的文件,在拷贝后工作区选择 TIC 点的文件,一次只能拷贝一个文件)。

35.为什么裁剪时丢区?

答:MapGIS 6.7 对拓扑结构很严,对于拓扑有错误的数据,就会出现上面的情况:

方法一:在输入编辑系统中,对区进行拓扑错误检查,然后修改,消除拓扑错误。

方法二:在裁剪程序中进行设置中其裁剪方式采用制图裁剪。

方法三:降级到 MapGIS 5X,用低版本的 MapGIS 进行裁剪。

36.如何在 MapGIS 6x 版的地图库管理子系统中将多幅图拼接入库?

答:入库前对图形数据的要求:①参与入库的图幅必须经过误差校正;②图幅坐标必须是绝对坐标。满足这两个要求后,即可进行以下的入库步骤:

(1)系统环境设置(选项\设置系统环境:通过该功能设置工作目录。即:将工作目录设置到要入库的图形文件所在的文件夹)

(2)新建图库(文件\建新图库)。该功能主要包括两步:①先选择图幅的分幅方式。(系统提供了三种分幅方式:等高宽矩形分幅:一般用于大比例尺的图幅数据入库(1:5000 以上,不包括 1:5000,如:1:500,1:1000 等);等经纬梯形分幅:一般用于小比例尺的图幅数据入库(1:5000 以下,包括 1:5000。如:1:1 万,1:10 万等);不定形任意分幅:即不依据图幅比例尺,仅根据图幅边界的轮廓形状入库。一般情况下,适用于各类行政区域的拼接。)②设置图库参数。(图库参数的设置包括两方面:1 设置图幅数据投影参数。按"图库数据投影参数设置"按钮设置图库的投影参数。图库的投影参数实际上就是图幅数据的当前投影参数。

投影参数的设置将直接影响到分幅参数。具体影响表现在:对于矩形分幅:投影参数中的坐标单位将会影响图幅高度和宽度的度量单位;而比例尺的设置将会影响今后长度和面积的量算值。对于梯形分幅:一般情况下,投影参数中的坐标系类型为"投影平面直角",比例尺分母将直接影响到图幅高度和宽度的值,即比例尺不同,图幅横向和纵向的经纬跨度值就不同;而中央经度的值(中央经度的录入格式必须是 DDDMMSS.S)则直接影响图库的横坐标,若中央经度值不对,就会导致图幅坐标与图库坐标不一致而看不到图形。对于跨带图幅入库的情况,则需要在入库前转换图幅的中央经度,保证入库图幅位于同一个投影带内,或将图形转换为"地理坐标系"的类型和"度"(或分、或秒的坐标单位,但一定不要转换为 DDDMMSS.S 坐标单位)。⑧设置分幅参数:根据分幅方式和图库投影参数进一步设置分幅参数。主要包括图幅的起点坐标和图幅高宽。须注意:对于梯形分幅,不管其图库投影参数中坐标系类型和坐标单位是什么,起点坐标和图幅高宽的坐标单位必须是角度单位的 DDMMSS.SS 格式。

(3)新建层类(图库管理\图库层类管理器):一个图幅由若干个属性结构相同或不相同的文件叠加而成,利用该功能可提取多个不同文件的属性结构和存放路径。只要某类文件的属性结构或存放路径与其他文件的不同,就需要新建一个该类文件的层类。

(4)图幅数据的入库(图库管理\图幅批量入库)

(5)图幅管理(图库管理\图幅数据维护):修改少量图幅的数据时,可使用该功能。选择该菜单后,用鼠标左键双击接图表中的图幅可以录入或修改单幅图的图形文件。图库建立了,下面进行图库接边,分为如下几个步骤:

①设置接边参数(接边处理\设置当前图库接边参数)。系统默认值是按制图学标准设置,因此大部分图适用)。

②启动接边过程(接边处理\选择接边条启动接边过程)。选择该菜单功能后,先选择要接边的层类数据,然后用鼠标左键单击相邻两图幅的公共边(注意了:选择的是接边条而非接边图幅,所以最好是在接图表状态下选择接边条,只有在该状态,接边条的位置,即公共边才最容易找到)。

③进行图形接边(接边处理\自动接边)。借助数据编辑的辅助功能或使用自动接边功能对相邻图幅的不同层类进行接边处理。

④保存图幅接边的结果(接边处理\保存接边修改数据)。

⑤退出接边处理(接边处理\取消接边条终止接边处理)

37. ACCSE 或 Excel 的数据如何联接到 MapGIS 图形文件中?

答:ACCSE 或 Excel 的数据都是外部数据报表。要与 MapGIS 图形数据相联接,形成 MapGIS 的属性数据,可以采用如下方法。

(1) 如果是 Excel 数据。

方法:第一步:将 Excel 数据通过 Microsof Excel 软件转换为 DBF 格式。(注意:字段不要超长和有非法字符,文件名不能有空格和符号(如—、:等),最好用英文);第二步:启动 MapGIS 属性库管理系统。用连接属性功能将图形和属性联结起来。(注意;关键字段的选取)(菜单:属性/连接属性)。

(2) 如果是 ACCSE 数据。

方法:第一步:将 ACCSE 数据通过 MapGIS 属性库管理系统将其转换为表格形式(＊.WB)。新建一个 ODBC 数据源。(启动在 WINDOWS 控制面板中"数据源(ODBC)"程序,添加一个数据源,其驱动选择 MICROSOF TACCSED RIVER。其次选择用户的数据库文件,注意将选项中的只读去掉);启动 MapGIS 属性库管理系统,将文件导入,形成 MAPGSI 的表格文件。(菜单:文件城批导入)(数据源:选择你新建的数据源)。第二步:启动 MapGIS 属性库管理系统。用连接属性功能将图形和属性联结起来。(注意:关键字段的选取)(菜单:属性/连接属性)。

38.如何将区的属性赋到它所包含的点、线文件上?

答:MapGIS 中,可以通过空间叠加的方法将区属性附到它所包含的点、线文件上。具体做法如下:在空间分析子系统中,装入点文件和区文件,选择"空间分析"菜单下的"点空间分析"——"点对区判别分析"即可将区属性附在他所包含的点上。同理,在空间分析子系统中,装入线文件和区文件,选择"空间分析"菜单下的"线空间分析"——"线对区判别分析"即可将区属性附在他所包含的线上。

39.如何建立高程数字模型?

答:建立数字高程模型是基于已有的观测数据上,在 MapGIS 中形成 DTM 模型主要是基础数据有如下三类:MapGIS 的线文件(＊.WL)、MapGIS 的点文件(＊.WT)、具有坐标和高程(即 X,Y,Z)的文本文件(＊.TXT)。

系统可通过如下方法建立数字高程模型:

(1) 等高线数据文件(也就是 MapGIS 的线文件)。

①原始等高线数据 - >由"等值线高程栅格化" - >直接形成规则网 GRl)文件;

②原始等高线数据+特征线/点数据 - >由"高程点线栅格化" - >直接形成规则网 GRD 文件;

③原始等高线数据 - >由"线数据提取高程点" - >先形成离散高程点文

件 - >再由"快速生成三角剖分" - >形成三角网高程文件；

④原始等高线数据＋特征线/点数据 - >由"高程点线三角化" - >形成三角网高程文件；

（2）离散点数据文件（也就是 MapGIS 的点文件）。

①离散点数据 - >由"快速生成三角剖分" - >直接形成三角网高程文件；

②离散点数据 - >由"离散数据网格化" - >直接形成规则网 GRD 高程文件；

（3）文本数据文件（也就是具有坐标和高程（即 X,Y,Z）的文本文件（＊.TXT）。

①将文本文件转入到 MapGIS 中形成离散点文件（通过投影转换/用户文件投影转换）；

②按照离散点数据处理过程生成模型

40. 如何建影象库？

答：MapGIS 能同时管理栅格和矢量数据。MapGIS 能管理的影像格式是 MSI。对于其他栅格数据可以能过如下方法建立影像库。

方法：第一步：将外部其他影像数据格式（如 TIF,GRD,BIL,JPEG）转换成为内部影像数据格式（MSI）。（菜单：启动图象分析,文件/数据输入）；第二步：对影像进行较正（先进行控制点编辑,再进行影像较正。用镶嵌融合下面的所有菜单就能实现）；第三步：对影像进行裁剪（菜单:矢栅转换/区文件裁剪）；第四步：启动影像库系统,自动建立影像库。（菜单;文件自动建立影像库。

41. 如何将 MapGIS 的图形插到 Word、Excel、PowerPoint 中？

答：首先点取 MapGIS 菜单"其他 - >OLE 拷贝",接着打开 Word,点取"粘贴",MapGIS 数据就会复制到 Word 文档里。

42. 如何做空心字格式？

答：使用空心字时,字体采用相应字体编号的负数。如：-3 表示黑体空心字。

43. 如何进行区图元的合并？

答：可以在屏幕上开一个窗口,系统就会将窗口内的所有区合并,合并后区的图形参数及属性与左键弹起时所在的区相同；也可以先用菜单中的选择区功能将要合并的区拾取到,然后再使用合并区功能实现；还可以先用光标单击一个区,然后按住 CTRL 键,在用光标单击相邻的区即可。

44. 如何实现图形的翻转？

答：在 MapGIS 中的"其它"菜单下面"整图变换"中比例参数的 X 比例中输

入法 –1 或 Y 比例中输入 –1 后按"确定"按钮。

45. 如何将 AutoCAD 图形转化为 MapGIS 图形?

答:将 AutoCAD 文件另存为 2004/2000DXF 格式;在 MapGIS 主程序中选择"文件转换";输入中选择转入 DXF 文件,确定并复位;保存点、线文件(面无法转化)。

46. 如何将 MapGIS 图形转化为 AutoCAD 图形?

答:在 MapGIS 主程序中选择"文件转换";分别装入点线文件,复位并全选;输出中选择"部分图形方式输入 DXF"全选并确定;打开保存的 DXF 文件,用 AutoCAD 复位显示图形,并改字体样式;保存成 AutoCAD 格式。

47. 如何把 JPG 格式的转成 MSI 格式?

答:图象处理/图象分析模块。在里面点:文件/数据输入/转换数据类型(选 JPG)/添加文件,转换转换后的格式为 MapGIS 的 MSI 影像文件,转换为 MSI 文件格式后再在输入编辑里导入后矢量化。

48. 在电脑里如何做剖面图,不用手画,而且精度更高?

答:可以采用如下方法:

(1)先把 MapGIS 图生成 JPG 格式,在 PhotoShop 中图像—图像大小—文挡大小中输入经过变化后的宽度和高度数字(根据剖面图的比例和 JPG 图的比例关系得出);然后按需要裁剪,以减少图形的所占内存;

(2)裁剪后旋转使剖面线处于水平位置;

(3)在 MapGIS 中插入裁剪旋转后光栅文件,新建线和点文件,以剖面线为水平的 X 轴,画垂直 X 轴的线为 Y 轴,以剖面线起点的位置为坐标原点,以剖面线起点的高程为起始 Y 轴刻度,在 X 和 Y 轴上标上相对应比例尺的刻度;

(4)以图上等高线和 X 轴交点为垂足画垂直 X 轴的直线,以等高线的高程画垂直于 Y 轴的直线,上述两直线相交点就是用户要求剖面轮廓线的拐点,把这样一系列的点连起来就成了剖面图的轮廓线;

(5)最后再整饰一下,就作成了剖面图。

其实也可以直接在 MapGIS 中直接做,这样就省了用 PhotoShop 这一步骤,但这样很容易破坏原文件。(如果是已成的矢量图,目前可以用些软件实现剖面自动生成了如 < a href = "http://www. gyhblog. com/archives/tag/section" title = "section" rel = "nofollow" target = "_blank" > section </a > 等,注意剖面方向和比例尺等些因素,要是在平面上加个钻孔或其他地质内容,可以把剖面线和地质内容同时复制出来,再在其他里整图变换成剖面的比例,然后把剖面线和地质内容粘贴进去,并旋转使起点对齐,从地质内容(地质界线,探槽,浅井等)

和剖面线交点处,向下投在已成剖面上即可)。

49. 关于 MapGIS 中坐标单位的问题?

答:MapGIS 中的数据是 1:1 的比例尺(即与实际地物等大)的坐标单位。而按图幅输出时,实际地物是缩小了一个比例尺的倍数画到图纸上的,为了方便读取图纸坐标,图纸坐标的坐标单位一般是毫米,所以要得到真实坐标,必须乘以比例尺的倍数来得到 1:1 的比例尺,再除以 1000 将毫米转换为米。

50. MapGIS 投影坐标类型中,大致有哪五种坐标类型?

答:用户自定义也称设备坐标(以毫米为单位)、地理坐标系(以度或度分秒为单位)、大地坐标系(以米为单位)、平面直角坐标系(以米为单位)、地心大地直角。

说明:MapGIS 中的大地坐标系其实是投影平面直角坐标系高斯克吕格投影类型中的一个情况,比例尺分母为 1,单位为米。因为此时的图形坐标和实际测量的大地坐标是一致的,所以成为大地坐标系。

测量学中的大地坐标系并不是上述的含义,它是大地地理坐标系的简称。地球椭球面上任一点的位置,可由该点的纬度(B)和经度(L)确定,即地面点的地理坐标值,由经线和纬线构成两组互相正交的曲线坐标网叫地理坐标网。由经纬度构成的地理坐标系统又叫地理坐标系。地理坐标分为天文地理坐标和大地地理坐标,天文地理坐标是用天文测量方法确定的,大地地理坐标是用大地测量方法确定的。用户在地球椭球面上所用的地理坐标系属于大地地理坐标系,简称大地坐标系。

西安 80 坐标系与北京 54 坐标系其实是一种椭球参数的转换,作为这种转换在同一个椭球里的转换都是严密的,而在不同的椭球之间的转换是不严密,因此不存在一套转换参数可以全国通用的,在每个地方会不一样,因为它们是两个不同的椭球基准。

51. 怎样实现设备坐标转换到地理坐标?

答:第一步:启动投影变换系统。第二步:打开需要转换的点(线,面)文件。(菜单:文件/打开文件)。第三步:编辑投影参数和 TIC 点;选择转换文件(菜单:投影转换/MapGIS 文件投影/选转换点(线,面)文件);编辑 TIC 点(菜单:投影转换/当前文件 TIC 点/输入 TIC 点。注意:理伦值类型设为地理坐标系,以度或度分秒为单位);编辑当前投影参数(菜单:投影转换/编辑当前投影参数。注:当前投影坐标类型选择为用户自定义,坐标单位:毫米,比例尺母:1);编辑结果投参数(菜单:投影转换/设置转换后的参数。注:当前投影坐标系类型选择为地理坐标系,坐标单位:度或度分秒)。第四步:进行投影转换(菜单:投影转换/进行投影投影转换)。

52. MapGIS 如何把经纬度坐标转换为大地坐标?

答:可以采用如下方法:

(1)投影变换下的"投影转换"菜单下"输入单点投影转换"。

(2)设置"原始投影参数"和"结果投影参数",并将已知点输进去"投影点",影转换模块,投影转换菜单下,输入单点投影变换功能。

(3)设置当前投影:地理坐标系,单位可以是度,分,秒或 ddmmss 格式。根据数据决定。如数据是 98.78 度,那么你的单位就是度。依次类推。

(4)设置目的投影:投影平面直角坐标系,高斯投影,比例尺分母是 1,单位是米,根据你的经度范围输入中央经度。

(5)其他不用设置,单击投影点按钮,在右边就计算出该点的大地坐标。

53. 点位置坐标如何批量导出?

答:在实际工作中,用户经常需要在某一面图面上同时读出多点的位置坐标至表格中,如在收集的化探实际材料图上,分布有大量的采样点,而这些采样点的坐标对于下步圈定重新某元素的等值线是非常重要,如果一个一个的读出并填制成表,则工作量是十分大。那么有没有快速的方法呢? 答案是肯定的,而且不只一种方法可实现。

第一种方法:

(1)进入投影变换模块,对点文件的属性结构进行编辑,增加 x 字段和 y 字段,当然这两个字段的的数据类型要选为双精度型或浮点型,设置坐标的小数位数后,在工具菜单中选择点位置转为属性,选择图形坐标的 x、y 所对应的字段,转换即可。

(2)打开已转为属性的点文件,进行文本转换即可,然后利用 Word 进行文本转为表格,将表格复制到 Excel。

第二种方法:基本原理是利用 MapGIS 6.7 中的"文件转换"模块实现的。具体操作是:

(1)打开 MapGIS 6.7 中的"文件转换",装入点文件(不管是否赋属性),然后在"输出"选单下,选择"输出 MapGIS 明码格式"单击注意:在选择"输出 MapGIS 明码文件"之前,最好进行一下"重设省缺 ID"),保存为"∗.wat"格式文件。

(2)用记事本打开"∗.wat"格式文件,选项中从出现坐标的第一行开始至结束的数据,复制粘贴至 WORD 文档中,用第一种方法转换到 ExcelK 表中即可。

第三种方法：是借助与 MapGIS 兼容的 MGT6 辅助软件实现。它具有操作步骤简单，实有性强。具体操作是：

（1）进入 MGT6 界面下打开需转换的点文件，在编辑工具选单下，单击"点位赋至属性"；

（2）打开新的 Excel 表，然后进入 MGT6，在 Excel 选单下，单击"属性－>表格"即可。至此在刚打开的 Excel 表中已有各点的位置坐标了。下面是转换过程的一个简单的操作演示。[提示]MGT6 是一功能较好 MapGIS 辅助绘图软件，功能较为实用，在用户的地质工作中有实际意义主要还有：带捕捉功能多段线编辑、卡断线、线卡断线、插入整个表格、插入选择单元格、导出线拐点坐标、自动闭合线、自动拟合线等。

54. MapGIS 里如何测量角度值？

答：造两个同样的子图（线状的），一个子图重合一条边，然后查看参数中，两个子图旋转角度的差。也可用其他二次开发软件更加方便的量取了。

55. MapGIS 中，如何把相片插入到工程文件中？

答：新建一个点文件，插入点，然后在点类型那里选择"图象"。还可以将照片转化成 MSI 文件，插入工程，但是 MSI 文件排起版来可能不太方便，用点文件插入点，排版方便，但是提醒用户注意一下点文件的存储路径，尽量不要改变。

参 考 文 献

[1]吴信才，等. MapGIS 地理信息系统参考手册[M]. 北京：电子工业出版社，1997.

[2]罗志琼，刘永，等. 地理信息系统原理及应用[R]. 武汉：中国地质大学，1996.

[3]武安状，黄现明，等. 空间数据处理系统理论与方法[M]. 郑州：黄河水利出版社，2012.

[4]启明工作室. Visual C + + SQL Serve 数据库应用实例完全解析[M]. 北京：人民邮电出版社，2006.

[5]吴信才. MapGIS 地理信息系统[M]. 北京：电子工业出版社.2004.

[6]刘万青，数字专题地图[M]，科学出版社，2007.

[7]王琴. 地图学与地图绘制(测绘21世纪)[M]. 黄河水利出版社.2008.

[8]毛赞猷，新编地图学教程(第2版)[M]，高等教育出版社，2008.

[9]袁勘省，现代地图学教程[M]，北京，科学出版社，2007.

[10]张桂林. 基于3S技术数字化地质填图新方法[M]. 北京：国防工业出版社.2005.

[11]武法东.实用计算机制图—— Grapher 4.0, Surfer 8.0, CorelDRAW 10 及 MapGIS6.0 操作指南[M]. 地质出版社. 2005.

[12]钟世彬，郑贵洲. AutoCAD 和 MapGIS 间的数据转换[J]. 测绘科学，2005，(3)：97 - 98 + 8.

[13]李妩巍. MapGIS 在地质制图中的应用[J]. 铀矿地质，2005，(6)：52 - 57.

[14]韩坤英，丁孝忠，范本贤，马丽芳，剧远景，王振洋. MapGIS 在建立地质图数据库中的应用[J]. 地球学报，2005，(6)：587 - 590.

[15]段青梅，龙文华，丁天才，张玉宝，刘金宝. 基于 MapGIS 明码文件的绘图转换系统开发及应用[J]. 物探与化探，2005，(1)：50 - 52 + 56.

[16]李远华，姜琦刚，张继承. 利用 ERDAS 和 MapGIS 进行点线类遥感信息的提取和符号化表示[J]. 世界地质，2005，(1)：92 - 96.

[17]李随民，姚书振. 基于 MapGIS 的分形方法确定化探异常[J]. 地球学报，2005，(2)：187 - 190.

[18]李沙园,陈昕华,戈永怡. 在 MapGIS 下快速实现柱状剖面图的绘制[J]. 物探化探计算技术,2004,(2):173－176.

[19]陈勇,刘辉,史瑞芝,陈立超. 数字图数据到 MapGIS 数据的格式转换[J]. 测绘学院学报,2004,(2):154－156.

[20]李克钢,许江,李树春. MapGIS 在矿产资源规划中的应用[J]. 中国矿业,2004,(7):22－24.

[21]何明华. MapGIS 制图过程中的误差分析与校正[J]. 地矿测绘,2004,(2):28－29.

[22]张钊,韦龙明,陈三明,张少琴,陆叶,冯经平. MapGIS 在地质填图及化探数据处理中的应用[J]. 物探化探计算技术,2010,(2)02:221－224＋112.

[23]王丽娜,孙中仕,赵雪娟. 利用 MapGIS 绘制剖面平面图[J]. 地质与资源,2010,(1):74－75＋80.

[24]韩丽蓉,宋玉翔. 基于 MapGIS 建立空间及属性数据库的方法[J]. 青海大学学报(自然科学版),2010,(3):24－27＋46.

[25]郝明,张建龙,梁虹. MapGIS 投影变换与误差校正结合应用的研究与实践[J]. 测绘与空间地理信息,2010,(4):119－124.

[26]郑贵洲,王仲停. 基于 MapGIS 区域地质调查空间信息数据库系统的建立[J]. 地矿测绘,2003,(2):12－13＋17.

[27]黎华,崔振昂,李方林. MapGIS 在地质学中的应用[J]. 物探化探计算技术,2003,(1):50－53.

[28]贺奋琴,何政伟,尹建忠. 基于 MapGIS 数字化地形图的技术应用[J]. 物探化探计算技术,2003,04:372－376.

[29]张蕊,毛显后,严丽琴,聂洪远,刘伟. 基于 MapGIS 的土地利用数据库建设中若干问题的研究[J]. 安徽农业科学,2007,(6):1689－1690.

[30]路晓峰,杨志强,姜刚. MapGIS6.7 与 AutoCAD 2004 的数据转换[J]. 城市勘测,2007,(1):46－48.

[31]张新海,何政伟,吴柏清,许辉熙,张何兴,汪宙峰. MapGIS 技术支持下的典型田块土方量计算及成图[J]. 测绘科学,2007,(3):132－133＋93＋197.

[32]袁义生,刘应忠,罗明学,何彦南. 应用 MapGIS 制作地球化学图单元素异常图及综合异常图[J]. 贵州地质,2007,(2):156－160.

[33]孙祥,赵忠英,杨子荣. 基于 MapGIS 地质异常提取及找矿有利地段圈定[J]. 辽宁工程技术大学学报,2007,(6):837－840.

[34]徐志刚,张高兴,高鹏. CAD 格式文件转换成 MapGIS 格式文件的探讨[J]. 江西理工大学学报,2008,(1):50－52.

［35］张运香,吴丽蓉. 基于 MapGIS 二次开发的钻孔柱状图软件介绍及其应用［J］. 福建地质,2008,（2）:230 – 237.

［36］宋丙剑,张艳军. 记事本、Excel 在 Mapsource 和 MapGIS 数据转换中的应用探讨［J］. 矿山测量,2008,（2）:27 – 30 + 71 + 4.

［37］陈爱明,柯育珍,周录英. MapGIS 地质图空间数据库建设常见错误与分析［J］. 资源环境与工程,2008,（5）:543 – 546.

［38］王颖. 基于 MapGIS 的自动图框裁剪方法研究与开发［D］. 吉林大学,2012.

［39］孔艳婷. 基于 MapGIS 遥感图像分析处理研究［D］. 内蒙古科技大学,2012.

［40］郑贵洲,董文观,张良,孟晓宇. 一种基于 MapGIS 二次开发的钻孔柱状图自动绘制方法［J］. 地质科技情报,2014,（3）:196 – 201.

［41］朱永红,周勇,邓万进,李胜丰,黄中军. 南方 CASS 和 MapGIS 精确编制剖面图的方法［J］. 贵州地质,2006,（2）:156 – 162.

［42］郭科,魏友华,陈聆,唐菊兴,张卫锋. 基于 MapGIS 平台下分形理论在地球化学异常圈定中的应用［J］. 成都理工大学学报（自然科学版）,2006,（4）:356 – 359.

［43］王声喜,康宝林. Mapsource 与 Excel、MapGIS 相结合在化探工作中的应用［J］. 物探化探计算技术,2009,（2）:169 – 174 + 90.

［44］阚泽胜,胡月明,李建华,李红云,赵士臣,杨洁,聂骁文. 基于 MapGIS 的土地用途分区方法实证研究［J］. 安徽农业科学,2009,（4）:1843 – 1844.

［45］杨延珍. 基于 MapGIS 的地表沉陷信息可视化技术研究［D］. 山东科技大学,2003.

［46］杨永明. 基于 MapGIS 平台的地理信息图形编辑系统的研究与开发［D］.昆明理工大学,2004.

［47］郭岚,席晶. MapGIS 数据转换方法研究［J］. 西安科技大学学报,2011,（1）:64 – 67.

［48］裔红艳,陈锁忠,肖锁云. 基于 MapGIS 的巷道地质素描图绘制系统设计与实现［J］. 地球科学与环境学报,2011,（1）01:105 – 110.

［49］刘俊长,龚红蕾,陈军威,刘军恒. 基于 MapGIS 组件技术实现化探异常参数的计算［J］. 物探化探计算技术,2012,（1）:112 – 115 + 1.

［50］张金山,孟国胜,孙家驹,杜文秀,李晨,曹跃辉. MapGIS 在矿产资源评价中的应用［J］. 工矿自动化,2012,（2）:59 – 63.

［51］张丹青,刘应平,彭培好,陈文德. 应用 MapGIS 空间分析模块进行土地质量地球化学评估的探讨［J］. 物探化探计算技术,2012,（2）:217 – 223 + 9 – 10.

［52］刘海军. 基于 MapGIS 的数字找矿系统研究与开发［D］.中国地质大学（北京）,2011.

［53］刘伟. 基于 MapGIS 的城市供水管网信息系统的应用研究［D］. 江西理工大学,
2007.

［54］DZ/T 0157—1995 地质图地理底图编绘规范（1∶50000）［S］. 北京:地质出版
社,1995.

［55］GB/T 18314—2009 全球定位系统（GPS）测量规范［S］. 北京:中国标准出版
社,2009.

［56］Yang Cai,Jiajia Liu. Research on Data Sharing between AutoCAD and MapGIS in
Cadastral Database Construction［J］. Journal of Geographic Information System,2010,2.

［57］Wenyou FAN,Ye CHEN. Design and Study on Exploration Data Management System
on MapGIS［J］. Journal of Geographic Information System,2009,1.

［58］Chen Jianping,Wang Gongwen,Hou Changbo. Quantitative Prediction and Evalua-
tion of Mineral Resources Based on GIS: A Case Study in Sanjiang Region, Southwestern China
［J］. Natural Resources Research,2006,144.

［59］Ye Chen,Wenyou Fan. Design and Study on Exploration Data Management System
on MapGIS.［J］. J. Geographic Information System,2009,1.

［60］Jiajia Liu,Yang Cai. Research on Data Sharing between AutoCAD and MapGIS in
Cadastral Database Construction.［J］. J. Geographic Information System,2010,2.

［61］Xiaojing LIU,Niaoniao HU,Wenyou FAN,Xin MENG. The Design and Realization
on Effectively Fire Tower Planning Based on MapGIS – TDE［J］. Journal of Geographic Infor-
mation System,2010,0201.

［62］Renguang Zuo,Qiuming Cheng,Qinglin Xia,F. P. Agterberg. Application of Fractal
Models to Distinguish between Different Mineral Phases［J］. Mathematical Geosciences,2009,
411.

［63］Shiqin Wang, Jingli Shao, Xianfang Song, Yongbo Zhang, Zhibin Huo, Xiaoyuan
Zhou. Application of MODFLOW and geographic information system to groundwater flow simu-
lation in North China Plain, China［J］. Environmental Geology,2008,557.

［64］Haisheng Chen,Yongfeng Yang,Guoshun Liu,Zhengxian Tong. Evaluation of tobac-
co soil fertility suitability of the Sanmenxia area, China, based on geographic information sys-
tems［J］. Frontiers of Biology in China,2009,44.

［65］Zhu Liangfeng,Zhang Guirong,Yin Kunlong,Zhang Liang. Risk analysis system of
geo—hazard based on GIS technique［J］. Journal of Geographical Sciences,2002,123.

［66］Zhu Liangfeng,Zhang Guirong,Yin Kunlong,Zhang Liang. Risk analysis system of
geo—hazard based on GIS technique［J］. Journal of Geographical Sciences,2002,123.

［67］Luca Paolino,Monica Sebillo,Genoveffa Tortora,Giuliana Vitiello. Framy – visualising geographic data on mobile interfaces[J]. Journal of Location Based Services,2008,23.

[68] Bo WAN,Shaohuai CHEN,Shunping ZHOU. Spatial Topology Rule Checking Algorithm of Linear Entity Based on Quadtree[J]. Journal of Geographic Information System,2009, 0101.

[69] Wenyou FAN,Wenfen LUO,Yonghua WANG. Design and Realization of MapSUV Rural Land Surveying Palm Mapping System[J]. Journal of Geographic Information System, 2009,0101.

[70] Xiuzhen LIU,Shiwu XU. Design and Study on Management Tools of Land Data Center for Integration of Urban and Rural Areas[J]. Journal of Geographic Information System, 2009,1.